U0192284

边缘计算与人工智能应用开发技术

廖建尚　韩玉琪　龙庆文 ◎ 编著

电子工业出版社

Publishing House of Electronics Industry

北京·BEIJING

内 容 简 介

本书详细介绍边缘计算和人工智能技术，主要内容包括边缘计算与人工智能概述、边缘计算与人工智能基本开发方法、边缘计算与人工智能模型开发、边缘计算与人工智能基础应用开发、边缘计算与人工智能综合应用开发。全书采用项目式开发的学习方法，通过贴近日常生活的开发实例，由浅入深地介绍边缘计算与人工智能的相关知识。本书中的每个案例均有完整的开发过程，并给出了开发代码，读者可在这些案例的基础上快速地进行二次开发。

本书既可作为高等学校相关专业的教材或教学参考书，也可供相关领域的工程技术人员参考。对于边缘计算与人工智能的开发爱好者，本书也是一本深入浅出、贴近社会应用的技术读物。

本书配有 PPT 教学课件和开发代码，读者可登录华信教育资源网（www.hxedu.com.cn）免费注册后下载。

未经许可，不得以任何方式复制或抄袭本书之部分或全部内容。

版权所有，侵权必究。

图书在版编目（CIP）数据

边缘计算与人工智能应用开发技术 / 廖建尚，韩玉琪，龙庆文编著. —北京：电子工业出版社，2024.4

（新工科人才培养系列丛书. 人工智能）

ISBN 978-7-121-47561-0

Ⅰ. ①边…　Ⅱ. ①廖…　②韩…　③龙…　Ⅲ. ①人工智能　Ⅳ. ①TP18

中国国家版本馆 CIP 数据核字（2024）第 061601 号

责任编辑：田宏峰

印　　刷：三河市君旺印务有限公司

装　　订：三河市君旺印务有限公司

出版发行：电子工业出版社

　　　　　北京市海淀区万寿路 173 信箱　邮编 100036

开　　本：787×1 092　1/16　印张：24.25　字数：618 千字

版　　次：2024 年 4 月第 1 版

印　　次：2025 年 1 月第 3 次印刷

定　　价：88.00 元

凡所购买电子工业出版社图书有缺损问题，请向购买书店调换。若书店售缺，请与本社发行部联系，联系及邮购电话：（010）88254888，88258888。

质量投诉请发邮件至 zlts@phei.com.cn，盗版侵权举报请发邮件至 dbqq@phei.com.cn。

本书咨询联系方式：tianhf@phei.com.cn。

前　言

党的二十大报告提出："推动战略性新兴产业融合集群发展，构建新一代信息技术、人工智能、生物技术、新能源、新材料、高端装备、绿色环保等一批新的增长引擎。"

随着科技的飞速发展，边缘计算和人工智能正成为推动社会生产和日常生活变革的引擎。近年来，人工智能、物联网、移动互联网、大数据和边缘计算等技术的迅猛发展，深刻地改变了社会的生产方式，极大地提高了生产效率和社会生产力。边缘计算和人工智能这两个领域的交汇，给我们带来了前所未有的机遇和挑战。作为一种分布式计算模型，边缘计算使数据的处理不再局限于中心化的云端，可以在数据源附近进行数据处理，从而降低了时延、提高了效率，更好地适应大规模物联网时代的现实需求。

本书详细阐述边缘计算和人工智能的基础知识和开发技术，采用项目式开发的学习方法，旨在推动人工智能人才的培养。全书共 5 章：

第 1 章为边缘计算与人工智能概述，主要内容包括边缘计算概述、人工智能概述、边缘计算与人工智能的结合、边缘计算与人工智能的发展历程、边缘计算与人工智能的应用领域。

第 2 章为边缘计算与人工智能基本开发方法，主要内容包括边缘计算与人工智能框架、边缘计算的算法开发、边缘计算的硬件设计、边缘计算的应用开发。

第 3 章为边缘计算与人工智能模型开发，主要内容包括数据采集与标注、YOLOv3 模型的训练与验证、YOLOv5 模型的训练与验证、YOLOv3 模型的推理与验证、YOLOv5 模型的推理与验证、YOLOv3 模型的接口应用、YOLOv5 模型的接口应用、YOLOv3 模型的算法设计、YOLOv5 模型的算法设计。

第 4 章为边缘计算与人工智能基础应用开发，主要内容包括人脸开闸机应用开发、人体入侵监测应用开发、手势开关风扇应用开发、视觉火情监测应用开发、视觉车牌识别应用开发、视觉智能抄表应用开发、语音窗帘控制应用开发、语音环境播报应用开发。

第 5 章为边缘计算与人工智能综合应用开发，主要内容包括智能家居系统设计与开发、辅助驾驶系统设计与开发。

本书既可作为高等学校相关专业的教材或教学参考书，也可供相关领域的工程技术人员参考。对于边缘计算与人工智能的开发爱好者，本书也是一本深入浅出、贴近社会应用的技术读物。

在编写本书的过程中，作者借鉴和参考了国内外专家、学者、技术人员的相关研究成果，在此表示感谢。我们尽可能按学术规范予以说明，但难免会有疏漏之处，如有疏漏，请及时通过出版社与作者联系。

感谢中智讯（武汉）科技有限公司在本书编写过程中提供的帮助，特别感谢电子工业出版社的编辑在本书出版过程中给予的大力支持。

由于本书涉及的知识面广、编写时间仓促，加之作者的水平和经验有限，疏漏之处在所难免，恳请广大读者和专家批评指正。

作　者

2024 年 2 月

目　　录

第 1 章　边缘计算与人工智能概述 ·· 1

　1.1　边缘计算概述 ·· 1

　1.2　人工智能概述 ·· 2

　1.3　边缘计算和人工智能的结合 ·································· 2

　1.4　边缘计算与人工智能的发展历程 ······························ 3

　1.5　边缘计算与人工智能的应用领域 ······························ 4

　1.6　本章小结 ··· 9

第 2 章　边缘计算与人工智能基本开发方法 ······················· 10

　2.1　边缘计算与人工智能框架 ····································· 10

　　2.1.1　原理分析与开发设计 ····································· 10

　　2.1.2　开发步骤与验证 ··· 32

　　2.1.3　本节小结 ··· 34

　　2.1.4　思考与拓展 ··· 34

　2.2　边缘计算的算法开发 ··· 34

　　2.2.1　原理分析与开发设计 ····································· 35

　　2.2.2　开发步骤与验证 ··· 40

　　2.2.3　本节小结 ··· 41

　　2.2.4　思考与拓展 ··· 41

　2.3　边缘计算的硬件设计 ··· 42

　　2.3.1　原理分析与开发设计 ····································· 42

　　2.3.2　开发步骤与验证 ··· 52

　　2.3.3　本节小结 ··· 66

　　2.3.4　思考与拓展 ··· 66

　2.4　边缘计算的应用开发 ··· 66

　　2.4.1　原理分析与开发设计 ····································· 67

　　2.4.2　开发步骤与验证 ··· 74

　　2.4.3　本节小结 ··· 81

　　2.4.4　思考与拓展 ··· 81

第 3 章　边缘计算与人工智能模型开发 ··························· 82

　3.1　数据采集与标注 ··· 82

  3.1.1 原理分析与开发设计 ························· 83

  3.1.2 开发步骤与验证 ····························· 84

  3.1.3 本节小结 ··································· 91

  3.1.4 思考与拓展 ································ 91

 3.2 YOLOv3 模型的训练与验证 ························· 92

  3.2.1 原理分析与开发设计 ························· 92

  3.2.2 开发步骤与验证 ···························· 110

  3.2.3 本节小结 ·································· 119

  3.2.4 思考与拓展 ······························· 119

 3.3 YOLOv5 模型的训练与验证 ························ 119

  3.3.1 原理分析与开发设计 ························ 119

  3.3.2 开发步骤与验证 ···························· 148

  3.3.3 本节小结 ·································· 153

  3.3.4 思考与拓展 ······························· 154

 3.4 YOLOv3 模型的推理与验证 ························ 154

  3.4.1 原理分析与开发设计 ························ 154

  3.4.2 开发步骤与验证 ···························· 158

  3.4.3 本节小结 ·································· 161

  3.4.4 思考与拓展 ······························· 161

 3.5 YOLOv5 模型的推理与验证 ························ 161

  3.5.1 原理分析与开发设计 ························ 161

  3.5.2 开发步骤与验证 ···························· 176

  3.5.3 本节小结 ·································· 185

  3.5.4 思考与拓展 ······························· 185

 3.6 YOLOv3 模型的接口应用 ·························· 185

  3.6.1 原理分析与开发设计 ························ 186

  3.6.2 开发步骤与验证 ···························· 191

  3.6.3 本节小结 ·································· 193

  3.6.4 思考与拓展 ······························· 193

 3.7 YOLOv5 模型的接口应用 ·························· 193

  3.7.1 原理分析与开发设计 ························ 193

  3.7.2 开发步骤与验证 ···························· 206

  3.7.3 本节小结 ·································· 208

  3.7.4 思考与拓展 ······························· 208

 3.8 YOLOv3 模型的算法设计 ·························· 208

  3.8.1 原理分析与开发设计 ························ 209

  3.8.2 开发步骤与验证 ···························· 212

  3.8.3 本节小结 ·································· 213

  3.8.4 思考与拓展 ······························· 213

3.9　YOLOv5 模型的算法设计 ················· 213
　　3.9.1　原理分析与开发设计 ············ 214
　　3.9.2　开发步骤与验证 ··············· 220
　　3.9.3　本节小结 ···················· 221
　　3.9.4　思考与拓展 ·················· 221

第4章　边缘计算与人工智能基础应用开发 ······· 222

4.1　人脸开闸机应用开发 ················· 222
　　4.1.1　原理分析与开发设计 ············ 223
　　4.1.2　开发步骤与验证 ··············· 242
　　4.1.3　本节小结 ···················· 246
　　4.1.4　思考与拓展 ·················· 246
4.2　人体入侵监测应用开发 ··············· 246
　　4.2.1　原理分析与开发设计 ············ 247
　　4.2.2　开发步骤与验证 ··············· 255
　　4.2.3　本节小结 ···················· 257
　　4.2.4　思考与拓展 ·················· 257
4.3　手势开关风扇应用开发 ··············· 258
　　4.3.1　原理分析与开发设计 ············ 258
　　4.3.2　开发步骤与验证 ··············· 267
　　4.3.3　本节小结 ···················· 269
　　4.3.4　思考与拓展 ·················· 269
4.4　视觉火情监测应用开发 ··············· 269
　　4.4.1　原理分析与开发设计 ············ 270
　　4.4.2　开发步骤与验证 ··············· 277
　　4.4.3　本节小结 ···················· 278
　　4.4.4　思考与拓展 ·················· 279
4.5　视觉车牌识别应用开发 ··············· 279
　　4.5.1　原理分析与开发设计 ············ 280
　　4.5.2　开发步骤与验证 ··············· 287
　　4.5.3　本节小结 ···················· 289
　　4.5.4　思考与拓展 ·················· 289
4.6　视觉智能抄表应用开发 ··············· 289
　　4.6.1　原理分析与开发设计 ············ 290
　　4.6.2　开发步骤与验证 ··············· 300
　　4.6.3　本节小结 ···················· 301
　　4.6.4　思考与拓展 ·················· 302
4.7　语音窗帘控制应用开发 ··············· 302
　　4.7.1　原理分析与开发设计 ············ 302
　　4.7.2　开发步骤与验证 ··············· 310

　　　　4.7.3　本节小结 ··· 311

　　　　4.7.4　思考与拓展 ·· 312

　　4.8　语音环境播报应用开发 ··· 312

　　　　4.8.1　原理分析与开发设计 ··· 312

　　　　4.8.2　开发步骤与验证 ··· 320

　　　　4.8.3　本节小结 ··· 321

　　　　4.8.4　思考与拓展 ·· 321

第5章　边缘计算与人工智能综合应用开发 ·· 322

　　5.1　智能家居系统设计与开发 ··· 322

　　　　5.1.1　原理分析与开发设计 ··· 322

　　　　5.1.2　开发步骤与验证 ··· 342

　　　　5.1.3　本节小结 ··· 348

　　　　5.1.4　思考与拓展 ·· 348

　　5.2　辅助驾驶系统设计与开发 ··· 349

　　　　5.2.1　原理分析与开发设计 ··· 349

　　　　5.2.2　开发步骤与验证 ··· 369

　　　　5.2.3　本节小结 ··· 374

　　　　5.2.4　思考与拓展 ·· 374

参考文献 ··· 375

第1章
边缘计算与人工智能概述

边缘计算（Edge Computing）是一种新兴的计算模式，是指将计算、存储和网络等资源尽可能地靠近数据源和终端用户，使数据能够在本地进行处理和分析，从而减少数据传输时延和网络拥塞，提高应用的响应速度和效率。边缘计算是一种分布式的计算模式，可以将计算和存储功能从传统的云端数据中心迁移到数据生成的边缘设备，如手机、平板电脑、智能穿戴设备、智能家居设备、无人驾驶车辆、工业机器人等。边缘计算的目标是提供低时延、高带宽、高可靠性、高安全性的计算服务，满足人工智能、物联网、5G、工业自动化等应用场景的需求。边缘计算如图1.1所示。

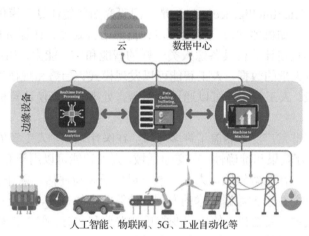

图 1.1　边缘计算

边缘计算和人工智能（Artificial Intelligence，AI）是相互关联的，它们可以相互促进和增强。

1.1 边缘计算概述

与云计算相比，边缘计算强调在离终端用户和数据源更近的位置进行数据处理，以提供更低的时延、更高的带宽和更好的用户体验。

边缘计算的目标是通过在边缘设备上进行实时的数据处理、分析和决策，使算力更接近数据源，从而减少对云计算的依赖。边缘设备可以是智能手机、物联网设备、传感器、边缘服务器等。边缘计算使得数据可以在边缘设备上得到处理，只需要将必要的结果传输到云端，从而降低数据传输时延和网络拥塞，减少对带宽和存储资源的需求。

边缘计算的核心思想是将数据和计算任务分配到不同的节点上，以实现更快速、更高效的数据处理。边缘计算可以将计算任务分配到更靠近数据源的设备上，减少了数据传输的时间和带宽消耗，能够更好地保护数据的安全性和隐私性。另外，边缘计算还可以分离网络和应用程序，提高应用程序的响应速度和可靠性。

边缘计算的主要组成部分包括边缘设备、边缘网关和边缘服务。边缘设备是指能够运行应用程序和进行数据处理的设备，如智能手机、平板电脑、传感器、摄像头等。边缘网关则是指连接边缘设备和云端服务器的网络设备，可以提供网络传输、存储和计算等服务。边缘服务是一种通过云和边缘设备之间协作方式，为用户提供服务和应用程序的方法。

边缘计算可以应用于多个领域，如智能制造、智慧城市、智能医疗、智能交通等。在智能制造领域，边缘计算可以用于工业物联网，以便对设备状态和生产过程进行监控和优化；在智慧城市领域，边缘计算可以用于智能交通、智能能源管理和智能环境监测等。

1.2 人工智能概述

人工智能（Artificial Intelligence，AI）是一门研究如何使计算机模仿人类智能的学科，涵盖了多个技术领域，如机器学习、深度学习、自然语言处理、计算机视觉和专家系统等。

人工智能的目标是使计算机具备像人类一样的智能和学习能力，如理解、推理、决策能力。通过学习和分析大量的数据，人工智能可以发现模式、趋势和规律等信息，并根据这些信息做出预测和决策。人工智能还可以通过自然语言处理技术，使计算机理解和处理人类的语言。

人工智能的应用非常广泛，涵盖了许多领域。在医疗领域，人工智能可以帮助医生进行诊断和治疗，提高医疗效果和准确性；在交通领域，人工智能可以用于智能交通和自动驾驶，提高交通安全和效率；在金融领域，人工智能可以用于风险评估、欺诈检测和智能投资等。

人工智能的发展受益于大数据技术的发展、计算能力的提升，以及算法的进步。随着云计算和边缘计算的发展，人工智能的应用变得更加普遍和实时；但人工智能也带来了许多挑战，如数据隐私、伦理道德和社会影响等方面的问题。

人工智能正在改变我们的工作方式和生活方式。随着技术的不断进步和创新，人工智能将在更多领域得到应用和发展，为人类带来更多的便利。

1.3 边缘计算和人工智能的结合

边缘计算提供了一种将计算资源和数据处理能力迁移到数据源或终端用户的计算模式，人工智能则是一种模拟和实现人类智能的技术和方法。当二者结合在一起时，可以实现更高效、更强大的智能应用和服务。边缘计算与人工智能的结合可以带来以下优势：

（1）降低时延：人工智能应用通常需要大量的计算资源和较高的数据处理能力，将人工智能模型和算法部署在边缘设备或边缘服务器上，可以减少数据传输的距离、降低时延，使实时响应和决策成为可能。

（2）保护隐私：某些人工智能应用需要处理敏感数据，如人脸识别、语音识别等，将人工智能应用迁移到边缘设备，可以在本地进行数据处理和分析，减少了将敏感数据传输到云端的风险，增强了隐私的保护。

（3）支持离线运行：边缘计算使人工智能应用可以在离线环境中运行，边缘设备可以存储和执行人工智能模型，在网络连接不稳定或无法连接云端时，仍然可以进行智能决策和任务执行。

（4）节约带宽：人工智能应用通常需要传输和处理大量的数据，将人工智能应用迁移到边缘设备，可以减少对网络带宽的依赖，降低传输成本、减缓网络拥塞。

（5）实现分布式学习：边缘计算可以支持分布式的人工智能模型训练和学习，多个边缘设备可以协同工作，共享本地的数据和模型，进行联合学习和模型更新，提高整体智能水平。

边缘计算为人工智能应用提供了更强大、更智能的计算和决策能力，使人工智能应用更接近数据源和终端用户，降低了时延、提高了隐私保护能力、支持离线运行，并促进了分布式学习和合作的发展。边缘计算和人工智能的结合将为各行各业带来更多智能化的创新和应用。

1.4　边缘计算与人工智能的发展历程

边缘计算和人工智能的发展历程如下：

1）早期阶段

边缘计算和人工智能是在不同时期被提出的。边缘计算是在 2009 年由 IBM 提出的，旨在将计算和存储资源尽可能地迁移到数据源和终端用户。人工智能作为一个学科和研究领域，始于 20 世纪 50 年代。在边缘计算的早期，边缘计算和人工智能并没有明确的联系。

2）人工智能在云计算的推动下得到快速发展

在人工智能的发展过程中，云计算起到了至关重要的作用。随着云计算技术的成熟和普及，人工智能应用可以将数据传输到云端进行大规模的计算和训练。在这种模式下，云计算提供了强大的计算和存储能力，但也存在时延和数据隐私等问题。

3）边缘计算的兴起

随着物联网、智能设备和传感器的快速发展，相关的应用对实时性和低时延的需求越来越高。边缘计算应运而生，它将计算资源迁移到数据源和终端用户的边缘位置，实现了快速响应和实时决策。边缘计算的兴起为人工智能应用提供了更好的计算和处理环境。

4）边缘计算与人工智能的结合

近年来，边缘计算和人工智能开始相互融合。边缘设备上的小型化、低功耗的计算资源使得其可以承载一部分人工智能应用的任务，如图像识别、语音识别、自然语言处理等。在这种模式下，人工智能应用中的推理和决策过程可以在边缘设备上进行，减少了人工智能应用与云端之间传输的数据量和时延。

5）分布式智能和边缘智能

边缘计算和人工智能的结合还催生了分布式智能和边缘智能的概念。边缘设备可以共享本地的数据和模型，进行联合学习和模型更新，实现智能的协同工作；同时，边缘设备上的智能模型可以不断学习和优化，提高自身的智能水平。

　　边缘计算提供了更接近数据源和终端用户的计算和处理能力，为人工智能应用带来了更低的时延、更高的实时性、更好的隐私保护。随着分布式智能和边缘智能的兴起，边缘计算和人工智能将进一步融合，为智能化的应用场景带来更多创新和发展。

1.5 边缘计算与人工智能的应用领域

　　边缘计算和人工智能在许多领域中都有广泛的应用，以下是边缘计算和人工智能在一些主要领域的应用示例。

　　1）智能交通

　　边缘计算和人工智能可用于交通管理和智能交通系统。通过在边缘设备上部署人工智能算法，可以实时地进行交通监测、车辆识别、交通流量优化和事故预测等。边缘计算和人工智能在智能交通的应用如图 1.2 所示。

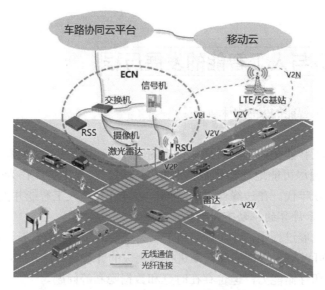

图 1.2　边缘计算和人工智能在智能交通的应用

　　以下是一些在智能交通系统中应用边缘计算和人工智能的示例：

　　（1）实时交通监测和预测：通过摄像头、传感器等边缘设备，可以实时地收集交通数据，如车流量、车速、拥堵情况等，这些数据可以在边缘设备上进行实时处理和分析，以实现交通状态的实时监测和预测。

　　（2）车辆识别和行为分析：通过在边缘设备上进行图像识别和行为分析，可以自动识别车辆，收集车型分类、车道偏移监测等数据，这些数据可以用于交通流量统计、违章检测和交通事故预测等应用。

　　（3）交通信号优化：利用边缘设备上的人工智能算法，可以对交通信号进行实时优化调度。边缘设备可以收集交通数据并进行实时的交通流分析，以确定最佳的交通信号控制策略，从而优化交通流量、减少拥堵和提高交通效率。

（4）事故预测和智能导航：通过在边缘设备上进行数据分析和模式识别，可以实现交通事故的预测和智能导航系统。边缘设备可以收集交通、天气等数据，并利用人工智能算法来预测潜在的交通事故，为驾驶员提供实时的导航建议。

（5）自动驾驶和车联网：边缘计算和人工智能在自动驾驶与车联网领域中也起着重要的作用。通过在边缘设备上部署人工智能模型和算法，可以实现自动驾驶车辆的感知、决策和控制；同时，边缘计算也可以实现车辆之间的通信和协作，提高交通安全和效率。

上述这些应用可使智能交通系统实时监测交通状态、优化交通流量、预测交通事故，并为驾驶员和交通管理部门提供实时信息和决策支持。边缘计算的优势在于能够将智能计算和数据处理能力迁移到交通源头，减少数据传输时延，并提供实时的响应和决策能力。

2）工业自动化

边缘计算和人工智能在工业自动化领域中有重要应用。通过将人工智能模型和算法部署在边缘设备上，可以实现实时的设备监测、故障诊断和预测性维护，从而提高生产效率和降低故障风险。以下是一些在工业自动化中应用边缘计算和人工智能的示例：

（1）实时设备监测：边缘设备可以搭载传感器和监测设备，用于实时监测工业设备的状态和性能参数，如温度、压强、振动等。边缘计算将数据的收集和处理迁移到设备端，减少了数据传输时延，实现了实时监测和控制。

（2）故障诊断和预测性维护：通过在边缘设备上部署人工智能模型和算法，可以对工业设备进行实时的故障诊断和预测性维护。边缘设备可以实时分析传感器采集的数据，并与预先训练好的模型进行比对，以检测设备故障的迹象，提前预测设备的维护需求。

（3）生产过程的优化：边缘计算和人工智能可用于生产过程的优化，提高生产效率和产品质量。通过在边缘设备上进行实时的数据分析和算法推理，可以对生产过程进行监测和优化，实现实时的调度和控制。

（4）质量控制和缺陷检测：边缘计算和人工智能可用于质量控制和缺陷检测。通过在边缘设备上进行图像处理和模式识别，可以对产品质量进行检测和分类，对生产线上的缺陷进行实时识别和报警。

（5）工人安全和人机协作：边缘计算和人工智能在提升工人安全和人机协作方面也能发挥重要的作用。边缘设备可以实时监测工作环境中的安全风险，并通过人工智能算法进行预警和控制；此外，边缘计算还可以实现机器人和工人之间的实时协作和交互。

上述这些应用可使工业自动化系统更加智能化、高效化和可靠化。边缘计算将人工智能模型和算法迁移到设备端，实现了实时的数据分析和决策，降低了对云计算的依赖，提供了更快的响应速度和更强的隐私保护。

3）智慧城市

边缘计算和人工智能在智慧城市领域中发挥着重要的作用。通过在边缘设备上进行数据分析和决策，可以实现智能路灯控制、垃圾管理、环境监测、智能安防等功能，提升城市的可持续性和居民的生活质量。边缘计算和人工智能在智慧城市中的应用如图 1.3 所示。

以下是一些在智慧城市中应用边缘计算和人工智能的示例：

（1）智能路灯控制：边缘设备通过可以感知环境和交通状况的传感器，实时控制路灯的亮度和开关；通过使用人工智能算法和数据分析，根据实时需求和节能目标来优化路灯的控制策略，提高能源利用效率。

图 1.3　边缘计算和人工智能在智慧城市中的应用

（2）垃圾管理：边缘计算和人工智能可用于垃圾管理系统的优化。通过在垃圾桶或垃圾箱上安装传感器并在传感器上运行人工智能算法，可以实时监测垃圾量，优化垃圾收集的路线和时间，减少垃圾收集车辆的行驶距离和成本。

（3）环境监测：通过配备各种传感器，边缘设备可以实时监测环境参数，如空气质量、噪声、温度等。通过在边缘设备上部署人工智能模型和算法，可以对环境数据进行实时分析和预警，为城市居民提供健康舒适的生活环境。

（4）智能安防：边缘计算和人工智能可用于智能安防系统。通过在边缘设备上部署视频监控和图像识别算法，可以实现实时的视频监控和异常行为检测。边缘设备可以自动识别异常时间并及时报警，提高城市的安全性。

（5）公共服务优化：边缘计算和人工智能可用于公共服务的优化，如智能公交站点、智能停车管理和智能公共设施管理。通过在边缘设备上进行数据分析和决策，可以提供个性化的公共服务，提升城市居民的生活质量。

上述这些应用可使智慧城市更加智能化、高效化和可持续化。边缘计算将人工智能模型、算法和决策迁移到设备端，实现了实时的数据处理和决策能力，降低了对云计算的依赖，并提供了更快的响应速度和更强的数据隐私保护。

4）医疗保健

边缘计算和人工智能在医疗保健领域有广泛应用。通过在边缘设备上进行实时的生物信号监测、健康数据分析和远程医疗，可以实现个性化的医疗诊断、疾病预测和健康管理。边缘计算和人工智能在医疗保健领域中的应用如图 1.4 所示。

图 1.4　边缘计算和人工智能在医疗保健领域中的应用

以下是一些在医疗保健中应用边缘计算和人工智能的示例：

（1）远程医疗：边缘计算和人工智能可以用于远程医疗服务。通过在边缘设备上部署视频通信和医学图像分析算法，可以实现医生和患者之间的远程实时交流和诊断。边缘设备可以提供高质量的视频传输和图像分析服务，减少对网络带宽的需求，提供实时的医疗服务。

（2）健康监测与预警：通过在边缘设备上配备传感器和监测设备，可以实时监测患者的健康指标，如心率、血压、血糖等；通过在边缘设备上部署人工智能模型和算法，可以对患者的健康数据进行实时分析和预警，及时发现异常情况并提供相应的处理建议。

（3）医疗图像分析：边缘计算和人工智能在医学图像分析方面有广泛应用。通过在边缘设备上部署医学图像处理和识别算法，可以实现对 X 射线、CT 扫描、MRI 等医学影像的自动分析和诊断。边缘设备可以减少图像数据传输时延，提供实时的图像分析结果，有助于医生快速做出准确的诊断。

（4）智能药物管理：边缘计算和人工智能可用于智能药物管理系统。通过在边缘设备上部署人工智能算法和传感器，可以对药物的存储、配送和用量进行实时监测和管理。边缘计算和人工智能的应用，可以提供准确的用药提醒和用量控制，减少药物的错误使用和不良反应的发生。

（5）疾病预测和预防：边缘计算和人工智能可以用于疾病预测和预防。通过在边缘设备上进行数据分析和模式识别，可以利用患者的健康数据和生活习惯来预测潜在的疾病风险，并提供个性化的预防措施和建议。

上述这些应用可使医疗保健更加智能化、个性化和可及性。边缘计算将人工智能模型和算法迁移到医疗设备端，实现了实时的数据处理和决策能力，提供了更快速、准确和个性化的医疗服务。此外，边缘计算还降低了对网络带宽和云计算的依赖，增加了数据隐私的保护。

5）零售业

边缘计算和人工智能可用于零售业的个性化营销和供应链管理。通过在边缘设备上部署实时的用户行为分析和推荐算法，可以为消费者提供个性化的产品推荐和购物体验。同时，边缘计算还可以在实时库存管理、物流优化和预测需求等方面发挥作用。以下是一些在零售业中应用边缘计算和人工智能的示例：

（1）个性化推荐：通过在边缘设备上部署人工智能模型和算法，可以实时分析顾客的购买历史、偏好和行为，并根据这些信息提供个性化的产品推荐。边缘计算能够处理海量的数据，快速生成推荐结果，提升顾客的购物体验和销售转化率。

（2）库存管理：边缘设备可以实时监测零售店铺的库存情况，并通过人工智能算法进行预测和优化。基于销售数据和供应链信息，边缘计算可以帮助零售商进行精准的库存管理，避免库存过剩或缺货，提高运营效率和客户满意度。

（3）智能支付：边缘计算和人工智能可用于智能支付。通过在边缘设备上部署人脸识别、指纹识别和声纹识别等技术，可以实现安全、快速和无接触的支付。边缘计算能够处理本地支付交易，减少对云计算的依赖和支付时延。

（4）实时分析和预测：边缘设备可以收集和分析实时的销售数据、顾客行为和市场趋势等信息。通过在边缘设备上部署人工智能模型和算法，可以进行实时的数据分析和预测，快速做出决策和调整销售策略。

（5）智能安防和防欺诈：边缘计算和人工智能可用于零售店铺的安防和欺诈检测。通过在边缘设备上部署视频监控和图像识别算法，可以实时监测零售店铺内的安全情况和异常行为。边缘计算可以自动识别潜在的欺诈行为并及时报警，提高安全性，保护零售商的利益。

上述这些应用可使零售业更加智能化、高效化和个性化。边缘计算将人工智能算法和决策迁移到设备端，实现了实时的数据处理和决策能力，降低了对云计算的依赖，提供了更快的响应速度和更强的数据隐私保护。

6）农业

边缘计算和人工智能在农业领域中有广泛的应用。通过在农田、温室等边缘设备上部署传感器和人工智能算法，可以实现实时的土壤监测、作物生长预测、灌溉控制和病虫害预警，提高农业生产的效率和可持续性。边缘计算和人工智能在智慧农业中的应用如图1.5所示。

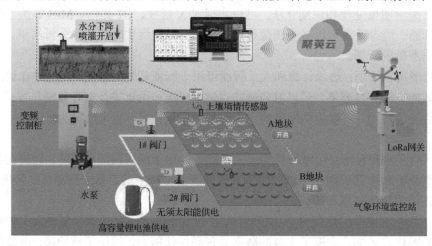

图1.5　边缘计算和人工智能在智慧农业中的应用

以下是一些在农业中应用边缘计算和人工智能的示例：

（1）作物监测和管理：通过在农田中部署传感器和边缘设备，可以实时监测土壤湿度、温度、光照等环境指标，并利用人工智能算法分析和预测作物的生长情况。边缘计算可以提供作物生长模型和决策支持，优化灌溉、施肥和病虫害管理，提高作物的产量和质量。

（2）智能灌溉系统：通过在边缘设备上部署感知技术和人工智能算法，可以实现智能灌溉系统。边缘设备可以实时监测土壤湿度、气象条件和作物需水量，并根据数据进行智能决策和控制灌溉设备。这样可以实现精确的灌溉，避免浪费水资源，提高水资源利用效率。

（3）无人机农业：边缘计算和人工智能在无人机农业中有重要的应用。通过在边缘设备上部署图像识别和人工智能算法，无人机可以实时采集农田的图像数据，并对作物生长、病虫害和营养状态进行分析和识别，及时发现问题并采取措施，提高农田管理的效果。

（4）农产品质量检测：边缘设备可以对农产品进行质量检测。通过在边缘设备上部署图像处理和人工智能算法，可以实时分析农产品的外观、大小、成熟度等特征，进行质量评估和分级，提高农产品的市场竞争力和溯源能力。

（5）预测和决策支持：边缘计算和人工智能可以利用农业数据进行预测和决策支持。通过在边缘设备上部署决策算法和预测模型，可以分析气象数据、市场需求和供应链信息，预测作物产量、市场价格和最佳销售策略，帮助农民制订合理的种植计划和销售策略，提高农业经济效益。

上述这些应用可使农业更加智能化、高效化和可持续发展。边缘计算和人工智能将决策和分析能力迁移到农田现场，实现了实时的数据处理和决策能力，减少了对云计算的依赖，提供了更快速的响应和更好的数据隐私保护。

此外,边缘计算和人工智能还可以用于能源管理、金融服务、环境保护等多个领域。随着技术的不断发展和创新,边缘计算和人工智能的应用领域将继续扩大,并为各行各业带来更多的智能化解决方案。

1.6 本章小结

边缘计算和人工智能是两个相互关联且互相促进的技术领域。边缘计算强调将数据处理和决策迁移到离数据源更近的边缘设备,以实现实时响应、降低时延和减少对云计算的依赖。人工智能则涉及机器学习、深度学习和自然语言处理等技术,使计算机能够模仿人类智能,进行自主学习和自主决策。

边缘计算和人工智能的结合为许多领域带来了巨大的创新和改进,如智能物联网、智慧城市、智能工厂、智能交通和智慧农业等。边缘计算和人工智能的应用使得设备能够实时处理大量的数据,并做出智能决策,从而提供更快速、高效和个性化的服务。

通过将人工智能模型和算法部署在边缘设备上,边缘计算使得数据可以在本地进行处理和分析,减少了数据传输的开销和时延,增强了数据隐私和安全性。同时,人工智能为边缘计算提供了强大的分析能力和智能决策支持,使得边缘设备能够更好地理解和应对不同的场景和需求。

边缘计算和人工智能的结合为多个领域带来了许多创新和改进的机会,推动了智能化和自动化的发展。随着边缘计算和人工智能技术的不断演进和成熟,将使更多的应用场景和领域从中受益,为人们的生活和工作带来更多的便利。

第2章
边缘计算与人工智能基本开发方法

本章结合 AiCam 平台学习边缘计算与人工智能基本开发方法，本章节内容包括：

（1）边缘计算与人工智能框架：主要介绍边缘计算的参考框架，AiCam 平台的运行环境、主要特性、开发流程、主程序 aicam 和启动脚本，AiCam 平台的构成、算法、部分案例，边缘计算的硬件设计平台，以及相应的开发步骤和验证。

（2）边缘计算的算法开发：主要介绍面向机器视觉应用的边缘计算（边缘视觉）框架、算法接口和算法设计，以及相应的开发步骤和验证。

（3）边缘计算的硬件设计：主要介绍边缘计算的虚拟仿真平台、硬件调试和应用开发，以及相应的开发步骤和验证。

（4）边缘计算的应用开发：主要介绍边缘视觉的应用开发逻辑、开发框架、开发接口和开发工具，以及相应的开发步骤和验证。

2.1 边缘计算与人工智能框架

边缘计算在物端或数据端附近的网络边缘侧，融合了网络、计算、存储、应用等核心能力，能够就近提供边缘智能服务，满足敏捷连接、实时业务、数据优化、应用智能、安全与隐私保护等方面的关键需求。作为连接物理世界和数字世界的桥梁，边缘计算能够实现智能资产、智能网关、智能系统和智能服务。

本节的知识点如下：

（1）掌握边缘计算的参考框架。

（2）了解 AiCam 平台的运行环境、开发流程及典型应用案例。

（3）结合边缘计算框架和 AiCam 平台，了解边缘计算网关和边缘计算平台。

（4）结合人脸识别案例，掌握在 AiCam 平台上边缘视觉应用开发的全流程。

2.1.1 原理分析与开发设计

2.1.1.1 边缘计算的参考框架

边缘计算的参考框架是基于模型驱动工程（Model-Driven Engineering，MDE）方法设计的，它对物理世界和数字世界的知识进行模型化，从而实现了物理世界和数字世界的协作、跨产业的生态协作。边缘计算的参考框架如图 2.1 所示，该框架减少了系统的异构性，简化了跨平台的移植，能够有效支撑系统的全生命周期活动。

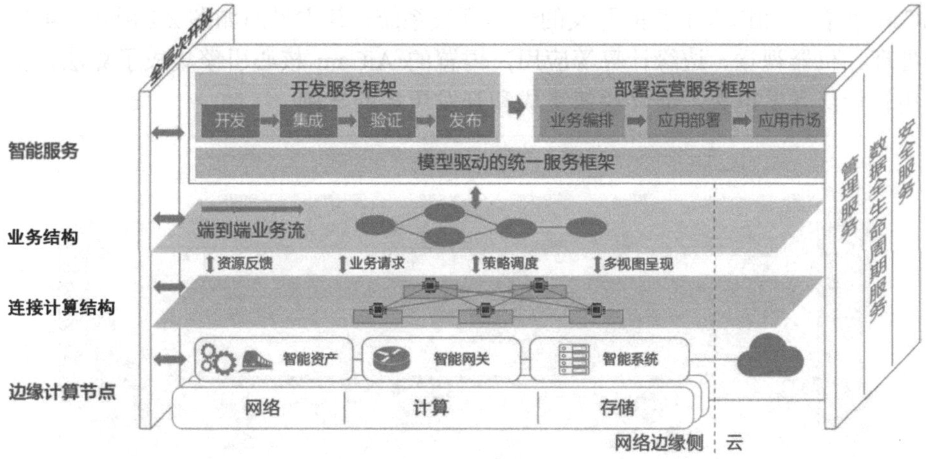

图 2.1　边缘计算的参考框架

在边缘计算的参考框架中，每层都提供了模型化的开放接口，实现了框架的全层次开放。从横向看，智能服务基于模型驱动的统一服务框架，通过开发服务框架和部署运营服务框架实现了开发与部署的智能协同、软件开发接口的一致性和部署运营的自动化。智能服务通过模型化的工作流［即业务结构（Fabric）］定义了端到端业务流，实现了敏捷业务；连接计算结构针对业务屏蔽了边缘智能分布式架构的复杂性；边缘计算节点可兼容多种异构连接，支持实时处理与响应，提供了软硬一体化的安全服务。从纵向看，通过管理服务、数据全生命周期服务和安全服务实现了业务的全流程、全生命周期的智能服务。

人工智能开发平台 AiCam 可用于开发部署与图像识别、图像分析和计算机视觉相关的人工智能应用的工具和框架。AiCam 平台提供了丰富的功能和库，使开发者能够构建高性能的机器学习和深度学习模型，从而实现自动化的图像处理和视觉分析任务。人工智能开发平台一般具有以下特点：

（1）数据管理和预处理：提供用于处理和管理图像数据的工具，可进行数据预处理（如图像标准化、尺度调整、增强，以及数据清洗），以确保数据质量和一致性。

（2）模型训练和调优：提供强大的机器学习和深度学习框架，如 TensorFlow、PyTorch 和 Keras 等，以支持图像分类、目标检测、语义分割等任务的模型训练；提供预训练的模型和经过验证的网络框架，以便开发者在此基础上进行迁移学习和微调，从而加快模型开发和训练的过程。

（3）模型部署和推理：提供用于将训练好的模型部署到生产环境中的工具和接口，这些工具和接口可以将模型部署为 API 或集成到现有的应用程序中，提供高性能的推理引擎，以便实时处理和分析图像数据。

（4）辅助工具和库：提供各种辅助工具和库，以简化开发过程并提高开发效率。辅助工具和库提供了图像注释和标注工具，用于生成训练集；还提供了模型评估和验证工具，以衡量模型的性能和准确性。

（5）可扩展性和灵活性：通常具有良好的可扩展性和灵活性，以适应不同规模和要求的项目。人工智能开发平台可以在本地计算机或云环境中运行，支持并行计算和分布式训练，以处理大规模的图像数据和复杂的计算任务。

2.1.1.2　AiCam 平台

AiCam 平台是面向人工智能开发的一套开发系统，其主界面如图 2.2 所示，可以实现数字图像处理、机器视觉、边缘计算等应用，内置的 AiCam 核心引擎集成了算法、模型、硬件、应用轻量级开发框架，能够快速集成和开发更多的案例。

图 2.2　AiCam 平台的主界面

1）运行环境

AiCam 平台采用 B/S 架构，其组成如图 2.3 所示，用户通过浏览器即可运行项目。人工智能算法模型和算法通过边缘本地云服务的方式为应用提供交互接口，软件平台可部署到各种边缘端设备运行，包括 GPU 服务器、CPU 服务器、ARM 开发板、百度 EdgeBorad 开发板（FZ3/FZ5/FZ9）、英伟达 Jetson 开发板等。

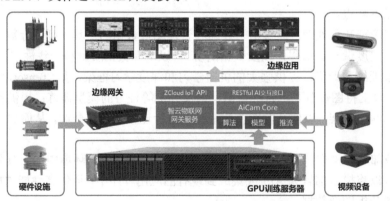

图 2.3　AiCam 平台的组成

2）主要特性

AiCam 平台的主要特性如下：

（1）可实现多平台边缘端部署：AiCam 平台支持 x86、ARM、GPU、FPGA、MLU 等异构计算环境的部署和离线计算的推理，可满足多样化的边缘项目应用需求。

（2）实时视频推送分析：支持本地摄像头、网络摄像头的接入，提供实时的视频推流服务，通过 Web HTTP 接口可实现快速的预览和访问。

（3）统一模型调用接口：不同算法框架采用统一的模型调用接口，开发者可以轻松切换不同的算法模型，进行模型验证。

（4）统一硬件控制接口：AiCam 平台接入了物联网云平台，不同的硬件资源采用统一的硬件控制接口，屏蔽了底层硬件的差异，方便开发者接入不同的控制设备。

（5）清晰简明应用接口：采用了基于 Web 的 RESTful 接口，可快速地进行模型的调用，并实时返回视频分析的计算结果图像和计算结果数据。

3）开发流程

AiCam 平台集成了算法、模型、硬件、应用轻量级开发框架，其开发框架如图 2.4 所示。

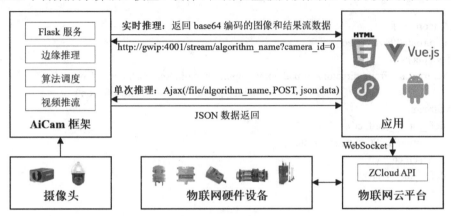

图 2.4　AiCam 平台的开发框架

AiCam 平台的功能框架如图 2.5 所示。

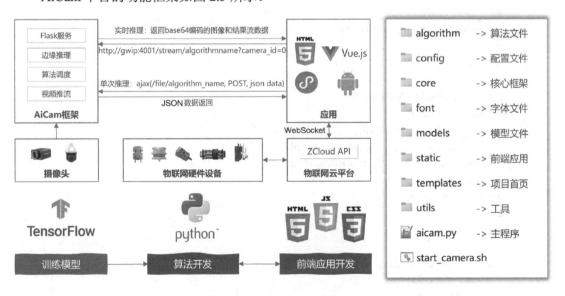

图 2.5　AiCam 平台的功能框架

4）主程序 aicam

主程序 aicam.py 核心代码如下：

```python
#获取当前工程根目录
basedir = os.path.abspath(os.path.dirname(__file__))
#全局参数
__app = Flask(__name__, static_folder="static", template_folder='templates')
#cross-domain
CORS(__app, supports_credentials=True)


#进入首页路由
@__app.route('/')
def index():
    return render_template('index.html')


#设置 icon 图标
@__app.route('/favicon.ico')
def favicon():
    return send_from_directory(os.path.join(__app.root_path, 'static'), 'favicon.ico',
                                        mimetype='image/vnd. microsoft.icon')
class Stream:
    def __init__(self, cd):
        print("INFO: Stream create.")
        self.cd = cd
    def __iter__(self):
        return self


    def __next__(self):
        return self.cd()


    def __del__(self):
        print("INFO: Stream delete.")


@__app.route('/ptz/preset', methods=["POST"])
def ptzPreset():
    if request.method == 'OPTIONS':
        res = Response()
        res.headers['Access-Control-Allow-Origin'] = '*'
        res.headers['Access-Control-Allow-Method'] = '*'
        res.headers['Access-Control-Allow-Headers'] = '*'
        return res
    dat = request.stream.read()
    cmd = 39
    param = 1
    if len(dat) > 0:
        jo = json.loads(dat)
        cmd = jo['cmd']
        param = jo['param']
    camera = None
    camera_id = request.values.get("camera_id")
    if camera_id != None:
        camera_id = camera_id.strip()
        camera = cam.getCamera(camera_id)
```

```
    else:
        camera_url = request.values.get("camera_url")
        if camera_url != None:
            camera = cam.loadCamera(camera_url)
    if camera !- None:
        presetPtz = getattr(camera, "presetPtz", None)
        if presetPtz is not None:
            presetPtz(cmd, param)


    res = Response()
    res.headers['Access-Control-Allow-Origin'] = '*'
    res.headers['Access-Control-Allow-Method'] = '*'
    res.headers['Access-Control-Allow-Headers'] = '*'
    return res

@__app.route('/ptz/relativemove', methods=["POST"])
def ptz():
    if request.method == 'OPTIONS':
        res = Response()
        res.headers['Access-Control-Allow-Origin'] = '*'
        res.headers['Access-Control-Allow-Method'] = '*'
        res.headers['Access-Control-Allow-Headers'] = '*'
        return res
    #获取摄像头编号、基础应用编号、基础应用中子应用的编号
    dat = request.stream.read()
    jo = json.loads(dat)
    x = 0
    y = 0
    z = 0
    if 'x' in jo:
        x = jo['x']
    if 'y' in jo:
        y = jo['y']
    if 'z' in jo:
        z = jo['z']
    camera = None
    camera_id = request.values.get("camera_id")
    if camera_id != None:
        camera_id = camera_id.strip()
        camera = cam.getCamera(camera_id)
    else:
        camera_url = request.values.get("camera_url")
        if camera_url != None:
            camera = cam.loadCamera(camera_url)
    if camera != None:
        runPtz = getattr(camera, "runPtz", None)
        if runPtz is not None:
            runPtz(x,y,z)
    res = Response()
    res.headers['Access-Control-Allow-Origin'] = '*'
```

```
            res.headers['Access-Control-Allow-Method'] = '*'
            res.headers['Access-Control-Allow-Headers'] = '*'
            return res
#实时视频应用路由
@__app.route('/stream/<action>')
def video_stream(action):
    if request.method == 'OPTIONS':
        res = Response()
        res.headers['Access-Control-Allow-Origin'] = '*'
        res.headers['Access-Control-Allow-Method'] = '*'
        res.headers['Access-Control-Allow-Headers'] = '*'
        return res

    #获取摄像头编号、基础应用编号、基础应用中子应用的编号
    camera_id = request.values.get("camera_id")
    camera = None
    if camera_id != None:
        camera_id = camera_id.strip()
        camera = cam.getCamera(camera_id)
    else:
        camera_url = request.values.get("camera_url")
        if camera_url != None:
            camera = cam.loadCamera(camera_url)
    if camera != None:
        def cam_read():
            return camera.read()
    else:
        def cam_read():
            return False, None
    mimetype = 'text/event-stream'
    boundary = '\r\nContent-Type: text/event-stream\r\n\r\ndata:'
    if type == 'image':
        mimetype = 'multipart/x-mixed-replace; boundary=frame'
        boundary = b"\r\n--frame\r\nContent-Type: image/jpeg\r\n\r\n"
    def gen():
        while True:
            ret, img = cam.read(camera_id)
            if ret:
                result = alg.request(img, action)
                if type == 'image':
                    img = base64.b64decode(result['result_image'].encode('utf-8'))
                    yield boundary+img
                else:
                    yield boundary+json.dumps(result)
            else:
                time.sleep(1)
    res = Response(gen(), mimetype=mimetype)
    res.headers['Access-Control-Allow-Origin'] = '*'
    res.headers['Access-Control-Allow-Method'] = '*'
    res.headers['Access-Control-Allow-Headers'] = '*'
```

```
        return res

#非实时视频处理（图像、视频、音频文件）
@__app.route('/file/<action>', methods=["POST"])
def file_handle(action):
    result = {}
    param_data = request.form.get("param_data")          #参数 JSON 字符串
    file_name = request.files.get("file_name")
    file_data = None
    if file_name != '' and file_name is not None :
        file_data = file_name.read()                      #文件数据

    param_json = {}
    #将参数字典设置到共享数组
    if param_data is not None and file_util.is_json(param_data):
        param_json = json.loads(param_data)
    result = alg.request(file_data, action, param_json)
    res = Response(json.dumps(result))
    res.headers['Access-Control-Allow-Origin'] = '*'
    res.headers['Access-Control-Allow-Method'] = '*'
    res.headers['Access-Control-Allow-Headers'] = '*'

    return res
#实时视频应用路由
@__app.route('/image/stream/<action>')
def video_stream_image(action):
    if request.method == 'OPTIONS':
        res = Response()
        res.headers['Access-Control-Allow-Origin'] = '*'
        res.headers['Access-Control-Allow-Method'] = '*'
        res.headers['Access-Control-Allow-Headers'] = '*'
        return res
    #获取摄像头编号、基础应用编号、基础应用中子应用的编号
    camera_id = request.values.get("camera_id")
    camera = None
    if camera_id != None:
        camera_id = camera_id.strip()
        camera = cam.getCamera(camera_id)
    else:
        camera_url = request.values.get("camera_url")
        if camera_url != None:
            camera = cam.loadCamera(camera_url)
    if camera != None:
        def cam_read():
            return camera.read()
    else:
        def cam_read():
            return False, None
    mimetype = 'multipart/x-mixed-replace; boundary=frame'
    boundary = b"\r\n--frame\r\nContent-Type: image/jpeg\r\n\r\n"
```

```python
    def gen():
        i=0
        while i<30:
            ret, img = cam_read()
            if ret:
                result = alg.request(img, action)
                img = base64.b64decode(result['result_image'].encode('utf-8'))
                return boundary+img
            else:
                i += 1
                time.sleep(1)
        raise StopIteration
    res = Response(Stream(gen), mimetype=mimetype)
    res.headers['Access-Control-Allow-Origin'] = '*'
    res.headers['Access-Control-Allow-Method'] = '*'
    res.headers['Access-Control-Allow-Headers'] = '*'
    return res

if __name__ == '__main__':
    __app.run(host='0.0.0.0', port=4001, debug=False)
```

5）启动脚本

启动脚本 start_aicam.sh 主要用于构建运行环境、启动主程序 aicam.py，代码如下：

```bash
#!/bin/bash
echo "开始运行脚本"
ps -aux | grep "aicam.py"|awk '{print $2}'|xargs kill -9

cd `dirname $0`
PWD=`pwd`
export LD_LIBRARY_PATH=$PWD/core/pyHCNetSDK/HCNetSDK_linux64:$LD_LIBRARY_PATH

#>>> conda initialize >>>
#!! Contents within this block are managed by 'conda init' !!
__conda_setup="$('/home/zonesion/miniconda3/bin/conda' 'shell.bash' 'hook' 2> /dev/null)"
if [ $? -eq 0 ]; then
    eval "$__conda_setup"
else
    if [ -f "/home/zonesion/miniconda3/etc/profile.d/conda.sh" ]; then
        . "/home/zonesion/miniconda3/etc/profile.d/conda.sh"
    else
        export PATH="/home/zonesion/miniconda3/bin:$PATH"
    fi
fi
unset __conda_setup
#<<< conda initialize <<<

conda activate py36_tf25_torch110_cuda113_cv345
python3 aicam.py
echo "脚本启动完成"
```

2.1.1.3　开发资源

1）AiCam 平台的构成

利用 AiCam 平台，用户能够方便快捷地开展深度学习的教学、竞赛和科研等工作。从最基础的 OpenCV、模型训练到边缘设备的部署，AiCam 平台进行了全栈式的封装，降低了开发难度。AiCam 平台的构成如图 2.6 所示。

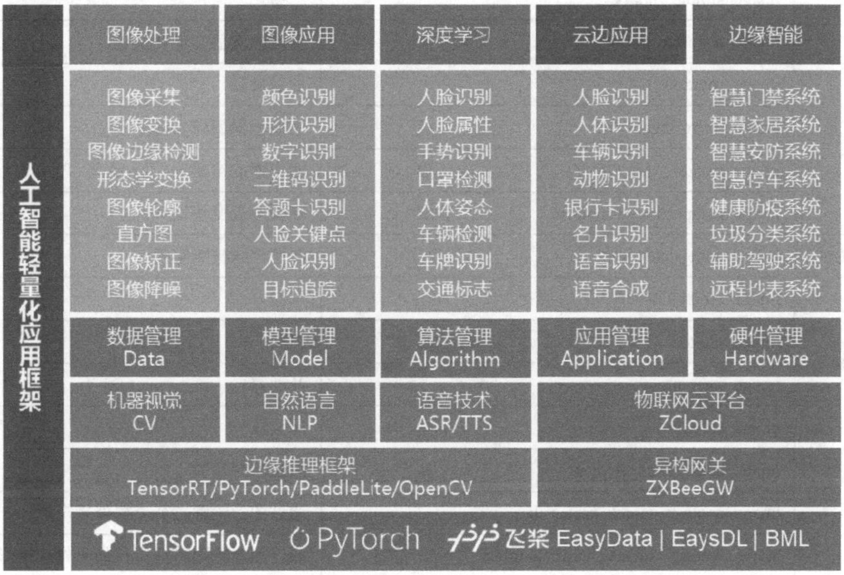

图 2.6　AiCam 平台的构成

AiCam 平台支持以下应用：

- ⊃ 图像处理：基于 OpenCV 开发的数字图像处理算法。
- ⊃ 图像应用：基于 OpenCV 开发的图像应用。
- ⊃ 深度学习：基于深度学习技术开发的图像识别、图像检测等应用。
- ⊃ 视觉云应用：基于百度云接口开发的图像识别、图像检测、语音识别、语音合成等应用。
- ⊃ 边缘智能：结合硬件场景的边缘应用。
- ⊃ 综合案例：结合行业软/硬件应用场景的边缘计算。

2）平台的算法列表

通过实验例程的方式，AiCam 平台为机器视觉算法提供了单元测试，并开放了代码。图像基础算法、图像基础应用、深度学习应用和百度云边应用的接口及其描述如表 2.1 到表 2.4 所示。

表 2.1　图像基础算法

类　　别	接 口 名 称	接 口 描 述
图像采集	image_capture	实时视频流采集和输出
图像标注	image_lines_and_rectangles	绘制直线与矩形
	image_circle_and_ellipse	绘制圆和椭圆

续表

类　　别	接 口 名 称	接 口 描 述
图像标注	image_polygon	绘制多边形
	image_display_text	显示文本
图像转换	image_gray	灰度实验
	image_simple_binary	二值化
	image_adaptive_binary	自适应阈值二值化实验
图像变换	image_rotation	图像旋转
	image_mirroring	图像镜像旋转实验
	image_resize	图像缩放实验
	image_perspective_transform	图像透视变换
图像边缘检测	image_edge_detection	图像边缘检测实验
形态学变换	image_eroch	腐蚀
	image_dilate	膨胀
	image_opening	开运算
	image_closing	闭运算
图像轮廓	image_contour_experiment	图像轮廓实验
	image_contour_search_rectangle	通过图像轮廓特征查找外接矩形
	image_contour_search_minrectangle	通过图像轮廓特征查找最小外接矩形
	image_contour_search_mincircle	通过图像轮廓特征查找最小外接圆
直方图	image_simple_histogram	原始图像+直方图数据
	image_equalization_histogram	直方图+均衡化直方图数据
	image_self_adaption_equalization_histogram	自适应均衡化直方图数据
模板匹配	image_template_matching	图像的模板匹配
霍夫变换	image_standard_hough_transform	霍夫变换检测直线
	image_asymptotic_probabilistic_hough_transform	渐进概率式霍夫变换检测直线
	image_hough_transform_circular	图像的霍夫变换检测圆
梯度变换	image_sobel	Sobel 算子
	image_scharr	Scharr 算子
	image_laplacian	Laplacian 算子
图像矫正	image_correction	图像矫正
图像添加水印	image_watermark	图像添加水印
图像噪声消除	image_noise	噪声图像
	image_box_filter	方框滤波
	image_blur_filter	均值滤波
	image_gaussian_filter	高斯滤波
	image_bilateral_filter	高斯双边滤波
	image_medianblur	中值滤波

表 2.2　图像基础应用

类　别	接 口 名 称	接 口 描 述
颜色识别	image_color_recognition	识别目标的颜色
形状识别	image_shape_recognition	识别目标的形状
数字识别	image_mnist_recognition	识别手写数字
二维码识别	image_qrcode_recognition	识别二维码内容
人脸检测	image_face_detection	利用 Dlib 库的人脸检测算法
人脸关键点	image_key_detection	利用 Dlib 库的人脸关键点识别算法
人脸识别	image_face_recognition	基于 HAAR 人脸特征分类器进行人脸识别
目标追踪	image_motion_tracking	对移动目标进行追踪标注

表 2.3　深度学习应用

类　别	接 口 名 称	接 口 描 述
人脸检测	face_detection	人脸检测模型及算法
人脸识别	face_recognition	人脸识别模型及算法
人脸属性	face_attr	多种人脸属性信息（如年龄、性别、表情等）
手势识别	handpose_detection	识别人体手部的主要关键点
口罩检测	mask_detection	检测是否佩戴口罩
人体姿态	personpose_detection	识别人体的 21 个主要关键点
车辆检测	car_detection	识别 ROS 智能小车
车牌识别	plate_recognition	识别车牌号码
行人检测	person_detection	识别行人并进行标注
交通标志	traffic_detection	识别各种交通标志

表 2.4　百度云边应用

类　别	接 口 名 称	接 口 描 述
人脸识别	baidu_face_recognition	人脸注册及识别
人体识别	baidu_body_attr	人体检测与属性识别算法
车辆检测	baidu_vehicle_detect	车辆属性及检测算法
手势识别	baidu_gesture_recognition	手势识别算法
数字识别	baidu_numbers_detect	数字识别算法
文字识别	baidu_general_characters_recognition	通用文字识别算法
语音识别	baidu_speech_recognition	百度语音识别（标准版）应用
语音合成	baidu_speech_synthesis	百度语音合成服务应用

3）AiCam 平台的部分案例截图

AiCam 平台的部分案例截图如图 2.7 到图 2.11 所示。

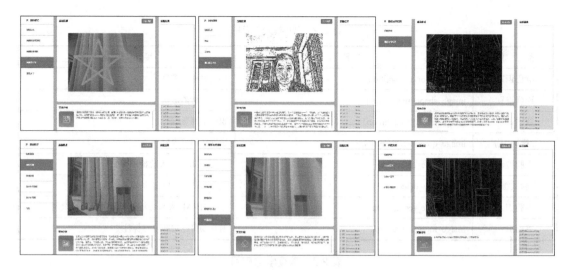

图 2.7　基础算法案例截图

图 2.8　基础应用案例截图

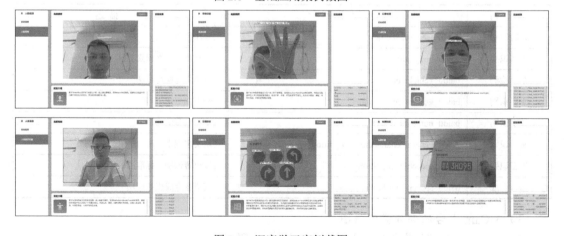

图 2.9　深度学习案例截图

图 2.10　云边应用案例截图

图 2.11　边缘智能案例截图

2.1.1.4　边缘计算的硬件设计平台

本书采用的是 GW3588 边缘计算网关。为了深化无线节点在无线传感网络中的使用，本书中的部分项目需要使用传感器和控制设备，涉及 xLab 开发平台，该平台设计了丰富的硬件设备，包括采集类、控制类、安防类、显示类、识别类等开发平台。

1）GW3588 边缘计算网关

GW3588 边缘计算网关采用全新的商业产品级一体机外观设计，以及搭载 AI 嵌入式边缘计算处理器的 RK3399 开发板。RK3399 采用了 4 核 Cortex-A76 和 4 核 Cortex-A55 的微处理器，4 核的 Mali-G610 的 GPU、6 TOP 算力的神经网络处理器（Neural Processing Unit，NPU）、16 GB 的 RAM 和 128 GB 的 ROM，15.6″的高清电容屏（LCD），可运行 Ubuntu、Android 等操作系统。

GW3588 边缘计算网关不仅提供了丰富的外设接口（如图 2.12 所示），可方便用户开发调试；还提供了丰富的扩展模块，可完成人工智能机器视觉、语音语言、边缘计算、综合项目等的开发任务。

图 2.12　GW3588 边缘计算网关的外设接口

2）采集类开发平台（Sensor-A）

采集类开发平台包括温湿度传感器、光照度传感器、空气质量传感器、气压海拔传感器、三轴加速度传感器、距离传感器、继电器、语音识别传感器等，如图 2.13 所示。

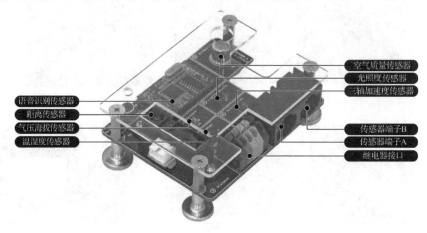

图 2.13   采集类开发平台

- 两路 RJ45 工业接口，包含 I/O、DC 3.3 V、DC 5 V、UART、RS-485、两路继电器输出等功能，提供两路 3.3 V、5 V 电源输出。
- 温湿度传感器的型号为 HTU21D，采用数字信号输出和 I2C 通信接口，测量范围为 -40～125℃，以及 5%RH～95%RH。
- 光照度传感器的型号为 BH1750，采用数字信号输出和 I2C 通信接口，对应广泛的输入光范围，相当于 1～65535 lx。
- 空气质量传感器的型号为 MP503，采用模拟信号输出，可以检测气体酒精、烟雾、异丁烷、甲醛，检测浓度为 10～1000 ppm（酒精）。
- 气压海拔传感器的型号为 FBM320，采用数字信号输出和 I2C 通信接口，测量范围为 300～1100 hPa。
- 三轴加速度传感器的型号为 LIS3DH，采用数字信号输出和 I2C 通信接口，量程可设置为 ±2g、±4g、±8g、±16g（g 为重力加速度），16 位数据输出。
- 距离传感器的型号为 GP2D12，采用模拟信号输出，测量范围为 10～80 cm，更新频率为 40 ms。
- 采用继电器控制，输出节点有两路继电器接口，支持 5 V 电源开关控制。
- 语音识别传感器的型号为 LD3320，支持非特定人识别，具有 50 条识别容量，采用串口通信。

3）控制类开发平台（Sensor-B）

控制类开发平台包括：风扇、步进电机、蜂鸣器、LED、RGB 灯、继电器接口，如图 2.14 所示。

- 两路 RJ45 工业接口，包含 IO、DC 3.3 V、DC 5 V、UART、RS-485、两路继电器输出等功能，提供两路 3.3 V、5 V 电源输出。
- 风扇为小型风扇，采用低电平驱动。
- 步进电机为小型 42 步进电机，驱动芯片为 A3967SLB，逻辑电源的电压范围为 3.0～5.5 V。
- 使用小型蜂鸣器，采用低电平驱动。

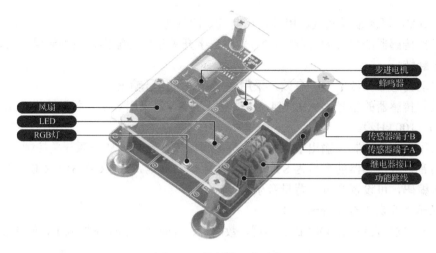

图 2.14　控制类开发平台

- 两路高亮 LED 灯，采用低电平驱动。
- RGB 灯采用低电平驱动，可组合出任何颜色。
- 采用继电器控制，输出节点有两路继电器接口，支持 5 V 电源开关控制。

4）安防类开发平台（Sensor-C）

安防类开发平台包括：火焰传感器、光栅传感器、人体红外传感器、燃气传感器、触摸传感器、振动传感器、霍尔传感器、继电器接口、语音合成传感器等，如图 2.15 所示。

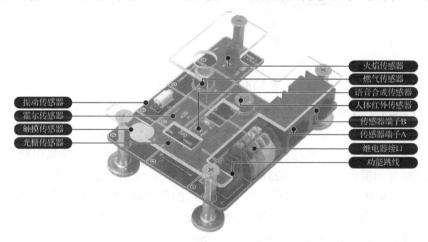

图 2.15　安防类开发平台

- 两路 RJ45 工业接口，包含 IO、DC 3.3 V、DC 5 V、UART、RS-485、两路继电器输出等功能，提供两路 3.3 V、5 V 红外光电源输出。
- 火焰传感器采用 5 mm 的探头，可检测火焰或波长为 760～1100 nm 的红外光，探测温度为 600℃左右，采用数字开关量输出。
- 光栅传感器的槽式光耦槽宽为 10 mm，工作电压为 5 V，采用数字开关量信号输出。
- 人体红外传感器的型号为 AS312，电源电压为 3 V，感应距离为 12 m，采用数字开关量信号输出。
- 燃气传感器的型号为 MP-4，采用模拟信号输出，传感器加热电压为 5 V，供电电压为 5 V，可测量天然气、甲烷、瓦斯气、沼气等。

- 触摸传感器的型号为 SOT23-6，采用数字开关量信号输出，检测到触摸时，输出电平翻转。
- 振动传感器在低电平时有效，采用数字开关量信号输出。
- 霍尔传感器的型号为 AH3144，电源电压为 5 V，采用数字开关量输出，工作频率宽（0～100 kHz）。
- 采用继电器控制，输出节点有两路继电器接口，支持 5 V 电源开关控制。
- 语音合成传感器的型号为 SYN6288，采用串口通信，支持 GB2312、GBK、UNICODE 等编码，可设置音量、背景音乐等。

5）显示类开发平台（Sensor-D）

显示类开发平台包括：OLED 显示屏、数码管、五向开关和传感器端子，如图 2.16 所示。

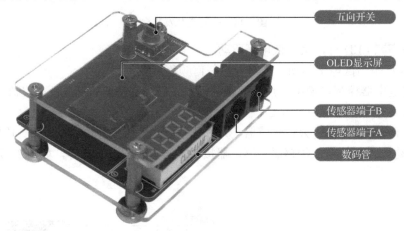

图 2.16　显示类开发平台

- 两路 RJ45 工业接口，包含 IO、DC 3.3 V、DC 5 V、UART、RS-485、两路继电器输出等功能，提供两路 3.3 V、5 V 电源输出。
- 硬件采用分区设计，丝印框图清晰易懂，包含传感器编号，模块采用亚克力防护。
- OLED 显示屏：分辨率为 128×64、尺寸为 0.96″，采用 I2C 通信接口。
- 数码管：采用 4 位共阴极数码管，驱动芯片的型号为 ZLG7290，采用 I2C 通信接口。
- 五向开关：五向按键，驱动芯片的型号为 ZLG7290，采用 I2C 通信接口。

6）125 kHz&13.56 MHz 二合一开发平台（Sensor-EL）

125 kHz&13.56 MHz 二合一开发平台包括：继电器接口、蜂鸣器、OLED 显示屏、RFID、传感器端子、USB 调试接口、功能跳线，如图 2.17 所示。

- 两路 RJ45 工业接口，包含 IO、DC 3.3 V、DC 5 V、UART、RS-485、两路继电器输出等功能，提供两路 3.3 V、5 V 电源输出。
- 硬件采用分区设计，丝印框图清晰易懂，包含传感器编号，模块采用亚克力防护。
- RFID：采用 125 kHz&13.56 MHz 的射频传感器，UART 接口（TTL 电平），支持 ISO/IEC 14443 A/MIFARE、NTAG、MF1xxS20、MF1xxS70、MF1xxS50、EM4100、T5577 等射频卡。
- OLED 显示屏：分辨率为 128×64、尺寸为 0.96″，采用 I2C 通信接口。

⊃ 支持 USB 供电、USB 转串口，可连接计算机的 USB 接口。

图 2.17　125 kHz&13.56 MHz 二合一开发平台

7）900 MHz&ETC 开发平台（Sensor-EH）

900 MHz&ETC 开发平台包括：RFID、传感器端子、ETC 栏杆、复位按钮、USB 调试接口、功能跳线，如图 2.18 所示。

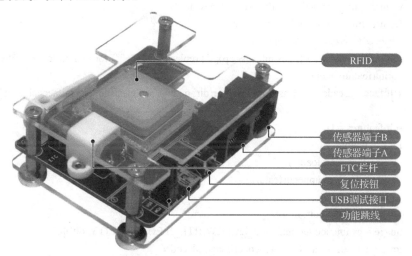

图 2.18　900 MHz&ETC 开发平台

⊃ 两路 RJ45 工业接口，包含 IO、DC 3.3 V、DC 5 V、UART、RS-485、两路继电器输出等功能，提供两路 3.3 V、5 V、12 V 电源输出。

⊃ 硬件采用分区设计，丝印框图清晰易懂，包含传感器编号，模块采用亚克力防护。

⊃ RFID：采用 900 MHz&ETC 的射频传感器，支持 ISO 18000-6C 协议，工作频率为 ISM 频段的 902~928 MHz，工作模式为跳频工作、定频工作或软件可调，功率在 0 dBm~27 dBm 内可调，支持的可读标签协议有 EPC C1 Co Gen2 和 ISO-18000-6C，读取距离为 1~5 cm，集成了 25×25 高性能微小型陶瓷天线（板载天线）和 ETC 栏杆。

2.1.1.5　功能与核心代码设计案例

AiCam 平台能够完成基于边缘应用的算法开发、模型开发、硬件开发、应用开发，开发例程可通过客户端的浏览器运行。示例如下：

```
###################################################################################
#文件：image_face_recognition.py
###################################################################################
import glob
import face_recognition
import os
import sys
import cv2 as cv
import numpy as np
import base64
import json


class ImageFaceRecognition(object):
    def __init__(self, dir_path="algorithm/image_face_recognition"):
        #读取注册人脸特征的 npy 文件
        self.dir_path = dir_path
        feature_path = os.path.join(dir_path, "*.npy")
        feature_files = glob.glob(feature_path)
        #解析文件名称，作为注册人姓名
        self.feature_names = [item.split(os.sep)[-1].replace(".npy", "") for item in feature_files]
        #print(feature_names)
        self.face_cascade = cv.CascadeClassifier(dir_path+"/haarcascade_frontalface_alt.xml")

        self.features = []
        for f in feature_files:
            feature = np.load(f)
            self.features.append(feature)

    def image_to_base64(self, img):
        image = cv.imencode('.jpg', img, [cv.IMWRITE_JPEG_QUALITY, 60])[1]
        image_encode = base64.b64encode(image).decode()
        return image_encode

    def base64_to_image(self, b64):
        img = base64.b64decode(b64.encode('utf-8'))
        img = np.asarray(bytearray(img), dtype="uint8")
        img = cv.imdecode(img, cv.IMREAD_COLOR)
        return img

    def face_id(self, img, classifier):
        gray = cv.cvtColor(img, cv.COLOR_BGR2GRAY)
        faces = classifier.detectMultiScale(gray, 1.3, 5)
        return faces
```

```
def inference(self, image, param_data):
    #code: 识别成功返回 200
    #msg: 相关提示信息
    #origin_image: 原始图像
    #result_image: 处理之后的图像
    #result_data: 结果数据
    return_result = {'code': 200, 'msg': None, 'origin_image': None, 'result_image': None,
                    'result_data': None}

    #应用请求接口: @__app.route('/file/<action>', methods=["POST"])
    #image: 应用传递过来的数据（根据实际应用可能为图像、音频、视频、文本）
    #param_data: 应用传递过来的参数, 不能为空
    if param_data != None:
        #读取应用传递过来的图像
        image = np.asarray(bytearray(image), dtype="uint8")
        image = cv.imdecode(image, cv.IMREAD_COLOR)
        #保留原始图像数据
        origin = image.copy()

        #type=0 表示注册
        if param_data["type"] == 0:
            try:
                image_encoding = face_recognition.face_encodings(image)[0]
                if len(image_encoding) != 0:
                    flag = True
                else:
                    return_result["code"] = 404
                    return_result["msg"] = "未检测到人脸！"
            except:
                return_result["code"] = 500
                return_result["msg"] = "注册失败！"
            if flag:
                feature_name = param_data["reg_name"] + ".npy"
                feature_path = os.path.join(self.dir_path, feature_name)
                np.save(feature_path, image_encoding)
                print("已保存人脸")
                return_result["code"] = 200
                return_result["msg"] = "注册成功！"
        #type=1 表示识别
        if param_data["type"] == 1:
            #调用接口进行人脸比对
            rects = self.face_id(image, self.face_cascade)
            for x, y, w, h in rects:
                crop = image[y: y + h, x: x + w]
                #视频流中人脸特征编码
                img_encoding = face_recognition.face_encodings(crop)
                if len(img_encoding) != 0:
```

```
                                #获取人脸特征编码
                                img_encoding = img_encoding[0]
                                #与注册的人脸特征进行对比
                                result = face_recognition.compare_faces(self.features, img_encoding,
                                                         tolerance=0.4)
                                if True in result:
                                    result = int(np.argmax(np.array(result, np.uint8)))
                                    rec_result = self.feature_names[result]
                                    cv.putText(image, rec_result, (x, y), cv.FONT_HERSHEY_SIMPLEX,
                                            1.2, (0, 255, 0), thickness=1)
                                    cv.rectangle(image, (x, y), (x + w, y + h), (0, 255, 0), 1)
                                    return_result["result_data"]=rec_result
                                else:
                                    cv.putText(image, 'unknown', (x, y), cv.FONT_HERSHEY_SIMPLEX,
                                            1.2, (0, 255, 0), thickness=1)
                                  cv.rectangle(image, (x, y), (x + w, y + h), (0, 255, 0), 1)
                                    return_result["result_data"]='unknown'

                        else:
                            cv.putText(image, 'unknown', (x, y), cv.FONT_HERSHEY_SIMPLEX,
                                    1.2, (0, 255, 0), thickness=1)
                            cv.rectangle(image, (x, y), (x + w, y + h), (0, 255, 0), 1)
                            return_result["result_data"]='unknown'
                    return_result["msg"] = "识别成功！"
                    return_result["origin_image"] = self.image_to_base64(origin)
                    return_result["result_image"] = self.image_to_base64(image)
            else:
                #调用接口进行人脸比对
                rects = self.face_id(image, self.face_cascade)
                for x, y, w, h in rects:
                    crop = image[y: y + h, x: x + w]
                    #视频流中人脸特征编码
                    img_encoding = face_recognition.face_encodings(crop)
                    if len(img_encoding) != 0:
                        #获取人脸特征编码
                        img_encoding = img_encoding[0]
                        #与注册的人脸特征进行对比
                        result = face_recognition.compare_faces(self.features, img_encoding, tolerance=0.4)
                        if True in result:
                            result = int(np.argmax(np.array(result, np.uint8)))
                            rec_result = self.feature_names[result]
                            cv.putText(image, rec_result, (x, y), cv.FONT_HERSHEY_SIMPLEX,
                                    1.2, (0, 255, 0), thickness=1)
                            cv.rectangle(image, (x, y), (x + w, y + h), (0, 255, 0), 1)
                            return_result["result_data"]=rec_result
                        else:
                            cv.putText(image, 'unknown', (x, y), cv.FONT_HERSHEY_SIMPLEX,
                                    1.2, (0, 255, 0), thickness=1)
```

```
                              cv.rectangle(image, (x, y), (x + w, y + h), (0, 255, 0), 1)
                              return_result["result_data"]='unknown'

                          else:
                              cv.putText(image, 'unknown', (x, y), cv.FONT_HERSHEY_SIMPLEX, 1.2,
                                  (0, 255, 0), thickness=1)
                              cv.rectangle(image, (x, y), (x + w, y + h), (0, 255, 0), 1)
                              return_result["result_data"]='unknown'
                      return_result["result_image"] = self.image_to_base64(image)
              return return_result

#单元测试，如果处理类中引用了文件，则在单元测试中要修改文件路径
if __name__=='__main__':
    mode = sys.argv[1]
    c_dir = os.path.split(os.path.realpath(__file__))[0]
    #创建图像处理对象
    img_object = ImageFaceRecognition(c_dir)

    #读取测试图像
    image = cv.imread(c_dir+"/test.jpg")
    #将图像编码成数据流
    img = cv.imencode('.jpg', image, [cv.IMWRITE_JPEG_QUALITY, 60])[1]

    #设置参数
    addUser_data = {"type":0, "reg_name":"lilianjie"}

    #调用接口进行人脸注册
    if mode == '0':
        result = img_object.inference(img, addUser_data)
        print(result)

    #调用接口进行人脸识别
    elif mode == '1':
        result = img_object.inference(image, None)
        frame = img_object.base64_to_image(result["result_image"])
        print(result)

        #图像显示
        cv.imshow('frame',frame)
        while True:
            key=cv.waitKey(1)
            if key==ord('q'):
                break
        cv.destroyAllWindows()
    else:
        print("参数错误！")
```

（1）在边缘计算网关上运行 PyCharm 开发环境（见图 2.19），导入项目工程，在编辑窗口可以查看算法代码，在终端运行项目。

图 2.19　PyCharm 开发环境

（2）通过客户端浏览器访问项目的应用页面，可以在前端的应用页面中看到算法实时处理视频流后返回的结果。

AiCam 平台的应用页面如图 2.20 所示。

图 2.20　AiCam 平台的应用页面

2.1.2　开发步骤与验证

2.1.2.1　工程部署

1）硬件部署

（1）准备好 AiCam 平台，并正确连接 Wi-Fi 天线、摄像头、电源。

（2）为 AiCam 平台上电，启动 Ubuntu 操作系统。

（3）连接局域网内的 Wi-Fi 网络，记录边缘计算网关的 IP 地址，如 192.168.100.200。

2）工程部署

（1）边缘计算网关在出厂时已经默认部署了 aicam 项目包，路径为/home/zonesion/aicam。

（2）如果需要对代码进行更新，则通过 SSH 将更新后的 aicam 项目包上传到/home/zonesion/目录下。

（3）在 SSH 终端输入以下命令解压缩 aicam 项目工程：

```
$ cd ~/
$ unzip aicam.zip
```

2.1.2.2　工程运行

（1）在 SSH 终端输入以下命令运行 aicam 项目工程：

```
$ cd ~/aicam
$ chmod 755 start_aicam.sh
$ conda activate py36_tf114_torch15_cpu_cv345        //Ubuntu 20.04 操作系统下需要切换环境
$ ./start_aicam.sh
//开始运行脚本
* Serving Flask app "start_aicam" (lazy loading)
* Environment: production
WARNING: Do not use the development server in a production environment.
Use a production WSGI server instead.
* Debug mode: off
* Running on http://0.0.0.0:4000/ (Press CTRL+C to quit)
```

（2）在客户端或者边缘计算网关端打开 Chrome 浏览器，访问 https://192.168.100.200:1443 即可查看项目内容。

2.1.2.3　项目体验

（1）在 AiCam 平台的主页面可以看到六大版块内容，如图 2.2 所示。

（2）单击任一应用即可查看项目的内容和结果，如图 2.21 所示。

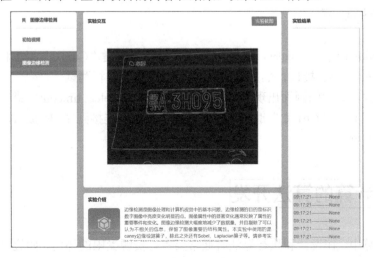

图 2.21　查看项目内容和结果

（3）单击"实验截图"按钮可在"实验结果"区域显示当前视频窗口中的图像，单击"实验结果"中的图像可进行预览（见图 2.22），或者右键单击该图像，通过右键菜单可保存截图。

图 2.22　预览视频窗口中的图像

第 3 章到第 5 章中的部分项目需要填写一些配置信息或接入硬件，相关的配置文件路径为 aicam\static\js\config.js，读者可根据实际的情况进行修改。

2.1.3　本节小结

本节主要介绍边缘计算与人工智能框架，首先介绍了边缘计算的参考框架；然后介绍了 AiCam 平台的运行环境、主要特性、开发流程、主程序 aicam、启动脚本，以及 AiCam 平台的构成、算法列表和部分案例的截图；接着介绍了边缘计算的硬件开发平台；最后通过一个案例给出了边缘计算的开发步骤和核心代码。

2.1.4　思考与拓展

（1）当视频窗口中无画面时，请在 SSH 终端按下组合键"Ctrl+C"退出程序，检查摄像头是否正确插入到 USB 接口，然后重新启动 AiCam 平台进行测试。

（2）当视频窗口中的画面出现卡顿，SSH 终端出现"select timeout"错误信息时，请在 SSH 终端按下组合键"Ctrl+C"退出程序，重新将摄像头连接到 USB 接口，然后重新启动 AiCam 平台进行测试。

2.2 边缘计算的算法开发

在边缘计算中，在设计和执行算法时通常要考虑资源受限的环境，如边缘设备的存储容量、算力和能量是有限的，这些特点要求边缘计算的算法适应边缘设备的资源限制和实时需求。以下是边缘计算算法的主要特点：

（1）低计算复杂度：边缘设备的计算资源（如处理器性能、内存和存储容量）是有限的，因此边缘计算的算法要具有较低的计算复杂度，以确保在资源受限的环境中能够高效执行。

（2）轻量级和紧凑：由于边缘设备的资源受限，边缘计算的算法通常是轻量级和紧凑的，这就需要采用简化的模型结构、特征选择或压缩技术，以减小算法的内存占用和计算需求。

（3）实时性：边缘计算需要快速处理数据并做出实时决策，因此边缘计算的算法通常需要在较短的时间内产生结果。

（4）本地决策：与传统的云计算不同，边缘计算更强调在本地设备上进行决策，因此边缘计算的算法需要具备本地感知和决策的能力，减少对云端的依赖。

（5）适应性：由于边缘环境可能随时变化，因此边缘计算的算法需要具备一定的适应性，能够根据环境的变化动态地调整参数或选择合适的处理方式。

本节的知识点如下：

⮊ 掌握面向机器视觉应用的边缘计算的框架。

⮊ 结合 AiCam 平台，掌握实时推理算法接口和单次推理算法接口的设计。

⮊ 结合人脸识别案例，掌握边缘算法的开发。

2.2.1　原理分析与开发设计

2.2.1.1　面向机器视觉应用的边缘计算框架

作为一种新兴的计算模式，边缘计算可以有效满足机器视觉应用领域的低时延、高带宽需求，其基本理念是在网络边缘提供计算服务，把传统云计算资源迁移到网络边缘，更加贴近数据源，从而拥有更快的响应速度和交互能力。边缘计算具有协同、开放、弹性的特点，不仅可以实现与云计算的互相协同，也可以将计算和存储等资源以服务的形式提供给用户，还可以根据业务增加的规模和需求来灵活调用和配置边缘节点，实现自动化的快速部署。

边缘视觉处理的框架如图 2.23 所示，主要承载图像处理功能（包括视频编/解码、视频图像增强、视频图像内容分析、视频图像检索、AI 推理等），可对视频图像中人员、车辆、物体等对象的特征、行为、数量、质量等进行检测或识别，提高视频图像整体或特定部分的清晰度、对比度。

边缘视觉处理平台通过数据接口与云侧数据进行互通，并对外提供应用和数据服务，包括设备登录、注销、状态、视频流、特征数据、结构化数据等信息的上传和下发；通过控制接口与端侧、边缘侧、云侧进行协同调度，包括配置下发、算法模型下发、视频查询、任务下发、边云协同等；通过管理接口实现应用的下发部署及全生命周期管理等，并形成边缘AI 框架，包括深度学习算法库、模型库、训练、推理等，可完成轻量级、低时延、高效的AI 计算。

云侧的主要功能包括但不限于视频图像存储管理、协同管理、算法管理等，以及提供AI 框架的上层能力，可实现视频图像存储、算力网络优化、端边协同等，同时还可以通过AI 框架（训练、推理、深度学习算法库）实现 AI 模型的训练和推理。

端侧主要包括视频图像信息采集设备、智能视频图像处理设备。根据不同的部署位置和应用场景，边缘视觉硬件的形态有所不同，其主要功能是承载视频图像处理、视频图像识别、目标比对、视频图像检索等一种或多种视频图像处理功能，为边缘视觉处理平台提供计算、存储、网络等资源，如智能摄像机、智能网关、智能视频服务器、AR/VR 设备等。

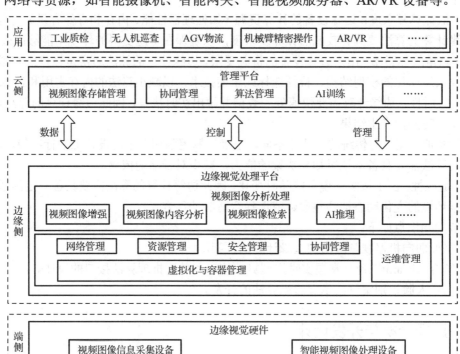

图 2.23　边缘视觉处理的框架

2.2.1.2　算法接口

1）框架设计

AiCam 平台采用统一模型调用、统一硬件接口、统一算法封装和统一应用模板的设计模式，可以在嵌入式边缘计算环境下进行快速的应用开发和项目实施。AiCam 平台通过 RESTful接口调用模型的算法，实时返回视频图像的分析结果，通过物联网云平台的应用接口与硬件连接和互动，最终实现各种应用。AiCam 平台的开发框架请参考图 2.4。

2）实时推理

AiCam 平台的实时推理接口主要实现了视频流的实时 AI 计算，通过算法实时计算摄像头采集到的视频图像，返回计算结果图像（如框出目标位置和识别内容的图像）。计算结果图像被实时推流到应用端，并以视频的方式进行显示。应用端可将计算结果数据（如目标坐标、目标关键点、目标名称、推理时间、置信度等）用于业务的处理。实时推理的详细逻辑如下：

（1）打开边缘计算网关的摄像头，获取实时的视频图像。

（2）将实时视频图像推送给算法接口的 inference 方法。

（3）通过 inference 方法进行图像处理，或者调用模型进行图像推理。

（4）通过 inference 方法返回 base64 编码的图像处理结果。

（5）AiCam 平台将返回的图像处理结果拼接为 text/event-stream 数据流，供应用使用。

（6）应用层通过 EventSource 接口获取实时推送的图像处理结果（计算结果图像和计算结果数据）。

（7）应用层解析数据流，提取出计算结果图像和计算结果数据进行应用展示。

3）单次推理

AiCam 平台的单次推理接口主要实现了应用层业务的单次推理计算请求，应用层将需要计算的图像及配置参数通过 Ajax 接口传递给算法，算法根据参数进行图像的推理计算并返回计算结果图像（如框出目标位置和识别内容的图像）和计算结果数据（如目标坐标、目标关键点、目标名称、推理时间、置信度等）。单次推理的详细逻辑如下：

（1）应用层截取需要 AI 计算的图像，并将图像转换为 Blob 格式的数据。

（2）应用层以 JSON 格式封装参数（如人脸注册应用的人脸名称、操作类型等）。

（3）以 formData 表单数据的形式通过 Ajax 接口将图像和参数传递到算法。

（4）通过算法的 inference 方法接收应用传递的图像和参数，调用模型进行图像推理。

（5）通过 inference 方法返回 base64 编码的计算结果图像（如框出目标位置和识别内容的图像）和计算结果数据（如目标坐标、目标关键点、目标名称、推理时间、置信度等）。

（6）AiCam 平台将算法处理的计算结果图像和计算结果数据通过 Ajax 接口返回。

（7）应用层解析返回数据，提取出计算结果图像和计算结果数据进行应用展示。

2.2.1.3　边缘计算的算法设计

1）人脸注册

人脸注册通过单次推理接口调用算法实现人脸注册功能，应用层将需要注册的人脸图像和参数［所需要注册的人名、处理类别（注册）］通过 Ajax 接口传递给算法。算法的 inference 方法通过传递过来的参数 param_data 是不是 None 来判断是否单次推理，None 表示实时推理，非 None 表示单次推理。算法文件为 algorithm\image_face_recognition\image_face_recognition.py，关键代码如下：

```
def inference(self, image, param_data):
    #code: 识别成功返回 200
    #msg: 相关提示信息
    #origin_image: 原始图像
    #result_image: 处理之后的图像
    #result_data: 结果数据
    return_result = {'code': 200, 'msg': None, 'origin_image': None, 'result_image': None,
                     'result_data': None}

    #应用请求接口: @__app.route('/file/<action>', methods=["POST"])
    #image: 应用传递过来的数据（根据实际应用可能为图像、音频、视频、文本）
    #param_data: 应用传递过来的参数，不能为空
    if param_data != None:
        #读取应用传递过来的图像
        image = np.asarray(bytearray(image), dtype="uint8")
        image = cv.imdecode(image, cv.IMREAD_COLOR)

        #type=0 表示注册
        if param_data["type"] == 0:
            try:
                image_encoding = face_recognition.face_encodings(image)[0]
```

```
                    if len(image_encoding) != 0:
                        flag = True
                    else:
                    return_result["code"] = 404
                    return_result["msg"] = "未检测到人脸！"
                except:
                    return_result["code"] = 500
                    return_result["msg"] = "注册失败！"
                if flag:
                    feature_name = param_data["reg_name"] + ".npy"
                    feature_path = os.path.join(self.dir_path, feature_name)
                    np.save(feature_path, image_encoding)
                    print("已保存人脸")
                    return_result["code"] = 200
                    return_result["msg"] = "注册成功！"
            return return_result
```

2）人脸比对

人脸比对通过实时推理接口调用算法实现人脸比对功能，应用层通过 EventSource 接口调用算法接口获取数据流，算法文件为 algorithm\image_face_recognition\image_face_recognition.py，关键代码如下：

```
def inference(self, image, param_data):
    #code：识别成功返回 200
    #msg：相关提示信息
    #origin_image：原始图像
    #result_image：处理之后的图像
    #result_data：结果数据
    return_result = {'code': 200, 'msg': None, 'origin_image': None, 'result_image': None,
                     'result_data': None}

    #应用请求接口：@__app.route('/file/<action>', methods=["POST"])
    #image：应用传递过来的数据（根据实际应用可能为图像、音频、视频、文本）
    #param_data：单次推理接口应用传递过来的参数，不能为空
    if param_data != None:
        #此处为人脸注册代码，省略
        #应用请求接口：@__app.route('/stream/<action>')
        #image：读取的摄像头实时视频图像
        #param_data：实时推理接口，必须为 None
    else:
        #调用接口进行人脸比对
        rects = self.face_id(image, self.face_cascade)
        for x, y, w, h in rects:
        crop = image[y: y + h, x: x + w]
        #视频流中人脸特征编码
        img_encoding = face_recognition.face_encodings(crop)
        if len(img_encoding) != 0:
            #获取人脸特征编码
```

```
            img_encoding = img_encoding[0]
            #与注册的人脸特征进行对比
            result = face_recognition.compare_faces(self.features, img_encoding, tolerance=0.4)
            if True in result:
                result = int(np.argmax(np.array(result, np.uint8)))
                rec_result = self.feature_names[result]
                cv.putText(image, rec_result, (x, y), cv.FONT_HERSHEY_SIMPLEX, 1.2, (0, 255, 0),
                                        thickness=1)
                cv.rectangle(image, (x, y), (x + w, y + h), (0, 255, 0), 1)
                return_result["result_data"]=rec_result
            else:
                cv.putText(image, 'unknown', (x, y), cv.FONT_HERSHEY_SIMPLEX, 1.2, (0, 255, 0),
                                        thickness=1)
                cv.rectangle(image, (x, y), (x + w, y + h), (0, 255, 0), 1)
                return_result["result_data"]='unknown'

        else:
            cv.putText(image, 'unknown', (x, y), cv.FONT_HERSHEY_SIMPLEX, 1.2, (0, 255, 0),
                                    thickness=1)
            cv.rectangle(image, (x, y), (x + w, y + h), (0, 255, 0), 1)
            return_result["result_data"]='unknown'
            return_result["result_image"] = self.image_to_base64(image)
    return return_result
```

3）单元测试

算法文件 algorithm\image_face_recognition\image_face_recognition.py 提供了单元测试代码，通过传参 0 实现人脸注册，通过传参 1 实现人脸比对。关键代码如下：

```
#单元测试，如果处理类中引用了文件，则在单元测试中要修改文件路径
if __name__=='__main__':
    mode = sys.argv[1]
    c_dir = os.path.split(os.path.realpath(__file__))[0]
    #创建图像处理对象
    img_object = ImageFaceRecognition(c_dir)

    #读取测试图像
    image = cv.imread(c_dir+"/test.jpg")
    #将图像编码成数据流
    img = cv.imencode('.jpg', image, [cv.IMWRITE_JPEG_QUALITY, 60])[1]

    #设置参数
    addUser_data = {"type":0, "reg_name":"lilianjie"}

    #调用接口进行人脸注册
    if mode == '0':
        result = img_object.inference(img, addUser_data)
        print(result)
```

```
#调用接口进行人脸识别
elif mode == '1':
    result = img_object.inference(image, None)
    frame = img_object.base64_to_image(result["result_image"])
    print(result)

    #图像显示
    cv.imshow('frame',frame)
    while True:
        key=cv.waitKey(1)
        if key==ord('q'):
            break
    cv.destroyAllWindows()
else:
    print("参数错误！")
```

2.2.2　开发步骤与验证

2.2.2.1　项目部署

1）硬件部署

（1）为边缘计算网关 GW3588 连接 Wi-Fi 天线、摄像头。

（2）启动 AiCam 平台，连接局域网内的 Wi-Fi 网络，记录 AiCam 平台的 IP 地址，如 192.168.100.200。

2）工程部署

（1）运行 MobaXterm 工具，通过 SSH 登录到边缘计算网关。

（2）在 SSH 终端执行以下命令，创建项目工程目录。

```
$ mkdir -p ~/aiedge-exp
```

（3）通过 SSH 将项目工程代码上传到~/aicam-exp 目录下，并采用 unzip 命令进行解压缩，代码如下：

```
$ cd ~/aiedge-exp
$ unzip image_face_recognition.zip
```

2.2.2.2　算法测试

1）人脸注册

（1）在 SSH 终端输入以下命令：

```
$ cd ~/aiedge-exp/image_face_recognition
$ conda activate py36_tf114_torch15_cpu_cv345        //Ubuntu 20.04 操作系统下需要切换环境
$ python3 image_face_recognition.py 0
```

进行人脸注册的单元测试，本测试将读取图像，并提交给算法接口进行人脸注册，返回的注册结果信息为：

```
//已保存人脸
{'result_data': None, 'msg': '注册成功！', 'code': 200, 'result_image': None, 'origin_image': None}
```

（2）在算法文件夹下可以看到生成的人脸特征文件 lilianjie.npy。

2）人脸比对

在 SSH 终端输入以下命令：

```
$ cd ~/aiedge-exp/image_face_recognition
$ conda activate py36_tf114_torch15_cpu_cv345        //Ubuntu 20.04 操作系统下需要切换环境
$ python3 image_face_recognition.py 1
```

进行人脸比对的单元测试，本测试将读取图像，并提交给算法接口进行人脸比对，比对完成后将结果图像在视窗中显示，返回的比对结果信息为：

{'msg': None, 'result_image': '/9j/4AAQSkZJRgABAQAAAQABAAD//9k=', 'result_data': 'lilianjie', 'origin_image': None, 'code': 200}

人脸对比的单元测试结果如图 2.24 所示。

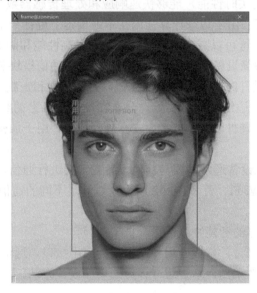

图 2.24　人脸比对的单元测试结果

2.2.3　本节小结

本节首先介绍了面向机器视觉应用的边缘计算（边缘视觉）框架，然后介绍了边缘计算的算法接口和算法设计，最后介绍了边缘计算的应用的开发步骤和验证。

2.2.4　思考与拓展

（1）AiCam 平台实时推理的基本步骤有哪些？

（2）AiCam 平台单次推理的基本步骤有哪些？

2.3 边缘计算的硬件设计

边缘计算的硬件设计需要综合考虑性能、功耗、实时性和安全性等多方面的要求，以适应边缘应用的多样性和特殊性。以下是边缘计算硬件设计的特点：

（1）低功耗设计：边缘设备通常是移动设备或嵌入式设备，因此需要采用低功耗的设备，以延长电池寿命。低功耗设备包括功耗优化的处理器、能效高的组件和优化的电源管理。

（2）小尺寸和轻量化：边缘设备可能需要携带或嵌入在各种环境中，因此需要考虑硬件的小尺寸和轻量化，以适应各种应用场景。

（3）实时性能：边缘计算通常需要在实时或近实时条件下进行数据处理和决策。因此，边缘硬件需要具备足够的实时性能，能够快速响应和处理传感器数据。

（4）本地存储和缓存：由于边缘计算强调在本地设备上进行一部分数据处理，因此需要足够的本地存储和缓存，这可以减少对云端的依赖，提高性能和降低时延。

（5）多模块设计：边缘设备通常会集成多种传感器、通信模块和其他组件，以支持多样化的应用，因此在设计硬件时需要考虑模块化，以方便扩展和定制。

（6）安全硬件模块：边缘计算需要处理分布在多个设备上的数据，因此安全性是一个至关重要的因素。在设计硬件时，需要考虑安全硬件模块，用于加密、身份验证和其他安全功能。

（7）通信接口：边缘设备通常需要与其他设备或云端进行通信，因此在设计硬件时需要考虑多种通信接口（如 Wi-Fi、蓝牙、LoRa 等），以满足不同的通信需求。

本节的知识点如下：

➲ 掌握面向边缘计算的智能物联网平台框架。

➲ 结合智能物联网平台，掌握应用开发框架的应用接口、通信协议和开发工具。

➲ 结合智慧产业套件示例，掌握边缘计算的硬件设计方法。

2.3.1　原理分析与开发设计

2.3.1.1　面向边缘计算的智能物联网平台框架

物联网利用有线或无线通信方式，实现了人与物、物与物之间的数字化连接。物联网的智能化能够释放物联网的底层能量，开拓创新应用空间。传统的物联网包括感知层、网络层、平台层、应用层四个部分；智能物联网融入了人工智能算法，扩大了应用边界，实现了从连接万物到唤醒万物、从中心化到端边云协同、从技术革新到产业革命、从物联网思维到智联网思维的变化。

传统物联网与智能物联网比较如图 2.25 所示，智能物联网可支撑更细粒度的应用场景落地、挖掘海量异构数据价值。特别是在数据流的传输过程中，新的应用场景对数据的需求不仅仅停留在数据分析层面，还对数据形态和中间过程提出了要求，需要基于多模数据进行交互。

AiCam 平台能够连接海量的物联网硬件，可以通过智能物联网平台实现与物联网硬件的交互。智能物联网平台中的平台层是数据中枢，同时也为感知层、网络层和应用层提供软/硬件平台和示例支撑。本书中的智能物联网平台采用的是中智讯（武汉）科技有限公司的智云平台（ZCloud），其框架如图 2.26 所示。

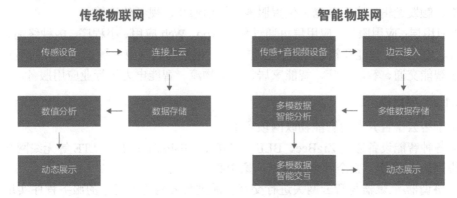

图 2.25　传统物联网与智能物联网比较

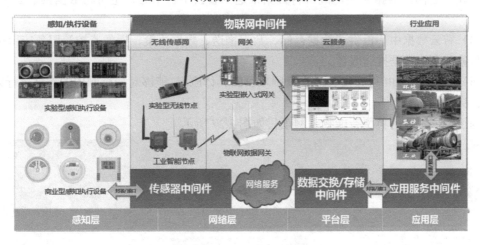

图 2.26　智云平台的框架

（1）感知层：全面感知。感知层以单片机、嵌入式技术为核心，赋予物品智能化、数字化，通过传感器采集物理世界中的事件和数据，包括各类物理量、标识、音频、视频等。物联网的数据采集涉及传感器、RFID、多媒体信息采集、二维码和实时定位等技术。智云平台提供了各种教学模型、控制节点和丰富的传感器，可满足感知层的不同应用需求。

（2）网络层：网络传输。网络层包括传感网和互联网两部分。传感网通过无线技术实现物品之间的组网、通信，以及数据的传输。不同的应用场合应选择不同类型的协议，如 ZigBee、BLE、Wi-Fi、NB-IoT、LoRa、LTE 等。通过智能网关/路由设备，可以实现传感网和互联网之间的数据交互。智云平台提供了各种教学模型、有线节点、无线节点和网关，支持异构网络的融合，采用的是 ZXBee 轻量级通信协议（基于易懂易学的 JSON 数据通信格式），可满足教学和不同应用的需求。

（3）平台层：数据中枢。平台层是智能物联网平台的数据汇聚中心。通过云计算、大数据等技术，平台层可以对感知到的数据进行无障碍、高可靠性、高安全性的处理和传输，并为上层应用提供数据服务。智云平台支持海量物联网数据的接入、分类存储、数据决策、数据分析及数据挖掘；采用了分布式大数据技术，具备数据的即时消息推送处理、数据仓库存储与数据挖掘等功能。智云业务管理平台是基于 B/S 架构的后台分析管理系统，可通过 Web 应用对数据中心进行管理并监控智云平台的运营，主要的功能模块有消息推送、数据存储、数据分析、触发逻辑、应用数据、位置服务、短信通知、视频传输等。

（4）应用层：应用服务。应用层可通过移动 App、Web 应用、小程序、多种终端设备（手机、电视、电子屏、智能音箱）等进行操作互动。根据物联网应用场景和业务的不同，应用层提供了智能交通、智能医疗、智能家居、智能物流、智能电力等行业应用服务。

2.3.1.2　项目模型

在基于智云平台开发的智能物联网项目中：

（1）各种智能设备通过 ZigBee、BLE、Wi-Fi、NB-IoT、LoRa、LTE 等无线网络联系在一起，协调器/汇聚器是整个网络的数据汇聚中心。

（2）协调器/汇聚器与智云网关进行交互，通过智云网关上运行的服务程序实现了传感网与互联网之间的数据交换，既可将数据推送到智云平台中心，也可将数据推送到本地局域网。

（3）智云数据中心提供了数据存储、数据推送、数据决策、摄像监控等服务应用接口，本地服务仅支持数据推送服务。

（4）通过智云 API 可开发智能物联网项目的具体应用，能够对传感网内的数据进行采集、控制、决策等。

基于智云平台的典型智能物联网项目如图 2.27 所示。

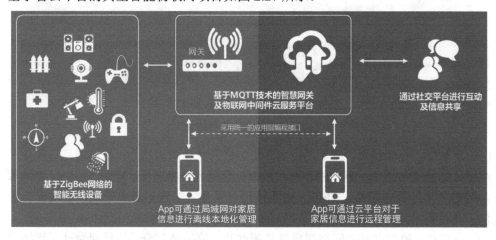

图 2.27　基于智云平台的典型智能物联网项目

2.3.1.3　应用接口

1）应用接口的框架

智云平台提供五大类应用接口供开发者使用，包括实时连接（WSNRTConnect）、历史数据（WSNHistory）、摄像监控（WSNCamera）、自动控制（WSNAutoctrl）、用户数据（WSNProperty）。智云平台应用接口的框架如图 2.28 所示。

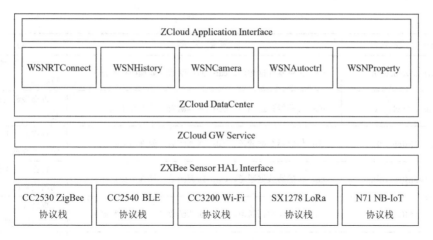

图 2.28　智云平台应用接口的框架

2）应用接口的说明

针对 Web 应用开发，智云平台提供了 JavaScript 接口库，用户调用相应的接口即可完成简单的 Web 应用开发。这里重点介绍实时连接应用接口和历史数据应用接口。

（1）实时连接应用接口。实时连接应用接口如表 2.5 所示。

表 2.5　实时连接应用接口

函　数	参 数 说 明	功　能
new WSNRTConnect(ID, Key);	ID：智云账号。Key：智云密钥	建立实时数据实例，初始化 ID 及 Key
connect()	无	建立实时数据服务连接
disconnect()	无	断开实时数据服务连接
onConnect()	无	监听连接智云服务成功
onMessageArrive(mac, dat)	mac：传感器的 MAC 地址。dat：发送的消息	监听收到的数据
sendMessage(mac, dat)	mac：传感器的 MAC 地址。dat：发送的消息	发送消息
setServerAddr(sa)	sa：数据中心服务器地址及端口	设置/改变数据中心服务器地址及端口

（2）历史数据应用接口。历史数据应用接口如表 2.6 所示。

表 2.6　历史数据应用接口

函　数	参 数 说 明	功　能
new WSNRTConnect(ID, Key);	ID：智云账号。Key：智云密钥	初始化历史数据对象、ID 及 Key
queryLast1H(ch, cal);	ch：传感器数据通道。cal：回调函数（处理历史数据）	查询最近 1 小时的历史数据
queryLast6H(ch, cal);	ch：传感器数据通道。cal：回调函数（处理历史数据）	查询最近 6 小时的历史数据
queryLast12H(ch, cal);	ch：传感器数据通道。cal：回调函数（处理历史数据）	查询最近 12 小时的历史数据
queryLast1D(ch, cal);	ch：传感器数据通道。cal：回调函数（处理历史数据）	查询最近 1 天的历史数据

函　　数	参　数　说　明	功　　能
queryLast5D(ch, cal);	ch：传感器数据通道。cal：回调函数（处理历史数据）	查询最近 5 天的历史数据
queryLast14D(ch, cal);	ch：传感器数据通道。cal：回调函数（处理历史数据）	查询最近 14 天的历史数据
queryLast1M(ch, cal);	ch：传感器数据通道。cal：回调函数（处理历史数据）	查询最近1个月（30天）的历史数据
queryLast3M(ch, cal);	ch：传感器数据通道。cal：回调函数（处理历史数据）	查询最近3个月（90天）的历史数据
queryLast6M(ch, cal);	ch：传感器数据通道。cal：回调函数（处理历史数据）	查询最近 6 个月（180天）的历史数据
queryLast1Y(ch, cal);	ch：传感器数据通道。cal：回调函数（处理历史数据）	查询最近 1 年（365天）的历史数据
query(cal);	cal：回调函数（处理历史数据）	获取所有通道最后一次数据
query(ch, cal);	ch：传感器数据通道。cal：回调函数（处理历史数据）	获取指定通道下最后一次数据
query(ch, start, end, cal);	ch：传感器数据通道。cal：回调函数（处理历史数据）。start：起始时间。end：结束时间。时间为 ISO 8601 格式的日期，如 2010-05-20T11:00:00Z	通过起止时间查询指定时间段的历史数据（根据时间范围选择默认采样间隔）
query(ch, start, end, interval, cal);	ch：传感器数据通道。cal：回调函数（处理历史数据）。start：起始时间。end：结束时间。interval：采样点的时间间隔。时间为 ISO 8601 格式的日期，如 2010-05-20T11:00:00Z	通过起止时间查询指定时间段指定时间间隔的历史数据
setServerAddr(sa)	sa：数据中心服务器地址及端口	设置/改变数据中心服务器地址及端口

2.3.1.4　通信协议

1）协议说明

智云平台支持传感网数据的无线接入，并定义了物联网数据通信的规范。智云平台采用轻量级的 ZXBee 通信协议，该协议采用 JSON 数据格式，更加清晰易懂。

ZXBee 通信协议对物联网底层到上层的数据做了定义，具有以下特点：

- ➲ 数据格式的语法简单、语义清晰，参数少而精；
- ➲ 参数名合乎逻辑、见名知义，变量和命令的分工明确；
- ➲ 参数的读写权限分配合理，可以有效防止不合理的操作，可最大限度地确保数据安全；
- ➲ 变量能对值进行查询，方便应用程序调试；
- ➲ 命令是对位进行操作的，能够避免内存资源的浪费。

2）协议简介

（1）通信协议数据格式。通信协议数据格式为"{[参数]=[值],{[参数]=[值],……}}"。

① 每条数据以"{"作为起始字符，以"}"作为结束字符。

②"{}"内的多个参数以","分隔。

注意：数据格式中的字符均为英文半角符号。

示例如下：

{CD0=1,D0=?}

（2）通信协议参数说明如下：

① 参数名称定义为：

⊃ 变量：A0～A7、D0、D1、V0～V3。

⊃ 命令：CD0、OD0、CD1、OD1。

⊃ 特殊参数：ECHO、TYPE、PN、PANID、CHANNEL。

② 变量可以对值进行查询。示例如下：

{A0=?}

③ 变量 A0～A7 在物联网云数据中心可以存储为历史数据。

④ 命令是对位进行操作的。

3）参数说明

具体的参数说明如下：

（1）A0～A7：用于传输传感器数值或者携带的信息量，只能通过赋值 "?" 来查询变量的当前值，可上传到物联网云数据中心存储。

① 温湿度传感器用 A0 表示温度值、用 A1 表示湿度值，数值类型为浮点型，精度为 0.1。

② 火焰报警传感器用 A3 表示警报状态，数值类型为整型，0 表示未检测到火焰，1 表示检测到火焰。

③ 高频 RFID 模块用 A0 表示卡片的 ID，数值类型为字符串。

（2）D0：D0 的 Bit0～Bit7 分别对应 A0～A7 的状态是否主动上传，只能通过赋值 "?" 来查询变量的当前值，0 表示禁止上传，1 表示允许主动上传。

① 温湿度传感器用 A0 表示温度值，A1 表示湿度值，D0=0 表示不上传温度值和湿度值，D0=1 表示主动上传温度值，D0=2 表示主动上传湿度值，D0=3 表示主动上传温度和湿度值。

② 火焰报警传感器用 A3 表示警报状态，D0=0 表示不检测火焰，D0=1 表示检测火焰。

③ 高频 RFID 模块用 A0 表示卡片 ID，D0=0 表示刷卡时不上报 ID，D0=1 表示刷卡时上报 ID。

（3）CD0/OD0：对 D0 进行位操作，CD0 表示清零操作，OD0 表示置 1 操作。

① 温湿度传感器用 A0 表示温度值，A1 表示湿度值，CD0=1 表示关闭 A0 温度值的主动上报。

② 火焰报警传感器用 A3 表示警报状态，OD0=1 表示开启火焰检测，当检测到火焰时，会主动上报 A0 的数值。

（4）D1：D1 表示控制编码，只能通过赋值 "?" 来查询变量的当前值，用户可根据传感器的属性来自定义 D1 的功能。

① 温湿度传感器用 D1 的 Bit0 表示电源开关状态，如 D1=0 表示电源处于关闭状态，D1=1 表示电源处于打开状态。

② 继电器用 D1 的 Bit0～Bit1 表示各路继电器状态，如 D1=0 表示关闭继电器 S1 和 S2，D1=1 表示开启继电器 S1，D1=2 表示开启继电器 S2，D1=3 表示开启继电器 S1 和 S2。

③ 风扇用 D1 的 Bit0 表示电源开关状态，用 D1 的 Bit1 表示正转或反转，如 D1=0 或者 D1=2 表示风扇停止转动（电源断开），D1=1 表示风扇处于正转状态，D1=3 表示风扇处于反转状态。

④ 红外电器遥控用 D1 的 Bit0 表示电源开关状态，用 D1 的 Bit1 表示工作模式/学习模式，如 D1=0 或者 D1=2 表示电源处于关闭状态，D1=1 表示电源处于开启状态且为工作模式，D1=3 表示电源处于开启状态且为学习模式。

（5）CD1/OD1：对 D1 进行位操作，CD1 表示清零操作，OD1 表示置 1 操作。

（6）V0～V3：用于表示传感器的参数，用户可根据传感器的属性自定义参数功能，这些参数的权限为可读写。

① 温湿度传感器用 V0～V3 表示自动上传数据的时间间隔。

② 风扇用 V0～V3 表示风扇转速。

③ 红外电器遥控用 V0～V3 表示红外学习的键值。

④ 语音合成用 V0～V3 表示需要合成的语音字符。

（7）特殊参数：ECHO、TYPE、PN、PANID、CHANNEL。

① ECHO：用于检测节点是否在线，将发送的值进行回显，如发送"{ECHO=test}"，若节点在线则回复数据"{ECHO=test}"。

② TYPE：表示节点类型，该参数包含了节点类别、节点类型、节点名称，只能通过赋值"?"来查询该参数的当前值。TYPE 的值由 5 个 ASCII 码字节表示，第 1 字节表示节点类别，1 表示 ZigBee、2 表示 RF433、3 表示 Wi-Fi、4 表示 BLE、5 表示 IPv6、9 表示其他；第 2 字节表示节点类型，0 表示汇聚节点、1 表示路由器/中继节点、2 表示终端节点；第 3～5 个字节表示节点名称，编码由用户自定义。

③ PN：表示某节点的上行节点地址信息和邻居节点地址信息，只能通过赋值"?"来查询该参数的当前值。PN 的值是上行节点地址信息和邻居节点地址信息的组合，其中每 4 个字节表示一个节点的地址后 4 位，第一个 4 字节表示该节点上行节点地址的后 4 位，第 2～ n 个 4 字节表示当前节点邻居节点地址的后 4 位。

4）参数定义

ZXBee 通信协议的参数定义如表 2.7 所示。

表 2.7 ZXBee 通信协议的参数定义

节点名称	TYPE	参数	属性	权限	说明
Sensor-A 采集类传感器	601	A0	温度	R	温度值，浮点型，精度为 0.1，范围为-40.0～105.0，单位为℃
		A1	湿度	R	湿度值，浮点型，精度为 0.1，范围为 0～100.0，单位为%RH
		A2	光照度	R	光照度值，浮点型，精度为 0.1，范围为 0～65535.0，单位为 lx
		A3	空气质量	R	空气质量值，表征空气污染程度，整型，范围为 0～20000，单位为 ppm
		A4	大气压强	R	大气压强值，浮点型，精度为 0.1，范围为 800.0～1200.0，单位为 hPa
		A5	跌倒状态	R	通过三轴传感器计算出跌倒状态，0 表示未跌倒，1 表示跌倒
		A6	距离	R	距离值，浮点型，精度为 0.1，范围为 10.0～80.0，单位为 cm

续表

节 点 名 称	TYPE	参 数	属 性	权限	说 明
Sensor-A 采集类传感器	601	D0(OD0/CD0)	上报状态	R/W	D0 的 Bit0~Bit7 分别代表 A0~A7 的上报状态，1 表示主动上报，0 表示不上报
		D1(OD1/CD1)	继电器	R/W	D1 的 Bit6~Bit7 分别代表继电器 K1、K2 的开关状态，0 表示断开，1 表示吸合
		V0	上报时间间隔	R/W	A0~A7 和 D1 的主动上报时间间隔，默认为 30，单位为 s
Sensor-B 控制类传感器	602	D1(OD1/CD1)	RGB	R/W	D1 的 Bit0~Bit1 代表 RGB 三色灯的颜色状态，00 表示关、01 表示红色、10 表示绿色、11 表示蓝色
		D1(OD1/CD1)	步进电机	R/W	D1 的 Bit2 表示步进电机的正/反转状态，0 表示正转，1 表示反转
		D1(OD1/CD1)	风扇/蜂鸣器	R/W	D1 的 Bit3 表示风扇/蜂鸣器的开关状态，0 表示关闭，1 表示打开
		D1(OD1/CD1)	LED	R/W	D1 的 Bit4~Bit5 表示 LED1、LED2 的开关状态，0 表示关闭，1 表示打开
		D1(OD1/CD1)	继电器	R/W	D1 的 Bit6~Bit7 表示继电器 K1、K2 的开关状态，0 表示断开，1 表示吸合
		V0	上报间隔	R/W	A0~A7 和 D1 的循环上报时间间隔
Sensor-C 安防类传感器	603	A0	人体红外/触摸	R	人体红外/触摸传感器状态，取值为 0 或 1，1 表示有人体活动/触摸动作，0 表示无人体活动/触摸动作
		A1	振动	R	振动状态，取值为 0 或 1，1 表示检测到振动，0 表示未检测到振动
		A2	霍尔	R	霍尔状态，取值为 0 或 1，1 表示检测到磁场，0 表示未检测到磁场
		A3	火焰	R	火焰状态，取值为 0 或 1，1 表示检测到火焰，0 表示未检测到火焰
		A4	燃气	R	燃气泄漏状态，取值为 0 或 1，1 表示检测到燃气泄漏，0 表示未检测到燃气泄漏
		A5	光栅	R	光栅（红外对射）状态值，取值为 0 或 1，1 表示检测到阻挡，0 表示未检测到阻挡
		D0(OD0/CD0)	上报状态	R/W	D0 的 Bit0~Bit7 分别表示 A0~A7 的上报状态，1 表示主动上报，0 表示不上报
		D1(OD1/CD1)	继电器	R/W	D1 的 Bit6~Bit7 分别表示继电器 K1、K2 的开关状态，0 表示断开，1 表示吸合
		V0	上报间隔	R/W	A0~A7 和 D1 的循环上报时间间隔
Sensor-D 显示类传感器	604	五向开关状态	A0	R	触发上报，1 表示上（UP）、2 表示左（LEFT）、3 表示下（DOWN）、4 表示右（RIGHT）、5 表示中心（CENTER）
		OLED 背光开关	D1(OD1/CD1)	R/W	D1 的 Bit0 代表 LCD 的背光开关状态，1 表示打开背光开关，0 表示关闭背光开关
		数码管背光开关	D1(OD1/CD1)	R/W	D1 的 Bit1 代表数码管的背光开关状态，1 表示打开背光开关，0 表示关闭背光开关
		上报间隔	V0	R/W	A0 值的循环上报时间间隔

节点名称	TYPE	参数	属性	权限	说明
Sensor-D 显示类传感器	604	车牌/仪表	V1	R/W	车牌号/仪表值
		车位数	V2	R/W	停车场空闲车位数
		模式设置	V3	R/W	1 表示停车模式, 2 表示抄表模式
Sensor-EL 低频识别类	605	卡号	A0	—	字符串（主动上报, 不可查询）
		卡类型	A1	R	整型, 0 表示 125 kHz 卡片, 1 表示 13.56 MHz 的卡片
		卡余额	A2	R	整型, 范围 0~8000, 手动查询
		设备余额	A3	R	浮点型, 设备余额
		设备单次消费金额	A4	R	浮点型, 设备本次消费扣款金额
		设备累计消费金额	A5	R	浮点型, 设备累计扣款金额
		门锁状态	D1(OD1/CD1)	R/W	D1 的 Bit0 表示门锁的开关状态, 0 表示关闭, 1 表示打开
		充值金额	V1	R/W	返回充值状态, 取值为 0 或 1, 1 表示操作成功, 0 表示操作不成功
		扣款金额	V2	R/W	返回扣款状态, 取值为 0 或 1, 1 表示操作成功, 0 表示操作不成功
Sensor-EH 高频识别类	606	卡号	A0	R	字符串（主动上报, 不可查询）
		卡余额	A2	R	整型, 范围 0~8000, 手动查询
		ETC 杆开关	D1(OD1/CD1)	R/W	D1 的 Bit0 表示 ETC 栏杆的状态, 0 表示落下, 1 表示抬起, 3 s 后自动落下并将 Bit0 清零
		充值金额	V1	R/W	返回充值状态, 取值为 0 或 1, 1 表示操作成功, 0 表示操作不成功
		扣款金额	V2	R/W	返回扣款状态, 取值为 0 或 1, 1 表示操作成功, 0 表示操作不成功

2.3.1.5 开发工具

1）仿真工具

智能物联网平台的虚拟仿真系统如图 2.29 所示, 可满足物联网传感网与互联网的互联、互通和互动。虚拟仿真系统主要包括 VR 虚拟体验系统、三维场景模拟系统、图形组态应用系统、智云中间件平台、智云硬件物元仿真平台、物联网硬件平台, 不仅能够与物联网硬件平台实现虚实结合, 还可以进行物联网传感协议仿真和物联网信息安全仿真。

智云硬件物元仿真平台主要完成物联网的硬件数据仿真, 基于智能物联网平台框架的硬件系统可以轻松接入并模拟物联网物元的属性, 根据脚本及配置产生物元数据、执行状态等, 为物联网应用提供硬件数据源支撑。智云硬件物元仿真平台不仅可以模拟各种传感器、执行器等常用硬件, 也可以对贵重设备进行数据或状态的模拟, 大大降低开发成本, 还可以对复杂场合运维的设备（如对人体危害领域）进行有效的模拟, 降低开发风险。

2）调试工具

ZCloudWebTools 是一款硬件调试工具, 不仅可以查看网络拓扑结构, 还可以分析节点的实时数据和历史数据并以曲线的形式进行展示。通过 ZCloudWebTools 可以进行 ZXBee 协议的调试。

图 2.29　智能物联网平台的虚拟仿真系统

ZCloudWebTools 提供了实时数据功能，不仅能够通过云平台向传感器节点发送命令，也能够接收传感器节点主动上报的数据，用于数据分析和调试。在实际使用 ZCloudWebTools 时，首先将其切换到实时数据选项，然后将网关的用户账号和密钥填写到相应的账号和密钥位置，单击"连接"按钮即可。成功连接 ZCloudWebTools 后，在地址处填写传感器节点的 MAC 地址，在数据处填写 ZXBee 协议的命令，单击"发送"按钮后，下方会显示传感器节点返回数据。ZCloudWebTools 的界面如图 2.30 所示。

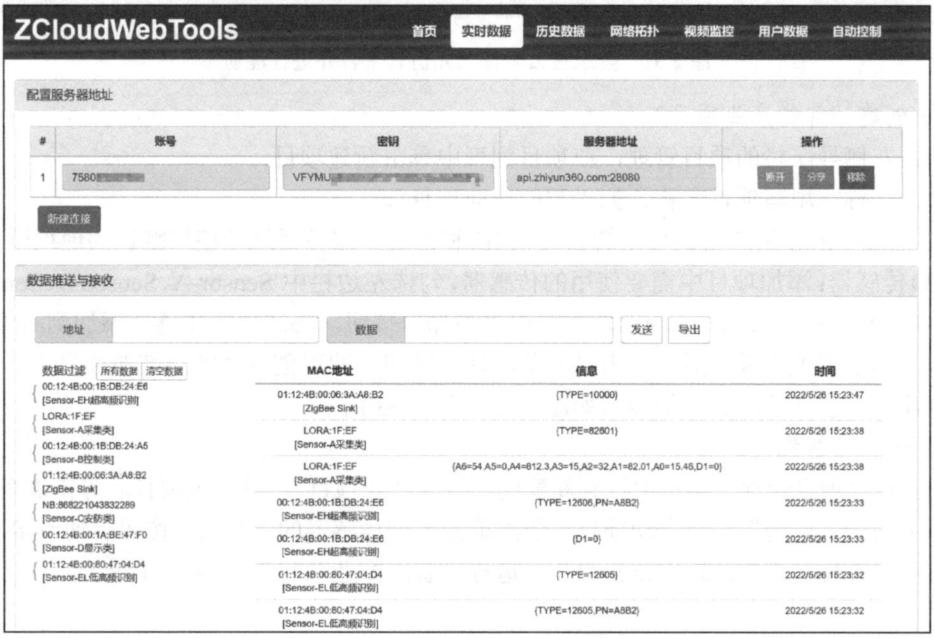

图 2.30　ZCloudWebTools 的界面

2.3.2 开发步骤与验证

2.3.2.1 原型部署

1）登录虚拟仿真平台

通过实际的硬件或者智云硬件物元仿真平台可搭建一个智能物联网项目原型，从而帮助读者学习边缘硬件的开发。本节采用智云硬件物元仿真平台来搭建智能物联网项目原型。

使用 Chrome 浏览器登录智云硬件物元仿真平台，并注册用户，如图 2.31 所示。

图 2.31   登录智云硬件物元仿真平台并进行注册

2）创建"智能产业项目"

单击左侧导航栏的项目管理，在项目列表中单击新建项目：

（1）名称：填写项目名称，如"智能产业项目"。

（2）用户 ID、用户密钥使用智云授权 ID 和密钥，服务器地址使用默认的地址即可。

（3）传感器：添加项目中需要使用的传感器，勾选左边栏中 Sensor-A、Sensor-B、Sensor-C、Sensor-D、Sensor-EL、Sensor-EH，并单击"添加"按钮，将选中的传感器添加到右侧。

（4）项目配置完成之后，单击"立即创建"按钮，即可创建"智能产业项目"。

创建"智能产业项目"的步骤如图 2.32 和图 2.33 所示。

3）运行"智能产业项目"

（1）在"项目管理"菜单中找到新建的"智能产业项目"，进入该项目后等待加载完成；单击右上角的"启动"按钮启动项目，依次单击每个传感器的"开启"按钮启动设备，大约 30 s 后传感器数据就会开始上传并更新。运行"智能产业项目"如图 2.34 所示。

图 2.32　创建"智能产业项目"的步骤一

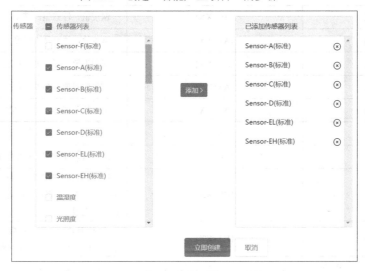

图 2.33　创建"智能产业项目"的步骤二

图 2.34　运行"智能产业项目"

（2）通过应用软件与"智能产业项目"虚拟硬件进行数据采集和控制。

2.3.2.2　硬件调试

打开 ZcloudWebTools 软件，单击"实时数据"，填写"智能产业项目"的账号和密钥信息，单击"连接"按钮连接项目，可以看到当前项目中设备的实时数据。

下面以"智能产业项目"中的 Sensor-A、Sensor-B、Sensor-C 为例介绍 ZXBee 协议。

1）Sensor-A

Sensor-A 节点是采用 ZigBee 网络连接的节点，能够准确测量室内温/湿度、光照度、空气质量、大气压强等数据。根据智云平台采用的 ZXBee 协议可知，Sensor-A 节点支持的操作如表 2.8 所示。

表 2.8　Sensor-A 节点支持的操作

发 送 命 令	接 收 结 果	含　义
{A0=?}	{A0=XX}	温度值，浮点型，精度为 0.1，单位℃
{A1=?}	{A1=XX}	湿度值，浮点型，精度为 0.1，单位为%RH
{A2=?}	{A2=XX}	光照度值，浮点型，精度为 0.1，单位为 lx
{A3=?}	{A3=XX}	空气质量值，整型，单位为 ppm
{A4=?}	{A4=XX}	大气压强值，浮点型，精度为 0.1，单位为 hPa
{A5=?}	{A5=XX}	跌倒状态，0 表示未跌倒，1 表示跌倒
{A6=?}	{A6=XX}	距离值，浮点型，精度为 0.1，单位为 cm
{D0=?}	{D0=XX}	D0 的 Bit0~Bit7 对应 A0~A7 的主动上报功能是否使能，0 表示允许主动上报，1 表示不允许主动上报
{D1=?}	{D1=XX}	D1 的 Bit6~Bit7 表示继电器 K1、K2 的开关状态，0 表示断开，1 表示吸合
{A0=?,A1=?,A2=?,A3=?,A4=?,A5=?,A6=?, D0=?,D1=?}	回复 A0~A6、D0~D1 所有数据	查询所有数据
{CD1=XXX,D1=?} {OD1=XXX,D1=?}	{D1=XX}	CD1 表示位清零，OD1 表示位置 1。D1 的位用来控制设备：Bit6 用于控制继电器 K1 开关，0 表示关，1 表示开；Bit7 用于控制继电器 K2 开关，0 表示关，1 表示开
{V0=?} {V0=XXX,V0=?}	{V0=XXX}	查询/设置 A0~A7、D1 的主动上报时间间隔，默认为 30，单位为 s

以查询实时温度数据为例，在"地址"栏输入 Sensor-A 节点的 MAC 地址，在"数据"栏输入命令{A0=?}，然后单击"发送"按钮，在信息返回栏可以看到返回的实时温度数据，如图 2.35 所示。

2）Sensor-B

根据智云平台采用的 ZXBee 协议可知，Sensor-B 节点支持的操作如表 2.9 所示。

图 2.35　查询实时温度示例

表 2.9　Sensor-B 节点支持的操作

发 送 命 令	接 收 结 果	含　义
{D1=?}	{D1=XX}	查询所有数据
{CD1=XXX,D1=?} {OD1=XXX,D1=?}	{D1=XX}	CD1 表示位清零，OD1 表示位置 1。D1 的位用于控制设备，Bit0～Bit1 用于控制 RGB 灯的颜色，00 表示关闭，01 表示红色，10 表示绿色，11 表示蓝色
{CD1=XXX,D1=?} {OD1=XXX,D1=?}	{D1=XX}	CD1 表示位清零，OD1 表示位置 1。D1 的位用于控制设备，Bit2 用于控制步进电机的正反转，0 表示正转，1 表示反转
{CD1=XXX,D1=?} {OD1=XXX,D1=?}	{D1=XX}	CD1 表示位清零，OD1 表示位置 1。D1 的位用于控制设备，Bit3 用于控制风扇/蜂鸣器的开关，0 表示关，1 表示开
{CD1=XXX,D1=?} {OD1=XXX,D1=?}	{D1=XX}	CD1 表示位清零，OD1 表示位置 1。D1 的位用于控制设备，Bit4 用于控制 LED1 的开关，0 表示关，1 表示开；Bit5 用于控制 LED2 的开关，0 表示关，1 表示开
{CD1=XXX,D1=?} {OD1=XXX,D1=?}	{D1=XX}	CD1 表示位清零，OD1 表示位置 1。D1 的位用于控制设备，Bit6 用于控制继电器 K1 的开关，0 表示断开，1 表示吸合；Bit7 用于控制继电器 K2 的开关，0 表示断开，1 表示吸合
{V0=?} {V0=XXX,V0=?}	{V0=XXX}	查询/设置 D1 的主动上报时间间隔，默认为 30，单位为 s

以控制窗帘（步进电机）为例，在"地址"栏输入 Sensor-B 节点的 MAC 地址，在"数据"栏输入命令{OD1=4,D1=?}打开窗帘，然后单击"发送"按钮，在信息返回栏可以看到窗帘图标发生对应的变化。

未发送命令之前窗帘处于关闭状态，如图 2.36 所示。

图 2.36　未发送命令之前窗帘处于关闭状态

使用 ZCloudWebTools 发送命令，如图 2.37 所示。

图 2.37　使用 ZCloudWebTools 发送命令

发送命令后可以看到窗帘打开，如图 2.38 所示。

图 2.38　发送命令之后窗帘处于打开状态

3）Sensor-C

根据智云平台采用的 ZXBee 协议可知，Sensor-C 节点支持的操作如表 2.10 所示。

表 2.10　Sensor-C 节点支持的操作

发 送 命 令	接 收 结 果	含　　义
{A0=?}	{A0=XX}	人体红外/触摸传感器状态，1 表示检测到人体活动/触摸动作，0 表示未检测到人体活动/触摸动作
{A1=?}	{A1=XX}	振动状态，1 表示检测到振动，0 表示未检测到振动

续表

发送命令	接收结果	含　义
{A2=?}	{A2=XX}	霍尔状态，1 表示检测到磁场，0 表示未检测到磁场
{A3=?}	{A3=XX}	火焰状态，1 表示检测到火焰，0 表示未检测到火焰
{A4=?}	{A4=XX}	燃气泄漏状态，1 表示检测到燃气泄漏，0 表示未检测到燃气泄漏
{A5=?}	{A5=XX}	光栅（红外对射）状态值，1 表示检测到阻挡，0 表示未检测到阻挡
{D0=?}	{D0=XX}	D0 的 Bit0～Bit7 表示 A0～A7 的主动上报功能是否使能，0 表示允许主动上报，1 表示不允许主动上报
{D1=?}	{D1=XX}	D1 的 Bit6～Bit7 用于控制继电器 K1、K2 的开关状态，0 表示断开，1 表示吸合
{A0=?,A1=?,A2=?,A3=?,A4=?,A5=?,D0=?,D1=?}	A0～A5、D0～D1 所有数据	查询所有数据
{CD1=XXX,D1=?} {OD1=XXX,D1=?}	{D1=XX}	CD1 表示位清零，OD1 表示位置 1。D1 的位用于控制设备，Bit6 用于控制继电器 K1 的开关，0 表示关，1 表示开；Bit7 用于控制继电器 K2 的开关，0 表示关，1 表示开
{V0=?} {V0=XXX,V0=?}	{V0=XXX}	查询/设置 A0～A7、D1 的主动上报时间间隔，默认为 30，单位为 s

以光栅传感器为例，在虚拟仿真平台手动给光栅输出"1"进行报警，如图 2.39 所示。

图 2.39　在虚拟仿真平台手动给光栅输出"1"进行报警

在 ZCloudTools 的信息返回栏可以看到光栅上报的"{A5=1}"的信息，如图 2.40 所示。

图 2.40　在 ZCloudTools 的信息返回栏查看上报信息

2.3.2.3　应用开发

1）实时连接示例

（1）解压缩 RTConnectDemo-Web.zip，用记事本打开实时连接示例程序 RTConnectDemo-Web\js\script.js，填写"智能产业项目"的智云账号、密钥，以及 Sensor-A、Sensor-B 节点的 MAC 地址，代码如下：

```
/**************************************************************************
 * 初始化变量
 **************************************************************************/
var myZCloudID = "12345678";                          //智云账号
var myZCloudKey = "12345678";                         //智云密钥
var SensorA = "01:12:4B:00:E3:7D:D6:64";              //Sensor-A 节点 MAC 地址
var SensorB = "01:12:4B:00:27:22:AC:4E";              //Sensor-B 节点 MAC 地址
var rtc = new WSNRTConnect(myZCloudID, myZCloudKey);  //创建数据连接服务对象


/**************************************************************************
 * 与智云服务连接，监听和解析实时数据并显示
 **************************************************************************/
$(function () {
    rtc.setServerAddr("api.zhiyun360.com:28080");      //设置服务器地址
    rtc.connect();                                     //数据推送服务连接
    rtc.onConnect = function () {                      //连接成功回调函数
        rtc.sendMessage(SensorA, "{A0=?,A1=?}");       //查询温湿度的初始值
        rtc.sendMessage(SensorB, "{D1=?}");            //查询灯光初始值
        $("#ConnectState").text("数据服务连接成功！");
    };
    rtc.onConnectLost = function () {                  //数据服务掉线回调函数
        $("#ConnectState").text("数据服务掉线！");
    };
    rtc.onmessageArrive = function (mac, dat) {        //消息处理回调函数
        console.log(mac+" >>> "+dat);

        if (mac == SensorA) {                          //判断是否是 Sensor-A 节点的数据
            if (dat[0] == '{' && dat[dat.length - 1] == '}') {  //判断字符串首尾是否为{}
                dat = dat.substr(1, dat.length - 2);   //截取{}内的字符串
                var its = dat.split(',');              //以 ',' 来分割字符串
                for (var x in its) {                   //循环遍历
                    var t = its[x].split('=');         //以 '=' 来分割字符串
                    if (t.length != 2) continue;       //满足条件时结束当前循环
                    if (t[0] == "A0") {                //判断参数 A0
                        var tem = parseFloat(t[1]);    //读取温度数据
                        $("#currentTem").text(tem + "℃");  //在页面显示温度数据
                    }
                    if (t[0] == "A1") {                //判断参数 A1
                        var hum = parseFloat(t[1]);    //读取湿度数据
                        $("#currentHum").text(hum + "%");  //在页面显示湿度数据
                    }
```

```
                    }
                }
            } else if (mac == SensorB) {                          //判断是否是 Sensor-B 节点的数据
                if (dat[0] == '{' && dat[dat.length - 1] == '}') {   //判断字符串首尾是否为{}
                    dat = dat.substr(1, dat.length - 2);           //截取{}内的字符串
                    var its = dat.split(',');                      //以 ','来分割字符串
                    for (var x in its) {                           //循环遍历
                        var t = its[x].split('=');                 //以 '='来分割字符串
                        if (t.length != 2) continue;               //满足条件时结束当前循环
                    if (t[0] == "D1") {                            //判断参数 D1
                        var LightStatus = parseInt(t[1]);          //根据 D1 的值来进行开关的切换
                        if ((LightStatus & 0x30) == 0x30) {
                            $('#btn_img').attr('src','images/an-on.png')
                        } else if ((LightStatus & 0x30) == 0) {
                            $('#btn_img').attr('src','images/an-off.png')
                        }
                    }
                }
            }
        }
    };
});


/***************************************************************************
* 处理按键事件
***************************************************************************/
$('#btn_img').click(function(){
    if($('#btn_img').attr('src') == 'images/an-on.png'){
        rtc.sendMessage(SensorB, "{CD1=48,D1=?}");                //发送关闭灯光命令
    }else{
        rtc.sendMessage(SensorB, "{OD1=48,D1=?}");                //发送打开灯光命令
    }
})
```

（2）通过 Chrome 浏览器打开实时连接示例程序 RTConnectDemo-Web\index.html，查看实时数据信息及灯的开关操作。实时连接示例如图 2.41 所示。

图 2.41　实时连接示例

实时连接示例程序 RTConnectDemo-Web\index.html 的代码如下：

```
#HTML 代码如下
<!DOCTYPE html >
<html lang="zh-cmn-Hans">
<head>
<meta charset="UTF-8">
<link rel="stylesheet" href="css/bootstrap.min.css">
<link rel="stylesheet" href="css/index.css">
<title>实时连接示例</title>
</head>
<body>
    <!-- 页头 -->
    <div class="header">
        <div>
            <div>
                <h1>实时连接示例</h1>
            </div>
            <div id="ConnectState">数据服务连接中...</div>
        </div>
    </div>
    <!-- 页中 -->
    <div class="main">
        <div>
            <div>当前温度：</div>
            <div id="currentTem">--℃</div>
        </div>
        <div>
            <div>当前湿度：</div>
            <div id="currentHum">--%</div>
        </div>
        <div>
            <div>灯光开关：</div>
            <img id="btn_img" src="images/an-off.png" alt=""/>
        </div>
    </div>
    <!-- 页尾 -->
    <div class="footer">开发</div>
    <!--引入 js-->
    <script     src="js/jquery-1.11.0.min.js"></script>
    <script     src="js/highcharts.js"></script>
    <script     src="js/WSN/WSNRTConnect.js"></script>
    <script     src="js/script.js"></script>
</body>
</html>
```

（3）在虚拟仿真平台可以看到"智能产业项目"传感器相关的变化，如图 2.42 所示。

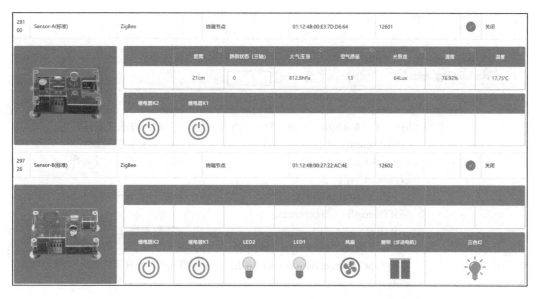

图 2.42　在虚拟仿真平台中查看"智能产业项目"传感器的变化

2）历史数据示例

（1）解压缩 HistoryDemo-Web.zip，用记事本打开历史数据示例程序 HistoryDemo-Web\
js\script.js，填写"智能产业项目"的智云账号、密钥，以及 Sensor-A 节点的 MAC 地址，代
码如下：

```
/*************************************************************************
 * 初始化变量
 *************************************************************************/
var myZCloudID = "12345678";                    //智云账号
var myZCloudKey = "12345678";                   //智云密钥
var SensorA = "01:12:4B:00:E3:7D:D6:64";        //Sensor-A 节点 MAC 地址
var channel = `${SensorA}_A2`;                  //传感器数据通道

var rtc = new WSNRTConnect(myZCloudID, myZCloudKey);        //创建数据连接服务对象
var myHisData = new WSNHistory(myZCloudID, myZCloudKey);    //创建历史数据服务对象
var LightIntensity;

/*************************************************************************
 * 与智云服务连接，监听和解析实时数据并显示
 *************************************************************************/
$(function(){
    rtc.setServerAddr("api.zhiyun360.com:28080");    //设置服务器地址
    rtc.connect();
    rtc.onConnect = function() {                     //连接成功回调函数
        rtc.sendMessage(SensorA, "{A2=?}");          //查询光照度的初始值
        $("#ConnectState").text("数据服务连接成功！");
    };

    rtc.onConnectLost = function() {                 //数据服务掉线回调函数
        $("#ConnectState").text("数据服务掉线！");
```

```
            };

            rtc.onmessageArrive = function(mac, dat) {                    //消息处理回调函数
            console.log(mac+" >>> "+dat);

                if (mac == SensorA) {                         //判断传感器的 MAC 地址
                    if (dat[0] == '{' && dat[dat.length - 1] == '}') {        //判断字符串首尾是否为{}
                        dat = dat.substr(1, dat.length - 2);                //截取{}内的字符串
                        var its = dat.split(',');                          //以 ',' 来分割字符串
                        for (var x in its) {
                            var t = its[x].split('=');                    //以 '=' 来分割字符串
                            if (t.length != 2) continue;
                            if (t[0] == "A2") {                          //判断参数 A2
                                LightIntensity = parseInt(t[1]);
                                $("#currentTem").text(LightIntensity + "Lux");   //在页面显示光照度数据
                            }
                        }
                    }
                }
            };
        })

        /*********************************************************************************
        * 默认调用历史数据图表，参数为下拉选项初始值
        *********************************************************************************/
        checkHistory('MessSet', '#line_charts');
        /*********************************************************************************
        * 通过下拉选项切换历史数据时间范围
        *********************************************************************************/
        $('#MessSet').change(function () {
            checkHistory('MessSet', '#line_charts');
        })


        /*********************************************************************************
        * 名称：checkHistory(set, tagIndex, hisDiv)
        * 功能：连接调用历史数据
        * 参数：set：获取选中的历史数据时间范围
        *       tagindex：赋值给对应的历史查询对象
        *       hisdiv：显示图表的节点
        *********************************************************************************/
        function checkHistory(set, hisDiv) {
            var time = $('#' + set).val();                        //设置时间
            myHisData.setServerAddr("api.zhiyun360.com:8080");    //设置服务器地址

            console.log('查询时间为：' + time + '，查询通道为：' + channel);
            myHisData[time](channel, function (dat) {
                console.log(dat)                                  //输出查询到的历史数据
                if (dat.datapoints.length > 0) {
```

```
                var data = DataAnalysis(dat);              //将 JSON 格式的数据转化为图表数据
                showChart(hisDiv, 'spline', '', false, eval(data));        //显示图表数据曲线
        }
    });
}

/*******************************************************************************
*  将 JSON 格式的数据转换成[x1,y1],[x2,y2],[x3,y3]...格式的数组（与历史数据图表相关）
*******************************************************************************/
function DataAnalysis(data, timezone) {
    var str = '';
    var value;
    var len = data.datapoints.length;
    if (timezone == null) {
        timezone = "+8";
    }
    var zoneOp = timezone.substring(0, 1);
    var zoneVal = timezone.substring(1);
    var tzSecond = 0;
    $.each(data.datapoints, function (i, ele) {
        if (zoneOp == '+') {
            value = Date.parse(ele.at) + tzSecond;
        }
        if (zoneOp == '-') {
            value = Date.parse(ele.at) - tzSecond;
        }
        if (ele.value.indexOf("http") != -1) {
            str = str + '[' + value + ',"' + ele.value + '"]';
        } else {
            str = str + '[' + value + ',' + ele.value + ']';
        }
        if (i != len - 1)
            str = str + ',';
    });
    return "[" + str + "]";
}


/*******************************************************************************
*  画曲线图的方法（与历史数据图表相关）
*******************************************************************************/
function showChart(sid, ctype, unit, step, data) {
    $(sid).highcharts({
        chart: {
            backgroundColor: 'transparent',
            type: ctype,
            animation: false,
            zoomType: 'x'
        },
```

```
legend: {
    enabled: false
},
title: {
    text: "
},
xAxis: {
    type: 'datetime',
    labels: {
        style: {
            color: 'rgb(0, 0, 0)',
        }
    }
},
yAxis: {
    title: {
        text: "
    },
    minorGridLineWidth: 0,
    gridLineWidth: 1,
    alternateGridColor: null,
    labels: {
        style: {
            color: 'rgb(0, 0, 0)',
        }
    }
},
tooltip: {
    formatter: function () {
        return " +
        Highcharts.dateFormat('%Y-%m-%d %H:%M:%S', this.x) + '<br><b>' +
                            this.y + unit + '</b>';
    }
},
plotOptions: {
    spline: {
        lineWidth: 2,
        states: {
            hover: {
                lineWidth: 3
            }
        },
        marker: {
            enabled: false,
            states: {
                hover: {
                    enabled: true,
                    symbol: 'circle',
```

```
                        radius: 3,
                        lineWidth: 1
                    }
                }
            }
        },
        line: {
            lineWidth: 1,
            states: {
                hover: {
                    lineWidth: 1
                }
            },
            marker: {
                enabled: false,
                states: {
                    hover: {
                        enabled: true,
                        symbol: 'circle',
                        radius: 3,
                        lineWidth: 1
                    }
                }
            }
        }
    },
    series: [{
        marker: {
            symbol: 'square'
        },
        data: data,
        step: step,
    }],
    navigation: {
        menuItemStyle: {
            fontSize: '10px'
        }
    }
});
}
```

（2）通过 Chrome 浏览器打开历史数据示例程序 HistoryDemo-Web\index.html，查看光照度实时数据信息及历史数据曲线信息，通过选择曲线的下拉选项可以查看其他时间范围的历史数据曲线。历史数据示例如图 2.43 所示。

注意：设备需要运行一段时间后才可以查看一段时间内的历史数据。

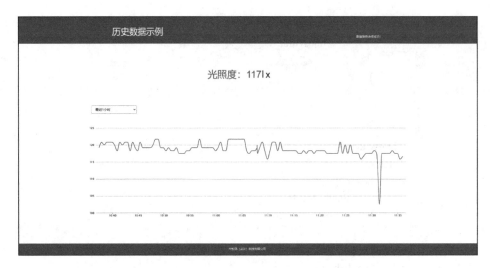

图 2.43   历史数据示例

2.3.3   本节小结

本节主要介绍边缘计算的硬件设计，首先介绍了智能物联网平台的框架、项目模型、应用接口、通信协议和开发工具；然后介绍了边缘计算开发的原型部署、硬件调试和应用开发。通过本节的学习，读者可以搭建智能物联网项目的原型，熟悉边缘计算的硬件开发。

2.3.4   思考与拓展

（1）如何通过边缘计算的网关服务程序获取智云账号密钥？
（2）结合 AiCam 平台和智能物联网平台的框架，简述智能物联网与传统物联网的异同。

2.4 边缘计算的应用开发

边缘计算的应用开发需要在兼顾性能、实时性、资源限制和安全性的前提下，为特定的边缘场景设计和优化应用程序，需要综合考虑硬件、软件和网络环境的特点，以满足边缘计算的应用需求。以下是边缘应用开发的主要特点：

（1）本地决策：边缘计算的应用通常是在边缘设备上进行的，往往不依赖于云端，因此边缘计算的应用开发需要考虑如何在边缘设备上实现本地感知和决策，以减小对网络的依赖和降低时延。

（2）实时性要求：边缘应用往往是实时或近实时的，如智能交通管理、工业自动化和医疗监测。边缘计算的应用开发需要关注实时性能，确保边缘设备能迅速处理数据。

（3）资源优化：边缘设备的计算、存储和电源等通常是有限的，因此边缘计算的应用开发需要考虑如何优化算法和代码，以适应资源限制的情况，避免消耗过多的资源。

（4）边缘缓存：为了提高性能和减小时延，边缘应用可能需要在边缘设备上缓存数据或模型，这就需要合理管理缓存内容，以满足不同应用场景的需求。

（5）安全性和隐私保护：边缘计算的应用开发需要重视安全性和隐私保护，数据可能分布在多个边缘设备上，应用程序必须强化安全机制，如加密、认证和权限管理，以确保数据的机密性和完整性。

（6）多模块集成：边缘应用通常需要集成多种传感器、通信模块和硬件组件，以满足应用的需求，因此边缘计算的应用开发需要考虑如何有效集成和协调这些模块，以实现应用的功能。

（7）分布式计算：边缘计算通常涉及分布式计算，数据处理通常是在多个设备上进行的，因此边缘计算的应用开发需要考虑数据传输、协同处理和分布式算法。

本节的知识点如下：

⮕ 掌握面向机器视觉的边缘计算的应用开发框架。

⮕ 基于 AiCam 平台，掌握人脸识别实时推理、单次推理的边缘计算视觉应用开发。

⮕ 结合边缘计算的硬件平台，掌握云-边-端协同的人工智能边缘应用开发过程。

2.4.1　原理分析与开发设计

2.4.1.1　边缘视觉的应用开发逻辑

边缘计算比云计算更靠近用户，因此将边缘计算和人工智能技术结合在一起，不仅有利于实现边缘智能，还可以提高边缘服务器的服务吞吐量和资源利用率。面对海量的复杂数据，机器学习及深度学习可以依靠其强大的学习能力和推理能力从数据中提取有价值的信息，协助边缘服务器进行决策和管理。边缘计算和人工智能的结合可以分为以下五类：

⮕ 在边缘服务器部署人工智能，对外提供服务。

⮕ 在边缘服务器中进行部分或全部推理，满足不同服务对准确性和时延的要求。

⮕ 基于人工智能的边缘计算平台，在网络框架、软/硬件等方面满足深度学习计算要求。

⮕ 在边缘服务器上进行深度学习训练，加速模型训练，提高数据的隐私保护能力。

⮕ 优化边缘计算的决策，维护和管理边缘服务器的功能。

边缘视觉的应用开发逻辑如图 2.44 所示，在逻辑上大致分为三层：终端层、边缘层以及中心云层。

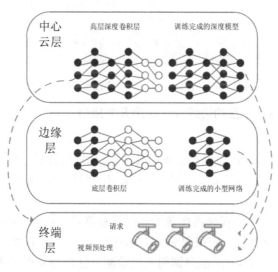

图 2.44　边缘视觉的应用开发逻辑

终端层：主要由视频捕获设备（如摄像头）构成，其功能是进行媒体数据压缩、图像预处理和图像分割等。终端层的算力一般较小，可以训练一个域感知自适应的浅层轻量级网络，对提升目标识别精度有很大的作用。虽然终端层可以承受部分计算任务，但其主要任务还是对源数据进行预处理，然后发送给边缘层。

边缘层：该层的算力比终端层大，节点之间相互协作可以完成大量的计算，为用户提供良好的体验。如果在边缘节点上压缩网络模型或者部署多任务网络模型，则可以在很大程度上减少中心云层的计算压力。

中心云层：中心云层通常会集成不同的深度模型，以获得全局知识。当边缘服务器无法得到计算结果时，中心云层可以使用其算力和全局知识进行最后的处理，协助边缘节点进行结果计算和参数更新。

2.4.1.2 基于 AiCam 平台的边缘视觉应用开发框架

AiCam 平台是一个集成了算法、模型、硬件的轻量级应用开发框架，能够为每个应用提供边缘视觉算法，通过 RESTful 接口供前端应用调用。

AiCam 平台内置了丰富的模型库、算法库、硬件库和应用案例，可帮助读者快速掌握边缘视觉应用开发技能，主要包括图像基础、图像应用、深度学习、云边应用、边缘智能等内容。基于 AiCam 平台的边缘视觉应用开发框架如图 2.45 所示。

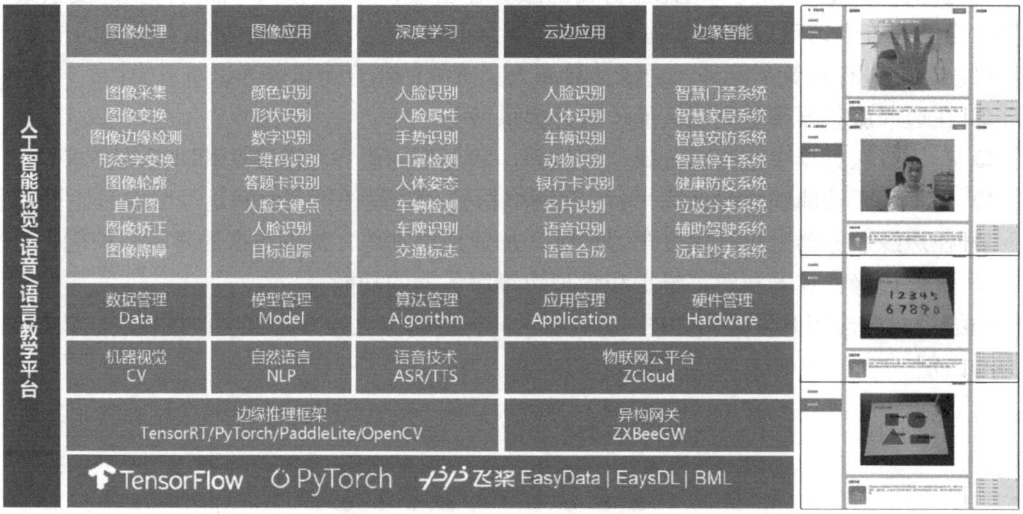

图 2.45 基于 AiCam 平台的边缘视觉应用开发框架

2.4.1.3 基于 AiCam 平台的边缘视觉应用开发接口

1）接口描述

AiCam 平台通过 RESTful 接口和 Flask 服务为应用层提供了算法调度。根据实际的 AI 应用逻辑，算法调度有两种交互接口，分别用于实时推理和单次推理的应用场景（见图 2.4）。

2）实时推理

AiCam 平台提供了摄像头视频流图像的实时计算推理，并将计算的结果图像和结果数据以数据流的方式推送给应用层，应用层通过 EventSource 接口获取实时推送的数据流。

AiCam 平台中的 stream-exp 示例调用人脸检测算法进行实时的人脸检测，通过访问的 URL 地址（URL 地址为边缘计算网关的地址）

```
#http://[gateway_ip:port]/stream/[algorithm_name]?camera_id=0
http://192.168.100.200:4000/stream/image_face_recognition?camera_id=0
```

可获取 JSON 格式的数据流，包括结果图像 result_image 和结果数据 result_data。获取 JSON 格式的数据流的代码如下：

```
<script>
    //摄像头视频的链接
    let linkData = 'http://192.168.100.200:4000/stream/face_detection?camera_id=0'
    let throttle = true              //控制识别结果显示频率
    //请求数据流资源
    let imgData = new EventSource(linkData)
    //接收实时数据流
    imgData.onmessage = function (res) {

        //提取结果图像进行显示
        let {result_image} = JSON.parse(res.data)
        $('img').attr('src', `data:image/jpeg;base64,${result_image}`)

        //提取结果数据，每隔 1 s 显示一次
        let {result_data} = JSON.parse(res.data)
        if(result_data && throttle){
            throttle = false
            let time = new Date().toLocaleTimeString();              //获取当前时间
            let html = `<div>${time}————————${JSON.stringify(result_data)}</div>`
            $('#info_list').append(html)
            $('#info_list').scrollTop($('#info_list')[0].scrollHeight);
            setTimeout(() => {
                throttle = true
            }, 1000);
        }
    }
}
</script>
```

3）单次推理

AiCam 平台的单次推理主要实现了应用层业务需要的单次推理计算请求。应用层将需要计算的图像及配置参数通过 Ajax 接口传递给算法，算法根据参数进行图像的推理计算，并返回结果图像（如框出目标位置和识别内容的图像）和结果数据（如目标坐标、目标关键点、目标名称、推理时间、置信度等），供应用层进行展示。

AiCam 平台中的 file-exp 示例调用百度的人脸识别算法进行人脸注册和人脸识别，前端 Ajax 接口调用示例如表 2.11 所示。

表 2.11　人脸注册和人脸识别的前端 Ajax 接口调用示例

参　数	示　例	说　明
url	"/file/baidu_face_recognition?camera_id=0"	接口名称
method	'POST'	调用类型
processData	false	数据不做转换，设置为 false

续表

参　数	示　例	说　明
contentType	false	数据不做转换，设置为 false
dataType	'json'	要求为 String 类型的参数，预期服务器返回的数据类型

data	formData 内容：
	//传入图像、音频、视频、文本
	formData.append('file_name',blob,'image.png');
	//传入 JSON 参数（人脸注册）
	formData.append('param_data', JSON.stringify({
	　　"APP_ID": user.baidu_id,
	　　"API_KEY": user.baidu_apikey,
	　　"SECRET_KEY": user.baidu_secretkey,
	　　"userId": id,
	　　"type": 0
	}));
	//传入 JSON 参数（人脸比对）
	formData.append('param_data', JSON.stringify({
	　　"APP_ID": user.baidu_id,
	　　"API_KEY": user.haidu_apikey,
	　　"SECRET_KEY": user.baidu_secretkey,
	　　"type": 1
	}));
		包含 Blob 格式的文件（图像、音频、视频、文本）和 JSON 格式的参数（不能为 None），通过 Flask 服务发送给算法

success	function(res){}内容： return_result = {'code': 200, 'msg': None, 'origin_image': None, 'result_image': None, 'result_data': None} 示例： code/msg：200 表示注册、比对成功。 origin_image/result_image：表示原始图像/结果图像	通过 Flask 服务返回的数据

人脸注册和人脸识别的前端 Ajax 接口调用示例代码如下：

```
<script>
    //用户信息
    let user = {
        edge_addr:'http://192.168.100.200:4000',
        baidu_id:'12345678',
        baidu_apikey:'12345678',
        baidu_secretkey:'12345678'
    }
    //摄像头视频的链接
    let linkData = user.edge_addr + '/stream/index?camera_id=0'
    let throttle = true                    //控制识别结果显示频率
    //请求图像流资源
    let imgData = new EventSource(linkData)
    //对图像流返回的数据进行处理
    imgData.onmessage = function (res) {
        let {result_image} = JSON.parse(res.data)
```

```javascript
        $('img').attr('src', `data:image/jpeg;base64,${result_image}`)
}

//单击显示实时视频
$('#video').click(function () {
    $('#register').attr('disabled',false)
    imgData && imgData.close()
    //请求图像流资源
    imgData = new EventSource(linkData)
    //对图像流返回的数据进行处理
    imgData.onmessage = function (res) {
        let {result_image} = JSON.parse(res.data)
        $('img').attr('src', `data:image/jpeg;base64,${result_image}`)
    }
})

//人脸注册
$('#register').click(function () {
    let id      = prompt("请输入注册 ID","");         //打开输入弹窗，获取 ID
    let img = $('img').attr('src');                   //获取当前视频图像
    let blob = dataURItoBlob(img);                    //转换为 Blob 格式

    if (id && blob.size > 20) {                        //若有 ID、图像数据，则进入发起请求环节
        let formData = new FormData();
        formData.append('file_name', blob, 'image.png');
        //type=0 表示人脸注册
        formData.append('param_data', JSON.stringify({
            "APP_ID": user.baidu_id,
            "API_KEY": user.baidu_apikey,
            "SECRET_KEY": user.baidu_secretkey,
            "userId": id,
            "type": 0
        }));
        $.ajax({
            url: user.edge_addr + "/file/baidu_face_recognition",
            method: 'POST',
            processData: false,              //必需的
            contentType: false,              //必需的
            dataType: 'json',
            data: formData,
            success: function (res) {
                console.log(res);
                let time = new Date().toLocaleTimeString();      //获取当前时间
                //拼接当前时间与注册结果
                let html = `<div>${time}————${JSON.stringify(res)}</div>`
                $('#info_list').html(html)                       //插入页面响应节点
            },error: function (error) {
                console.log(error);
```

```
                }
            });
            $('#video').click()
        }
    })

    //人脸识别
    $('#result').click(function () {
        imgData && imgData.close()
        let img = $('img').attr('src');                    //获取当前视频图像
        let blob = dataURItoBlob(img);                     //转换为 Blob 格式

        var formData = new FormData();
        formData.append('file_name', blob, 'image.png');
        //type=1 表示人脸识别
        formData.append('param_data', JSON.stringify({
            "APP_ID": user.baidu_id,
            "API_KEY": user.baidu_apikey,
            "SECRET_KEY": user.baidu_secretkey,
            "type": 1
        }));
        $.ajax({
            url:      user.edge_addr + '/file/baidu_face_recognition',
            method: 'POST',
            processData: false,                            //必需的
            contentType: false,                            //必需的
            dataType: 'json',
            data: formData,
            success: function (res) {
                console.log(res);
                let time = new Date().toLocaleTimeString();        //获取当前时间
                //拼接当前时间与注册结果
                let html = `<div>${time}————${JSON.stringify(res)}</div>`
                $('#info_list').html(html)                          //插入页面响应节点
                if (res.code == 200) {
                    let img = 'data:image/jpeg;base64,' + res.result_image;
                    $('#register').attr('disabled',true)
                    $('img').attr('src', img)        //识别成功后，页面显示识别结果图像
                } else {
                    $('#video').click()                            //返回实时视频
                }
            },
            error: function (error) {
                console.log(error);
                $('#video').click()                                //返回实时视频
            }
        });
    })
```

```
//将 base64 编码的文件转化成 Blob 格式的文件
function dataURItoBlob(base64Data) {
    var byteString;
    if (base64Data.split(',')[0].indexOf('base64') >= 0) {
        byteString = atob(base64Data.split(',')[1]);
    } else {
        byteString = unescape(base64Data.split(',')[1]);
    }
    var mimeString = base64Data.split(',')[0].split(':')[1].split(';')[0];
    var ia = new Uint8Array(byteString.length);
    for (var i = 0; i < byteString.length; i++) {
        ia[i] = byteString.charCodeAt(i);
    }
    return new Blob([ia], {
        type: mimeString
    });
}
</script>
```

2.4.1.4　基于 AiCam 平台的边缘视觉应用开发工具

AiCamTools 是一款测试 AiCam 平台算法的工具，通过该工具可以快速理解算法的应用交互，实现算法的调用和数据返回，AiCamTools 的运行界面如图 2.46 所示。

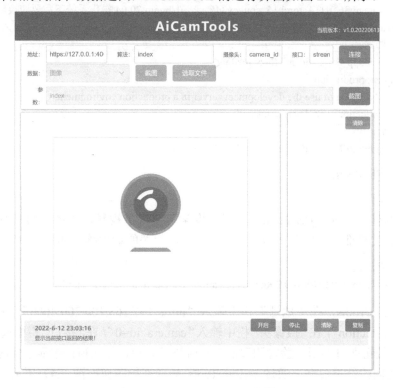

图 2.46　AiCamTools 的运行界面

2.4.2　开发步骤与验证

2.4.2.1　项目部署

1）硬件部署

详见 2.1.2.1 节。

2）工程部署

（1）运行 MobaXterm 工具，通过 SSH 登录边缘计算网关。

（2）在 SSH 终端通过以下命令，创建项目工程目录。

```
$ mkdir -p ~/aiedge-exp
```

（3）将 aicam 项目压缩包上传到/home/zonesion/，并通过 unzip 命令进行解压缩。

```
$ cd ~/aiedge-exp
$ unzip aicam.zip
```

2.4.2.2　工程运行

在 SSH 终端输入以下命令运行项目工程。

```
$ cd ~/aicam
$ chmod 755 start_aicam.sh
$ conda activate py36_tf114_torch15_cpu_cv345        //Ubuntu 20.04 操作系统下需要切换环境
$ ./start_aicam.sh
//开始运行脚本
* Serving Flask app "start_aicam" (lazy loading)
* Environment: production
    WARNING: Do not use the development server in a production environment.
    Use a production WSGI server instead.
* Debug mode: off
* Running on http://0.0.0.0:4000/ (Press CTRL+C to quit)
```

2.4.2.3　接口测试

1）实时推理

人脸检测算法（face_detection）基于深度学习实现了视频流中的人脸实时检测，通过 AiCam 平台的实时推理接口可调用人脸检测算法，相关的调用接口如下：

```
//摄像头视频的链接
let linkData = 'http://192.168.100.200:4000/stream/face_detection?camera_id=0'
```

打开 AiCamTools，在"地址"栏中输入"http://192.168.100.200:4000"，在"算法"栏中输入"face_detection"，在"摄像头"栏中输入"camera_id=0"，在"接口"栏中选择"stream"，单击"连接"按钮即可调用人脸检测算法的实时推理接口，并在窗口中显示实时的推理视频图像，以及返回的结果数据。通过 AiCamTools 显示视频图像如图 2.47 所示，AiCamTools 可以截图、清除、停止、复制等操作。

图 2.47　通过 AiCamTools 显示视频图像

2）单次推理

百度的人脸识别算法（baidu_face_recognition）可实现人脸注册和人脸识别，通过 AiCam 平台的单次推理接口可调用百度的人脸识别算法。

（1）人脸注册。在前端应用中截取图像，通过 Ajax 接口将图像，以及包含百度账号信息的数据传递给算法进行人脸注册。百度人脸识别算法中人脸注册调用的参数如表 2.12 所示。

表 2.12　百度人脸识别算法中人脸注册调用的参数

参　　数	示　　例
url	"/file/baidu_face_recognition?camera_id=0"
method	'POST'
processData	false
contentType	false
dataType	'json'

data	let img = $('#face').attr('src')
	let id = $('#userName').val()
	let blob = dataURItoBlob(img);
	let formData = new FormData();
	formData.append('file_name',blob,'image.png');

续表

参　数	示　例
data	//type=0 表示人脸注册 formData.append('param_data',JSON.stringify({"APP_ID":config.user.baidu_id, "API_KEY":config.user.baidu_apikey, "SECRET_KEY":config.user.baidu_secretkey,"userId":id,"type":0}));
success	function(res){}内容： return_result = {'code': 200, 'msg': None, 'origin_image': None, 'result_image': None, 'result_data': None} 示例： code/msg：200 表示人脸注册成功，404 表示没有检测到人脸，408 表示注册超时，500 表示人脸接口调用失败

　　打开 AiCamTools，在"地址"栏中输入 http://192.168.100.200:4000，在"算法"栏中输入 baidu_face_recognition，在"摄像头"栏中输入"camera_id=0"，在"接口"栏中选择"file"，单击"连接"按钮即可显示原始视频流图像，如图 2.48 所示。

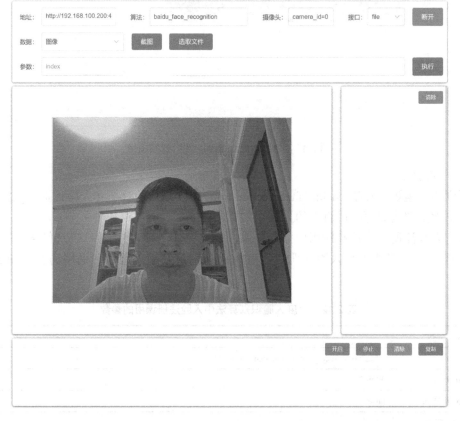

图 2.48　原始视频流图像

　　在"数据"栏中选择"图像"后，单击"截图"按钮即可将当前视频截图作为需要注册的人脸并保存下来，在"参数"栏中输入"{"APP_ID":"***"，"API_KEY":"***"，"SECRET_KEY":"***","userId":"***","type":0}"（***因不同的用户或应用而不同），单击"执行"按钮即可调用百度的人脸识别算法和单次推理接口进行人脸注册，并显示返回的结果数据，如图 2.49 所示。

图 2.49　人脸注册时返回的结果数据

（2）人脸识别。在前端应用中截取图像，通过 **Ajax** 接口将图像和包含百度账号信息的数据传递给百度人脸识别算法进行人脸识别。百度人脸识别算法中人脸识别调用的参数如表 2.13 所示。

表 2.13　百度人脸识别算法中人脸识别调用的参数

参　数	示　例
url	"/file/baidu_face_recognition?camera_id=0"
method	'POST'
processData	false
contentType	false
dataType	'json'

data	let img = $('.camera>img').attr('src')
	let blob = dataURItoBlob(img)
	var formData = new FormData();
	formData.append('file_name',blob,'image.png');
	//type=1 表示人脸识别
	formData.append('param_data', JSON.stringify({"APP_ID":config.user.baidu_id, "API_KEY":config.user.baidu_apikey, "SECRET_KEY":config.user.baidu_secretkey,"type":1}));

续表

参　数	示　　例
success	function(res){}内容： return_result = {'code': 200, 'msg': None, 'origin_image': None, 'result_image': None, 'result_data': None} 示例： code/msg：200 表示人脸注册成功，404 表示没有检测到人脸，500 表示人脸接口调用失败。 origin_image/result_image：原始图像和结果图像。 result_data：返回的人脸信息

打开 AiCamTools，在"地址"栏中输入"http://192.168.100.200:4000"，在"算法"栏中输入"baidu_face_recognition"，在"摄像头"栏中输入"camera_id=0"，在"接口"栏中选择"file"，单击"连接"按钮即可显示原始视频流图像。

在"数据"栏中选择"图像"，单击"截图"按钮即可将当前视频截图作为需要识别的对象，在"参数"栏中输入"{"APP_ID":"***", "API_KEY":"***", "SECRET_KEY":"***", "userId":"***","type":1}"（***因不同的用户或应用而不同），单击"执行"按钮即可调用百度的人脸识别算法和单次推理接口进行人脸识别，并在右侧边窗中显示原始图像和结果图像，在下方显示返回的结果数据，如图 2.50 所示。

图 2.50　人脸识别结果

2.4.2.4　实时推理（人脸检测）

AiCam 平台中的 stream-exp 示例通过调用 AiCam 平台内置的人脸检测算法，实现了实时的人脸检测，并将识别的图像结果和数据结果显示在页面中。

解压缩该示例的代码 stream-exp.zip，用记事本打开 index.html 文件，将 AiCam 平台的服务链接修改为边缘计算网关地址：

```
//摄像头视频的链接
let linkData = 'http://192.168.100.200:4000/stream/face_detection?camera_id=0'
```

通过 Chrome 浏览器打开 index.html 文件，即可调用人脸检测算法（face_detection）进行实时的人脸检测，如图 2.51 所示。

图 2.51 通过 Chrome 浏览器调用人脸检测算法进行实时的人脸检测

2.4.2.5 单次推理（人脸检测）

1）工程部署

AiCam 平台中的 file-exp 示例通过调用 AiCam 平台内置的百度人脸识别算法，实现了人脸注册和人脸识别，并将识别的图像结果和数据结果显示在页面中。

解压缩 file-exp 示例的代码 file-exp.zip，用记事本打开 index.html 文件，修改 AiCam 平台的服务地址、百度账号信息。

```
//用户信息
let user = {
    edge_addr:'http://192.168.100.200:4000',
    baidu_id:'12345678',
    baidu_apikey:'12345678',
    baidu_secretkey:'12345678'
}
```

通过 Chrome 浏览器打开 index.html 文件，即可显示原始视频流图像，如图 2.52 所示。

2）人脸注册

（1）单击"人脸注册"按钮，将调用百度的人脸识别算法（baidu_face_recognition）进行人脸注册。

（2）在弹出的对话框中填写需要注册的人脸名称 ID，如图 2.53 所示，填写完成后单击"确认"按钮退出对话框，当前的视频截图会被上传到算法层进行人脸注册。

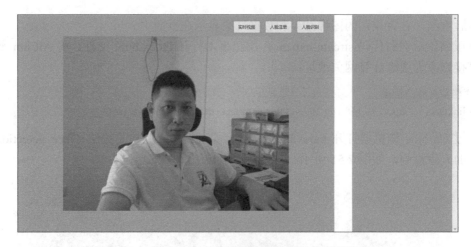

图 2.52   通过 Chrome 浏览器显示的原始视频流图像

图 2.53   填写需要注册的人脸名称 ID

（3）人脸注册的结果信息将会在页面的右侧窗口中，信息如下：

08:32:13————{"origin_image":null,"result_image":null,"code":200,"result_data":{"timestamp":1654475 532,"cached":0,"error_code":0,"log_id":1932140814,"error_msg":"SUCCESS","result":{"face_token":"cf4186d79 250fdd248bbce074ee14edc","location":{"width":121,"rotation":0,"top":177.79,"height":115,"left":250.72}}},"msg ":"注册成功，已成功添加至人脸库！"}

3）人脸识别

单击"人脸识别"按钮，将会调用百度的人脸识别算法（baidu_face_recognition）进行人脸比对，如果成功识别人脸，则显示识别到的人脸结果图像，并返回识别的结果信息，如图 2.54 所示。

图 2.54　人脸识别结果

2.4.3　本节小结

本节首先介绍了边缘视觉的应用开发逻辑，以及基于 AiCam 平台的边缘视觉应用开发框架、开发接口和开发工具；然后介绍了具体的开发步骤和验证步骤，包括项目部署、工程运行、接口测试等内容。通过本节的学习，读者可以了解边缘视觉的应用开发逻辑，掌握基于 AiCam 平台的边缘视觉开发过程，学习 AiCamTools 的使用方法，实现人脸识别的边缘视觉应用。

2.4.4　思考与拓展

（1）简述基于 AiCam 的边缘视觉应用开发逻辑框架。

（2）在 AiCam 平台上，如何实现算法的应用交互、算法调度和数据返回？

第 3 章
边缘计算与人工智能模型开发

本章结合 AiCam 平台学习边缘计算与人工智能模型开发全流程。本章内容包括：

（1）数据采集与标注：掌握数据采集和标注的过程，以及基于 CreateImg 进行图像采集、基于 labelImg 进行图像标注的过程。

（2）YOLOv3 模型的训练与验证：掌握模型训练和验证的作用，了解主流深度学习开发框架、深度学习目标检测算法原理、YOLO 的原理，结合 YOLOv3 和 Darknet 框架对交通标志识别模型进行训练与验证。

（3）YOLOv5 模型的训练与验证：掌握 YOLOv5 原理，结合 PyTorch 框架和 YOLOv5 对口罩检测模型进行训练与验证。

（4）YOLOv3 模型的推理与验证：掌握从开发框架到推理框架的转换过程，了解典型的常用移动端边缘推理框架，结合 YOLOv3 和 NCNN 框架对交通标志识别模型进行推理与验证。

（5）YOLOv5 模型的推理与验证：掌握 RKNN 框架的工作原理，结合 RKNN 框架和 YOLOv5 对口罩检测模型进行推理与验证。

（6）YOLOv3 模型的接口应用：了解常用的模型接口，掌握 NCNN 框架的模型接口设计，结合 YOLOv3 和 NCNN 框架设计交通标志识别模型的接口。

（7）YOLOv5 模型的接口应用：掌握 RKNN 框架的模型接口设计，结合 YOLOv5 和 RKNN 框架设计口罩检测模型的接口。

（8）YOLOv3 模型的算法设计：掌握 AiCam 平台的开发框架，结合 AiCam 平台和 YOLOv3 设计交通标志识别算法。

（9）YOLOv5 模型的算法设计：结合 AiCam 平台和 YOLOv5 设计交通标志识别算法。

3.1 数据采集与标注

数据采集与标注是深度学习和人工智能开发中的关键步骤，对构建高性能、鲁棒性强的模型至关重要。数据采集与标注的作用如下：

（1）训练模型：深度学习需要大量的数据来训练模型，以便从中学到模式和规律。通过采集并标注有代表性的数据集，可以帮助模型更好地理解输入数据的特征和关系。

（2）验证模型：采集的数据集可以用来验证模型的性能，标注的数据集可以用来测试模型的准确性、鲁棒性和泛化能力，从而评估模型在真实世界中的表现。

（3）改进模型：通过分析模型在采集和标注的数据集上的表现，可以识别模型的弱点和错误，并进一步优化和改进模型的性能，有助于不断提升模型的质量。

（4）解决样本偏差：数据采集与标注有助于解决样本偏差问题，通过在数据集中包含各种各样的样本，可以更好地确保模型在各种情境下都能有良好的表现。

（5）应对标签不平衡：在某些应用中，不同类别的样本可能具有不平衡的标签分布，通过采集并标注标签分布平衡的数据，可以帮助模型更好地应对标签的不平衡。

本节的知识点如下：

- 掌握数据采集与标注的过程。
- 结合边缘计算平台掌握通过 CreateImg 采集图像的步骤。
- 结合边缘计算平台掌握通过 labelImg 标注图像的步骤。

3.1.1　原理分析与开发设计

3.1.1.1　数据采集和标注流程

数据采集和标注需要确保数据的质量和准确性，从而为边缘视觉应用提供可靠的数据基础。数据采集和标注的一般流程如下：

（1）确定数据需求：在进行数据采集和标注之前，要明确所需数据的类型和数量，并确保数据和业务需求、算法模型要求相匹配。

（2）收集原始数据：根据需求收集原始数据，原始数据可以来自各种渠道，如互联网、传感器、摄像头等。

（3）清洗数据：对原始数据进行清洗，去除噪声、重复和无效数据，确保数据的质量和准确性。

（4）标注数据：将清洗后的数据标注为所需的类别或属性，以便算法模型能够识别和学习。标注可以手动进行或自动进行，手动标注需要专业的标注人员，自动标注需要训练好的算法模型。

（5）验证数据：数据标注完成后，需要对数据进行验证和校对，以确保数据的一致性和准确性。

（6）存储和管理数据：数据验证完成后，需要将数据存储在数据库或云端，以便进行管理。

（7）更新和迭代数据：数据采集与标注是一个持续进行的过程，随着业务需求和算法模型的变化，需要不断更新和迭代数据，以保证数据的时效性和准确性。

3.1.1.2　图像采集

CreateImg 是一款可以自动采集图像工具，该工具通过 OpenCV 调用摄像头自动进行视频的录制和图像的采集，数据采集完成后被保存在 AILabelImg/dataset/JPEGImages 文件夹内。

录制的视频要尽量在真实场景中进行，将需要检测的物品放置在摄像头能够拍摄到的视窗位置，并在不同方位、不同角度、不同光线的条件下录制物品，尽量保持数据样本的多样性。

3.1.1.3　图像标注

labelImg 是一个可视化的图像标注工具，Faster R-CNN、YOLO、SSD 等目标检测网络所需的数据集，均可采用 labelImg 标注的图像。labelImg 在完成数据标注后会自动生成描述图像的 XML 文件，生成的 XML 文件遵循 PASCAL VOC 格式标准。

3.1.2　开发步骤与验证

3.1.2.1　图像采集

将摄像头接入边缘计算或者计算机，通过 CreateImg 采集图像的步骤如下：

（1）将需要识别的物品放置在摄像头正前方的合适位置。

（2）打开终端，输入以下命令运行 CreateImg：

```
#Linux 环境下执行以下命令
$ conda activate py36_tf114_torch15_cpu_cv345          //Ubuntu 20.04 操作系统下需要切换环境
$ python3 CreateImg.py

#Windows 环境下执行以下命令（需要安装必要的环境）
$ python CreateImg.py
```

（3）CreateImg 将显示摄像头的实时图像（见图 3.1），并将实时图像保存到数据集目录 AILabelImg\dataset\JPEGImages。

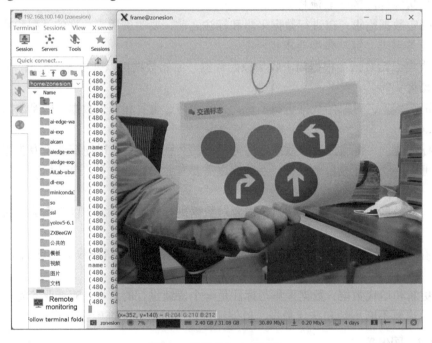

图 3.1　摄像头的实时图像

（4）在不同方位、不同角度、不同光线下拍摄物品，尽量使数据样本保持多样性。

（5）录制一段时间后，按下"Q"退出 CreateImg，在数据集目录中可以看到采集的图像。

3.1.2.2　图像标注

1）导入图像

（1）进入 labelImg 所在的目录，运行 labelImg.exe。labelImg 的运行界面如图 3.2 所示。

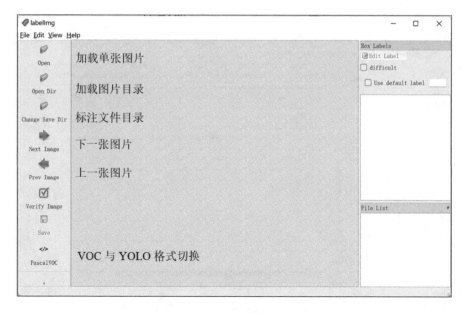

图 3.2　labelImg 的运行界面

（2）单击 "Open Dir" 按钮，选择采集的图像目录 AILabelImg\dataset\JPEGImages（可以使用前面采集的数据集图像，也可以使用本项目代码内提供的交通标志数据集图像），如图 3.3 所示。

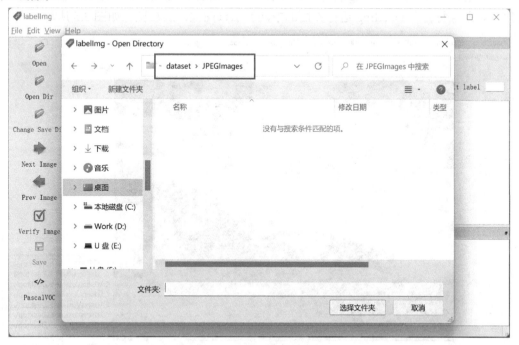

图 3.3　选择采集的图像目录

（3）labelImg 会自动弹窗，要求选择标注文件的存储路径 AILabelImg\dataset\Annotations，如图 3.4 所示。

图 3.4   选择标注文件的存储路径

（4）设置完成后，labelImg 将加载图像并在文件列表（File List）中显示加载的图像，单击第一幅图像将会在 labelImg 运行界面的中间显示该图像。加载图像如图 3.5 所示。

图 3.5   加载图像

（5）在 labelImg 运行界面中选择菜单"View"→"Auto Saving"，如图 3.6 所示，即可设置为自动保存标注文件。

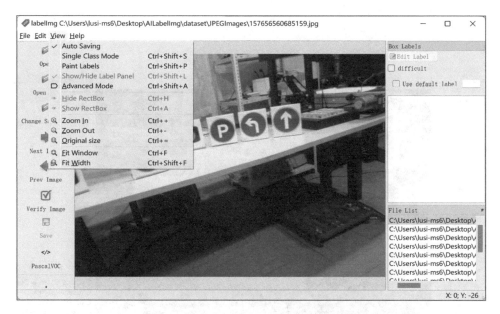

图 3.6　选择菜单 "View" → "Auto Saving"

2）图像标注

（1）图像标注：在 labelImg 运行界面的文件列表中单击第一幅图像，labelImg 将开始逐幅对图像进行标注。按 "W" 键可对目标物品进行矩形框标注，在需要标注的目标左上角按下鼠标左键并且不要松开，移动到目标的右下角后松开鼠标左键，即可对一个目标进行标注，如图 3.7 所示。

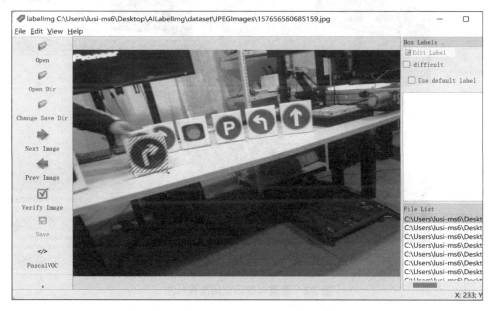

图 3.7　图像标注

（2）设置标签（Label）：勾选 "Box Labels" 中的 "Edit Label"，在弹出的 "labelImg"对话框输入标签名称，如 right（再画矩形框时就会有记录供直接选择），单击 "OK" 按钮即可完成图像标注，如图 3.8 所示。

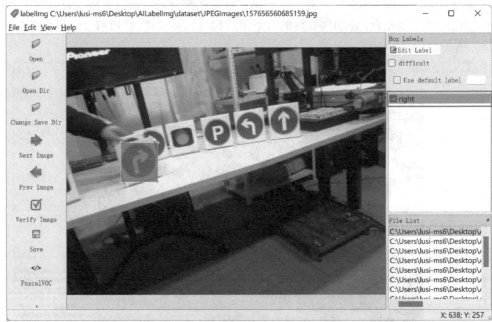

图 3.8　设置标签后完成图像标注

（3）默认标签：勾选"Box Labels"中的"Use default label"，可以对同一个标签进行批量标注，这样在每次画矩形框后就会自动将标注设置为默认的标签，从而避免每次添加标签，如图 3.9 所示。

图 3.9　设置默认的标签

（4）连续标注：按 "D" 键切换到下一幅图像，继续按 "W" 键可进行图像标注，如图 3.10 所示。

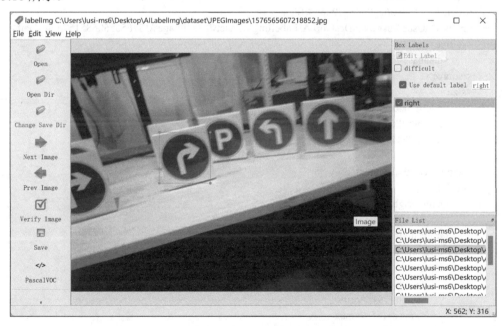

图 3.10　连续标注

（5）标注技巧：读者可以首先将其中一个标签设置为默认的标签，把所有图像内的该标签全部标注一次；然后将其他的标签设置为默认的标签，继续从头开始将所有图像中新的标签全部标注一次，直到图像中所有的标签都进行了标注，如图 3.11 所示。

图 3.11　标注技巧

（6）打开一个 xml 文件，可以看到 object 属性内包含了目标的信息，包括目标类别、坐标等信息。代码如下：

```xml
<annotation>
    <folder>JPEGImages</folder>
    <filename>157656560685159.jpg</filename>
    <path>C:\Users\lusi-ms6\Desktop\AILabelImg\dataset\JPEGImages\157656560685159.jpg</path>
    <source>
        <database>Unknown</database>
    </source>
    <size>
        <width>640</width>
        <height>480</height>
        <depth>3</depth>
    </size>
    <segmented>0</segmented>
    <object>
        <name>right</name>
        <pose>Unspecified</pose>
        <truncated>0</truncated>
        <difficult>0</difficult>
        <bndbox>
            <xmin>109</xmin>
            <ymin>184</ymin>
            <xmax>185</xmax>
            <ymax>260</ymax>
        </bndbox>
    </object>
    <object>
        <name>straight</name>
        <pose>Unspecified</pose>
        <truncated>0</truncated>
```

```
            <difficult>0</difficult>
            <bndbox>
                <xmin>408</xmin>
                <ymin>112</ymin>
                <xmax>465</xmax>
                <ymax>169</ymax>
            </bndbox>
        </object>
        <object>
            <name>left</name>
            <pose>Unspecified</pose>
            <truncated>0</truncated>
            <difficult>0</difficult>
            <bndbox>
                <xmin>339</xmin>
                <ymin>123</ymin>
                <xmax>397</xmax>
                <ymax>181</ymax>
            </bndbox>
        </object>
        <object>
            <name>green</name>
            <pose>Unspecified</pose>
            <truncated>0</truncated>
            <difficult>0</difficult>
            <bndbox>
                <xmin>209</xmin>
                <ymin>153</ymin>
                <xmax>255</xmax>
                <ymax>199</ymax>
            </bndbox>
        </object>
    </annotation>
```

当标签的类别比较多时，建议标注完一个类别后再从头开始标注下一个类别，这样可以提高标注速度，但在提高速度时千万不能标注错误，标注完成之后建议进行检查，错误的标注对于模型训练的影响非常大。

3.1.3　本节小结

本节主要介绍数据采集与标注的一般流程，通过 CreateImg、labelImg，以及实际案例介绍了图像采集与标注的步骤。

3.1.4　思考与拓展

（1）在图像采集过程中，应该如何保证数据样本的真实性和多样性？

（2）当标签的类别较多时，选择何种标注策略会提高标注速度？

3.2 YOLOv3 模型的训练与验证

模型的训练与验证是确保模型能够在实际场景中有效工作的关键步骤，良好的训练与验证能够提高模型的性能、泛化能力，同时减少过拟合的风险。

1）训练的作用

（1）学习数据模式：训练能够使模型学习输入数据的模式和特征。通过调整参数，模型能够最小化预测结果与实际标签之间的差异，从而提高模型的性能。

（2）泛化能力：通过训练，模型不仅在训练集上有良好的表现，还能够泛化到未见过的数据集。泛化能力是模型在真实场景中保持实用性和有效性的关键。

（3）参数优化：在训练阶段，通过反向传播算法和优化器可以更新模型的权重和偏置，使其能够更好地拟合训练的数据，这有助于模型更好地获取数据的复杂关系。

（4）特征学习：对于深度学习模型，训练还包括对特征的学习。通过层层堆叠的神经网络，模型可以自动学习表示数据的高级特征。

2）验证的作用

（1）评估性能：验证用于评估模型在未见过的数据集上的性能，有助于用户了解模型的泛化能力，即模型在新数据集上的表现。

（2）超参数调整：验证集通常用于调整模型的超参数，如学习率、正则化等。通过多次调整这些超参数并在验证集上评估性能，可以找到最佳的超参数配置，从而提高模型的性能。

（3）防止过拟合：模型在训练阶段可能会出现过拟合，即过分适应训练集中的噪声而失去泛化能力。通过验证集，可以检测和防止过拟合，确保模型对新数据集的表现更为鲁棒。

（4）模型选择：在深度学习中可能会使用多个模型进行比较，通过在验证集上比较模型的性能，可以选择最适合的模型。

（5）信任度和可靠性：通过验证可以对模型的信任度和可靠性进行更深入的了解，从而为实际应用提供更好的支持。

本节的知识点如下：

⊃ 了解主流深度学习的开发框架、目标检测算法原理。

⊃ 了解 YOLO 系列模型，掌握 YOLOv3 模型的算法原理。

⊃ 结合交通标志识别示例，掌握 YOLOv3 模型及 Darknet 模型的训练与验证过程。

3.2.1 原理分析与开发设计

3.2.1.1 深度学习目标检测算法概述

目标检测与识别技术是一种通过计算机自动、智能检测周围环境并识别相应目标的计算机视觉技术。目标检测与识别技术的核心是算法能够对图像或者视频进行检测，发现感兴趣的目标、确定目标的具体位置并识别目标的类别。自从将卷积神经网络和深度学习引入目标检测领域后，目标检测技术具备了惊人的检测效果和优越的性能，使其成为当下人工智能领域的热门研究方向。深度学习利用卷积神经网络将卷积运算和人工网络结合在一起，通过模拟人脑神经结构，构建了深度卷积网络（包括卷积层、归一化层、激活层、池化层、全连接层等），能从海量数据中有效提取图像的各种特征，并对特征进行抽象、学习。

1）卷积神经网络结构概述

卷积神经网络（Convolutional Neural Networks，CNN）是一种深度学习模型或类似于人工神经网络的多层感知器，主要由数据输入（Input）层、卷积（CONV）层、激活（ReLU）层、池化（Pooling layer）层、全连接（FC）层组成。

（1）数据输入层：主要对原始图像数据进行预处理，包括取均值、归一化、PCA 降维等。

（2）卷积层：是卷积神经网络最重要的一个层，也是卷积神经网络名字的来源。卷积层由一组滤波器（Filter）组成，滤波器采用三维结构，其深度由输入数据的深度决定，一个滤波器是由多个卷积核堆叠形成的。这些滤波器在输入数据上滑动进行卷积运算，从输入数据中提取特征。在训练时，滤波器的权重使用随机值进行初始化，并根据训练集进行学习，逐步进行优化。

图 3.12 所示为卷积运算的基本思路，对于一幅图像，卷积运算从图像的左上角开始，从左往右、从上往下，以一个像素或指定数量像素的间距依次滑过图像的每一个区域。

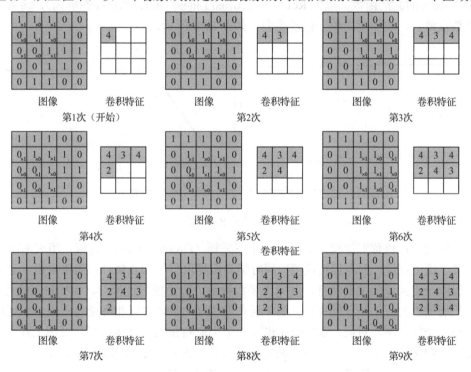

图 3.12 卷积运算基本思路示意图

卷积运算是指以一定间隔滑动卷积核的窗口，将各个位置上卷积核的元素和输入的对应元素相乘，然后求和（有时也称为乘积累加运算），最后将这个结果保存到输出的对应位置。卷积核可以理解为权重，其尺寸大小可以变化，一般取奇数。卷积核每次滑动的像素数称为步长。

每一个卷积核（Convolution Kernel）都可以当做一个特征提取算子，令一个特征提取算子在图像上不断滑动，得出的滤波结果称为特征图（Feature Map）。我们不必人工设计卷积核，而是先使用随机数值进行初始化来得到很多卷积核，再通过反向传播优化这些卷积核，以期得到更好的识别结果。卷积核是二维的权重矩阵，滤波器（Filter）是多个卷积核堆叠而成的三维矩阵。

卷积运算能够更好地提取图像特征，使用不同大小的卷积核能够提取图像的各个尺度特征。

（3）激活层：对卷积层的输出结果进行非线性映射，如图 3.13 所示。

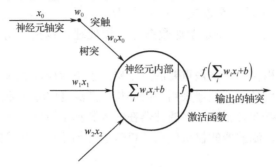

图 3.13　激活层示意图

CNN 采用的激活函数一般为 ReLU（Rectified Linear Unit，修正线性单元），该激活函数的特点是收敛快、求梯度简单，但较脆弱，如图 3.14 所示。

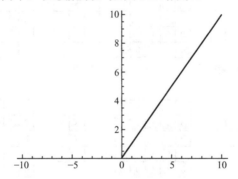

图 3.14　激活函数 ReLU 的示意图

（4）池化层：也称汇聚层，实际是一个下采样（Down-Sample）过程，用来缩小高度和长度，减小模型规模，提高运算速度，同时提高所提取特征的鲁棒性。简单来说，池化层的目的是提取一定区域的主要特征，并减少参数数量，防止模型过拟合。如果输入的是图像，那么池化层的主要目的是压缩图像。池化层在卷积层之后，二者相互交替出现，并且每个卷积层都与一个池化层相对应。池化操作也有一个类似卷积核一样东西在特征图上移动，称为池化窗口，池化窗口也有大小，移动的时候有步长。池化层示意图如图 3.15 所示。

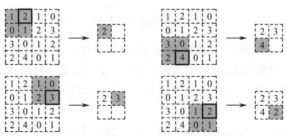

图 3.15　池化层示意图

（5）全连接层：通常在卷积神经网络的尾部，和传统的神经网络神经元的连接方式是一样的，如图 3.16 所示。

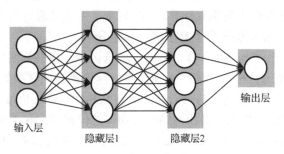

图 3.16　全连接层示意图

2）基于深度学习的目标检测算法

基于深度学习的目标检测算法大致可以分为两类：基于候选区域的深度学习目标检测算法和基于回归方法的深度学习目标检测算法，也称为两阶段（Two-Stage）算法和单阶段（One-Stage）算法。

（1）Two-Stage 算法：该算法首先在图像上产生候选区域，然后在候选区域内对目标进行分类和回归。Two-Stage 算法的代表算法有 Faster R-CNN、R-FCN、FPN、Mask R-CNN 等，Two-Stage 算法在获得高检测精度的同时，普遍存在检测速度慢的缺点。

R-CNN 算法是最早的基于深度学习的目标检测算法，解决了传统算法检测效率较低、精度不高的问题。R-CNN 算法首先使用选择性搜索（Selective Search）方式生成候选框，然后利用 CNN 对生成的候选框进行特征提取，接着使用支持向量机（Support Vector Machine，SVM）对提取到的特征进行分类，最后通过训练好的回归算法修正候选框的位置。R-CNN 算法的原理如图 3.17 所示。

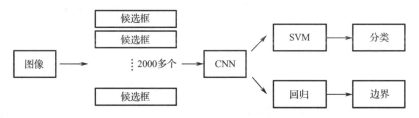

图 3.17　R-CNN 算法的原理

R-CNN 算法解决了传统算法在选择候选框时需要枚举所有框的问题，但通过选择性搜索方式生成的 2000 多个候选框都需要在 CNN 中进行特征提取，并且还需要通过 SVM 对这些特征分类，因此计算量相当巨大，导致 R-CNN 算法的检测速度很慢。实际测试中，R-CNN 算法的训练时间需要 84 h，检测一幅图像需要 47 s。虽然 R-CNN 算法的检测精度比传统算法有较大的提升，但在实时性方面远远达不到实际使用的要求。

改进的 R-CNN 算法均在检测速度上做了优化，例如在 Faster R-CNN 中，CNN 不再对每个候选框进行特征提取，而是直接对图像进行卷积，这样极大地减少了生成 2000 多个候选框带来的重复计算。R-CNN 算法需要使用 SVM 对提取到的特征进行分类，使用回归算法修正候选框，Faster R-CNN 则直接用 ROI（Regions Of Interest）池化层将不同尺寸的特征输入映射到固定大小的特征向量，这样即使输入图像的尺寸不同，也能为每个区域提取到固定的特征，再通过 Softmax 函数进行分类。Faster R-CNN 不再使用选择性搜索方式生成候选框，而是使用 RPN（Region Proposal Networks）生成候选框，将候选框的数量降低到了 300 个，极大地减少了过多候选框带来的重复计算，同时共享了生成候选框的卷积网络和特征提取网络，因此 Faster R-CNN 在检测速度上有了进一步提升。

（2）One-Stage 算法。One-Stage 算法省略了候选区域，将整幅图像作为输入，使用一个神经网络就可以直接输出目标的位置和类别，将目标检测问题转换为回归问题。One-Stage 算法的最大优势就是其检测速度，与 Two-Stage 算法相比，One-Stage 算法牺牲了一定的检测精度。One-Stage 算法直接利用卷积网络获得物体的位置信息和类别，不再需要用两个网络进行分类与修正候选框。虽然 One-Stage 算法的检测精度没有 Two-Stage 算法高，但 One-Stage 算法的检测速度更快，更适合用于实际部署。One-Stage 算法中比较有代表性的是 SSD 算法和 YOLO。

SSD 算法的网络结构较 R-CNN 更为简单，仅通过卷积网络提取输入图像的特征信息并进行特征映射。SSD 算法的网络结构如图 3.18 所示，在网络的前半部分采用 VGG16 的卷积结构，并将其中两个全连接层替换成卷积层；在网络的后半部分新增了 4 个不同尺度的卷积层，这 6 个不同尺度的卷积层作为输出用于预测和分类。SSD 算法使用了 6 个尺度的特征图实现了目标检测，在浅层特征中有丰富的位置信息，有利于小目标的检测。与仅使用深层特征的 YOLOv1 相比，SSD 算法的小目标检测精度有一定优势。SSD 算法的边界框（Bounding Box）有 8732 个，因此该算法在不同场景下的检测精度较为稳定，对于被遮挡的物体有更低的漏检率。但是 SSD 算法的网络结构较深，候选框的数量过多，使得 SSD 算法在训练速度和检测速度上还有待提升。

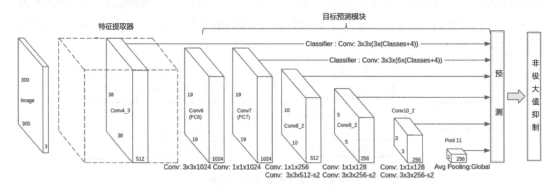

图 3.18　SSD 算法的网络结构

与 Two-Stage 算法不同的是，YOLO 将物体分类与位置判定放在一起完成，检测速度有了很大的提升，解决了 Two-Stage 算法在检测速度上无法满足使用需求的问题。YOLO 基于 Darknet 框架不断进行发展和改进，从 YOLOv1 发展到了 YOLOv5，在网络结构上不断优化，不仅在检测速度方面有较大改进，其中 YOLOv4 在 Tesla V100 上的检测速度可达 65 FPS，还更适用于嵌入式设备。

3.2.1.2　开发框架

1）开发框架概述

深度学习框架的选择非常重要，选择一个合适的框架能起到事半功倍的作用。目前，全世界最为流行的深度学习开发框架有 TensorFlow、PyTorch、Caffe、PaddlePaddle、Darknet 等。

（1）TensorFlow。TensorFlow 是 Google Brain 团队基于 Google 在 2011 年开发的深度学习基础框架 DistBelief 构建的。TensorFlow 使用数据流图进行数值计算，数据流图中的节点代表数学运算，边代表在这些节点之间传递的多维数组。TensorFlow 的编程接口支持 Python 和 C++语言。TensorFlow 1.0 版本开始支持 Java、Go、R 语言和 Haskell API 的 Alpha 版本，此外，TensorFlow 还可以在 Google Cloud 和 AWS 上运行。

（2）PyTorch。PyTorch 是一个 Python 优先的深度学习框架，能够在强大的 GPU 加速基础上实现张量和动态神经网络。PyTorch 提供了完整的使用文档、循序渐进的用户指南，PyTorch 的开发者亲自维护 PyTorch 论坛，方便用户交流和解决问题。Facebook（现为 Meta）人工智能研究院（FAIR）对 PyTorch 的推广提供了大力支持，FAIR 的支持足以确保 PyTorch 获得持续开发、更新的保障，而不会像一些个人开发的框架那样昙花一现。如有需要，用户也可以使用 Python 软件包（如 NumPy、SciPy 和 Cython）来扩展 PyTorch。

（3）Caffe。Caffe 是基于 C++编写的深度学习框架，是源码开放的（遵循 Licensed BSD），并提供了命令行工具，以及 MATLAB 和 Python 接口。Caffe 是深度学习研究者使用的框架，很多研究人员在上面进行了开发和优化。Caffe2 在工程上做了很多优化，如运行速度、跨平台、可扩展性等，它可以看成 Caffe 更细粒度的重构；但在设计上，Caffe2 和 TensorFlow 更像。目前 Caffe2 的代码已开源。

（4）PaddlePaddle。PaddlePaddle（飞桨）以百度多年的深度学习技术研究和业务应用为基础，集深度学习核心训练和推理框架、基础模型库、端到端开发套件、丰富的工具组件于一体，是我国自主研发、功能完备、开源开放的产业级深度学习平台。

（5）Darknet。Darknet 是 Joseph Redmon 为了 YOLO 开发的框架，Darknet 几乎没有依赖库，是基于 C 语言和 CUDA 的深度学习开源框架，支持 CPU 和 GPU。Darknet 跟 Caffe 颇有几分相似之处，却更加轻量级，非常值得学习使用。

2）Darknet 框架

Darknet 是一个用于实现深度学习算法的开源神经网络框架，它是由 Joseph Redmon 开发的，主要用于目标检测和图像识别任务。Darknet 框架完全使用 C 语言编写，以其高效的实现和速度受到了广泛关注，并在许多计算机视觉竞赛中取得了优异的结果。

Darknet 框架的特点包括：

（1）轻量级：Darknet 被设计成一个非常轻量级的框架，它的核心库只有一个头文件和一个源文件，非常易于使用和集成。

（2）高速度：Darknet 针对高效的计算做了优化，特别适合在嵌入式设备上运行。它能够在 CPU 和 GPU 上快速地进行计算，从而加速训练和推理过程。

（3）支持多种算法：Darknet 支持各种深度学习算法，包括卷积神经网络（CNN）、全连接网络（FCN）和循环神经网络（RNN）等，可以用于图像分类、目标检测和语义分割等多个计算机视觉任务。

（4）高度可自定义：Darknet 提供了灵活的配置选项，可以轻松调整网络框架、超参数和训练设置。用户可以根据自己的需求进行自定义优化和网络设计。

（5）支持多种数据类型：Darknet 支持处理不同类型的数据，包括图像、视频和文本等。它提供了丰富的数据预处理功能，可用于数据增强和数据清洗。

Darknet 是一个功能强大、高效的深度学习框架，适用于各种计算机视觉任务。它的速度和轻量级特点使其在资源受限的环境中表现良好，为研究人员和开发者提供了一个快速、灵活和可自定义的工具。

3.2.1.3 YOLO 系列模型

YOLO（You Only Look Once）系列模型是基于回归的深度学习目标检测算法，即 One-Stage 算法的典型代表，它不需要像 Two-Stage 算法那样先生成候选区域再通过 CNN 进行目标分类，因此 YOLO 系列模型的检测速度快。

YOLO 系列模型的工作原理是：首先将图像均等地分成若干个网格，然后将每个网格的图像送入 CNN，预测每个网格是否包含目标并得到对应的边界框和类别，最后对边界框进行非最大值抑制处理，从而得到最终的边界框。YOLO 系列模型的示意图如图 3.19 所示。

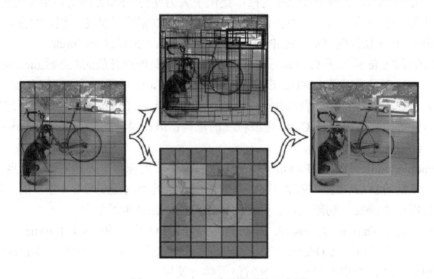

图 3.19　YOLO 系列模型的示意图

1）YOLOv1 模型

YOLOv1 模型的网络结构主要分为特征提取网络、目标检测网络、非极大值抑制（Non Maximum Suppression，NMS）处理，整体检测过程一步实现。

YOLOv1 模型的网络结构如图 3.20 所示。具体流程是先将输入的图像调整成固定尺寸的图像，然后经过特征提取网络的卷积层提取特征，再经由目标检测网络输出 7×7×30 的特征图，并得到类别信息和每个边界框的置信度，最后通过 NMS 处理去除重叠程度高的边界框，留下最合适的边界框作为检测结果。YOLOv1 模型的特征提取网络最终将输入图像分为 49 个网格，共 98 个边界框，通过算法去除置信度低于设定阈值的边界框，利用 NMS 处理过滤掉重叠较多的边界框，最终输出边界框的位置信息和物体类别。

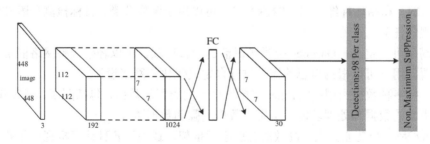

图 3.20　YOLOv1 模型的网络结构

　　YOLOv1 模型的网络结构简单、检测速度较快，更适合部署于对实时性需求较高的场景，但由于 YOLOv1 模型的边界框较少，当多个类别目标重叠到同一个网格时，会出现漏检的情况；对于小目标以及目标较多的复杂场景，YOLOv1 模型容易出现定位不准的情况，因此比 R-CNN 算法的检测准确度低。

　　2）YOLOv2 模型

　　为了进一步提升定位的准确度和速度，同时保持分类的准确度，Joseph Redmon 和 Ali Farhadi 在 YOLOv1 的基础上于 2017 年提出了 YOLOv2，即 YOLO 9000。YOLOv2 模型的主要流程是：首先在数据集上训练 Darknet 网络，接着冻结网络结构的参数，移除最后一层的卷积层、全局池化层和分类层，并替换为 3 个 3×3 的卷积层、直通（Passthrough）层和 1×1 的卷积层。YOLOv2 模型的网络结构如图 3.21 所示。

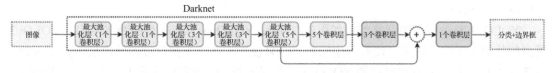

图 3.21　YOLOv2 模型的网络结构

　　YOLOv2 模型使用由 22 个卷积层和 5 个最大池化层组成的特征提取网络，可以比其他基于深度学习的检测算法获得更高的检测精度，在 PASCAL VOC2007 数据集中取得了 76.8% 的 mAP 和 67FPS。YOLOv2 模型改进了 YOLOv1 模型定位精度不高和召回率低的问题，有效提升了检测精度。

　　3）YOLOv3 模型

　　YOLOv3 模型是由 Joseph Redmon 和 Ali Farhadi 于 2018 年提出的，其网络结构如图 3.22 所示。YOLOv3 模型使得目标检测与识别能力到达一个顶峰。相比于 Faster R-CNN 算法，在相同条件下，YOLOv3 模型和 Faster R-CNN 算法的检测效果和检测精度相差无几，但 YOLOv3 模型的检测速度是 Faster R-CNN 算法的 100 倍，为实时目标检测与识别提供了基础。YOLOv3 借鉴了 YOLOv1 模型和 YOLOv2 模型，在保持 YOLO 系列模型速度优势的同时，提升了检测精度，尤其对于小物体的检测能力。YOLOv3 模型使用一个单独神经网络处理图像，将图像划分成多个区域并预测边界框和每个区域的概率。

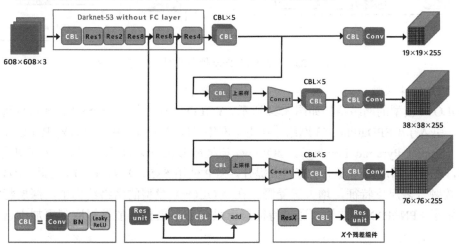

图 3.22　YOLOv3 模型的网络结构

YOLOv3 在 Darknet-19 网络的基础上提出了 Darknet-53 网络。Darknet-53 网络包含 53 个卷积层，其基本组成单元 CBL 由 Conv、BN 和 Leaky ReLU 构成。YOLOv3 模型的网络结构没有池化层，使用步幅为 2 的卷积层替代池化层进行特征图的上采样，这样可以有效阻止由于池化层导致的低层级特征的损失，避免了池化层对梯度带来的负面影响。为了提升检测精度，YOLOv3 模型在深层特征网络中引入了特征金字塔（FPN），使用 3 个尺度的特征层进行分类与回归预测，对 2 个尺度的特征层上采样与浅层特征进行融合。YOLOv3 模型的多尺度特征融合使用 Concat（连接）操作，不同于残差网络的 add（加）操作仅仅将特征通道信息相加，Concat 操作会进行张量拼接，扩展特征图的维度。YOLOv3 模型将 YOLOv2 模型的损失函数的计算方式改为交叉熵的损失计算方法，在类别预测和位置预测上取得了更好的效果。YOLOv3 模型在检测精度上与 Faster R-CNN 基本持平，但检测速度却是 Faster R-CNN 的 2 倍。

YOLOv3-Tiny 模型的网络结构如图 3.23 所示。YOLOv3-Tiny 模型的网络结构在 YOLOv3 模型的基础上压缩了很多，没有使用残差层，只使用了 2 个不同尺度的输出层（y1 和 y2）。YOLOv3-Tiny 模型的总体思路和 YOLOv3 模型是一样的，被广泛应用于行人、车辆检测等，可以在很多硬件上实现。

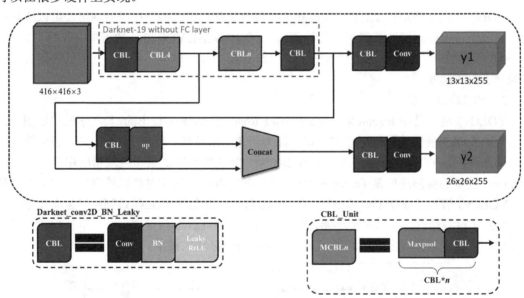

图 3.23　YOLOv3-Tiny 模型的网络结构

4）YOLOv4 模型

YOLOv4 模型的网络结构如图 3.24 所示。YOLOv4 模型仅需一个 GPU 就可以进行训练和推理，引入了 CSPDarknet-53 网络［在主干网络（BackBone）中］、Leaky ReLU 激活函数和 SPP（Spatial Pyramid Pooling）。YOLOv4 模型能够在较深的网络结构中实现快速的训练和推理，在检测精度及速度上均有较大提升。SPP 使用 5×5、9×9、13×13 的最大池化方式，可以有效融合多尺度特征，增大感受野。在 YOLOv4 模型的网络结构中，深层特征提取网络使用了 FPN+PANet 结构，通过特征层上采样和下采样，能够提取到更加丰富的特征信息。

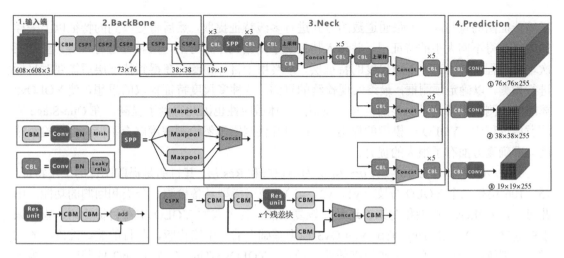

图 3.24　YOLOv4 模型的网络结构

CSPDarknet-53 网络结构如图 3.25 所示。

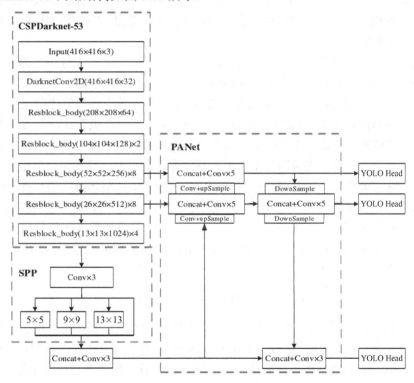

图 3.25　CSPDarknet-53 网络结构

YOLOv4 模型使用 3 个尺度的特征层进行分类与回归预测，每一层的特征信息都与其他两层进行了融合，有效提升了特征提取能力。虽然 YOLOv4 模型仅靠单个 GPU 即可快速完成训练和推理，但对于大多数算力有限的设备而言，想要部署 YOLOv4 模型并实现实时目标检测仍有很大的挑战性。

3.2.1.4　YOLOv3 模型分析

YOLOv3 模型在目标检测、物体识别等应用中的表现非常出色。YOLOv3 模型通过不断压缩特征图的宽与高、扩张通道数的方式进行多级特征提取，然后将提取到的特征以上采样的方式获得不同大小的特征层，并传入特征金字塔结构中，与上一层特征进行堆叠，重复三次堆叠过程，得到三种不同尺度的特征层，最终用于目标检测。在得到特征层后需要对目标进行预测，以确定预测框，最终实现检测的目的。这种多尺度特征提取的思想，使 YOLOv3 算法的检测效果得到了明显的提升，模型的整体适应性也因此得到了提高。在 One-Stage 算法发展过程中，YOLOv3 模型的提出，对比前几代网络虽然检测速度略有下降，但在检测精度与准确度方面有了很大的提升。

YOLOv3 模型包含 107 层，0～74 层为卷积层和 Res 层，其目的是提取图像的上层特征；75～106 层是三个 YOLO 分支（y1、y2、y3），使得模型具备检测、分类和回归的功能。由此可见，YOLOv3 模型相对来言还是比较复杂的。为了兼顾 YOLOv3 在目标检测、物体识别的速度，YOLOv3-Tiny 是在 YOLOv3 模型基础上的一个简化版，其目的兼顾准确率的同时适应训练、推理速度要求比较高的业务场景。YOLOv3-Tiny 在 YOLOv3 的基础上去掉了一些特征层，只保留了 2 个独立预测分支。

由于 Darknet-53 在运行时存在计算参数多、成本高等缺点，因此在 YOLOv3 模型将残差块中的传统卷积方式改进为深度可分离卷积，并加入注意力机制重新构建残差单元块，组成新的特征提取网络。

原始的残差块采用的卷积核大小为 3×3，本节首先交替使用 3×3 与 5×5 的卷积核，通过交替使用不同大小的卷积核，减少了最终构造出的总残差网络的层数。本节其次将这两种大小的卷积核进行卷积的方法替换为深度可分离卷积，达到了减少模型整体参数数量与模型运行时的计算量的目的。伴随着网络运行过程中计算量的减少，难免存在特征提取不精细的问题，为了解决该问题，YOLOv3 模型将注意力机制加入残差块的深度可分离卷积后，其内部结构为一次全局平均池化，连接两个 1×1 卷积核，将通道数大小调整为一个相对较大、另一个相对较小，这样调整的目的是对特征进行压缩与扩展，丰富整体网络的特征表示内容。本节最后采用乘积运算来合并两种卷积核的结果，完成整体注意力机制结构的搭建，并采用 1×1 的卷积核对注意力机制所提取出的特征进行卷积降维，并与最初输入到残差块的原始特征进行叠加，作为最终输出结果；同时将 YOLOv3 中 BatchNorm 层后原本采用的 Leaky ReLU 激活函数全部替换为 Swish 激活函数，即：

$$f(x) = x \cdot \text{sigmoid}(\beta x) = \frac{x}{1 + e^{-\beta x}} \tag{3-1}$$

式中，β 表示抑制参数变化的一个较小值，当 $\beta=0$ 时，$f(x)=0.5x$，Swish 函数就是一个一维的线性函数；当 β 趋于正无穷时，$f(x)=\max(0,x)$，Swish 函数就和 ReLU 函数相同。正是因为 β 参数的引入，Swish 函数整体可以看成一个平滑函数，且相较于其他损失函数来说，Swish 函数更适合神经网络对更深层次进行训练。改进后的残差块的结构如图 3.26 所示。

YOLOv3 模型的主干特征提取网络如图 3.27 所示。主干特征提取网络对原始的特征提取网络进行改进，堆叠了 16 层新残差块，构建了新的主干特征提取网络。与 YOLOv3 模型中的 23 层残差网络相比较，新的主干特征提取网络减少了 7 层。为了与原始 YOLOv3 模型相对应，将新的主干特征提取网络中的 Block3 的输出作为第一个有效特征层，此时的特征图尺寸是原始输入图像的 1/3。由于主干特征提取网络的深度决定了所提取特征的有效程度，将 Block4 与 Block5 合并，并将 Block5 的输出结果定义为第二个有效特征层。同理合并 Block6 与 Block7，将 Block7 的输出作为第三个有效特征层。

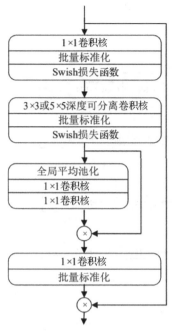

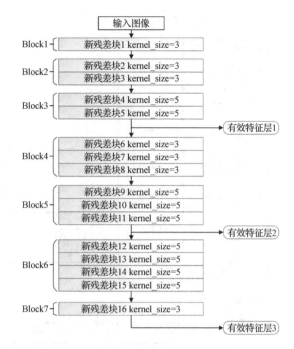

图 3.26　改进后的残差块机构　　　　图 3.27　YOLOv3 模型的主干特征提取网络

基于上述的理论分析，对 YOLOv3 模型的主干特征提取网络进行强化处理，继续运用原始的特征金字塔结构对特征进行多尺度划分，通过两次上采样操作对不同深度层次提取到的不同尺度特征进行融合，并进行最终的目标预测，再通过多个 1×1 卷积核对最终结果进行降维，使网络可以准确预测被检测图像中的多尺度目标。改进后的 YOLOv3 模型的网络结构如图 3.28 所示。

YOLOv3 模型的损失函数对预测框定位的误差、分类误差和置信度误差进行统一整合，预测框定位的损失函数采用均方误差（Mean Square Error，MSE）函数，分类与置信度的损失函数采用交叉熵函数。总体损失函数为：

YOLOv3 模型的损失函数将预测框定位的误差、置信度误差以及分类结果误差进行统一整合，预测框定位的损失函数，采用的是均方误差（Mean Square Error，MSE）函数计算，分类与置信度的损失函数，采用的是交叉熵函数。总体损失函数为：

$$\text{Loss}=\text{cooError}+\text{claError}+\text{conError} \tag{3-2}$$

式中，cooError 表示数据标注的坐标框与测试后的检测框坐标之间的预测框定位损失；claError 表示分类损失；conError 表示置信度损失。

预测框定位损失为：

$$\begin{aligned}
\text{cooError} = &\sum_{i=1}^{s^2}\sum_{j=1}^{B} I_{ij}^{\text{obj}}[(x_i^j-\hat{x}_i^j)^2+(y_i^j-\hat{y}_i^j)^2]+\\
&\sum_{i=1}^{s^2}\sum_{j=1}^{B} I_{ij}^{\text{obj}}[(\sqrt{w_i^j}-\sqrt{\hat{w}_i^j})^2+(\sqrt{h_i^j}-\sqrt{\hat{h}_i^j})^2]
\end{aligned} \tag{3-3}$$

分类损失为：

$$\text{claError}=-\sum_{i=1}^{s^2} I_{ij}^{\text{obj}}\cdot\sum_{c\in\text{classes}}[\hat{P}_i^j\log(P_i^j)+(1-\hat{P}_i^j)\log(1-\hat{P}_i^j)] \tag{3-4}$$

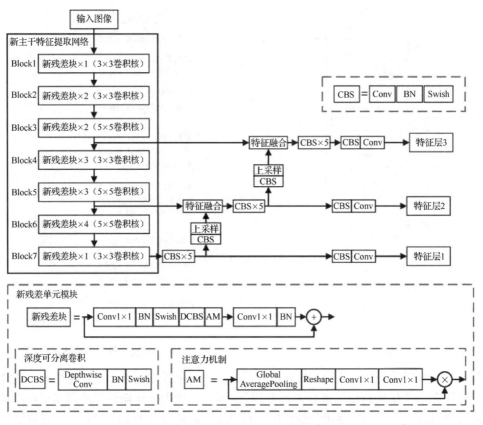

图 3.28　改进后的 YOLOv3 算法的网络结构

置信度损失为：

$$\text{conError} = -\sum_{i=1}^{s^2}\sum_{j=1}^{B}I_{ij}^{\text{obj}}[\hat{C}_i^j\log(C_i^j)\cdot(1-\hat{C}_i^j)\log(1-C_i^j)] -$$
$$\lambda_{\text{noobj}}\sum_{i=1}^{s^2}\sum_{j=1}^{B}I_{ij}^{\text{noobj}}[\hat{C}_i^j\log(C_i^j)\cdot(1-\hat{C}_i^j)\log(1-C_i^j)]$$

$$(3\text{-}5)$$

式中，S^2 表示单元格数量；B 表示锚框（Anchor Box）；I_{ij}^{obj} 表示第 i 个网格中的第 j 个候选窗口中是否存在需要被检测出的目标，如果存在需要被检测的目标，则 $I_{ij}^{\text{obj}}=1$，否则 $I_{ij}^{\text{obj}}=0$；I_{ij}^{noobj} 表示第 i 个网格的第 j 个检测框中不存在需要被检测的目标；x、y、w、h 依次为目标真实所在位置的中心点横坐标、纵坐标、检测框的宽度和高度（以像素值衡量）；参数置信 $\hat{C}_{ij}^{\text{obj}}$ 表示真实值，由检测框中有没有被检测的目标决定，若检测框中有被检测目标，则 $\hat{C}_{ij}^{\text{obj}}=1$，否则 $\hat{C}_{ij}^{\text{obj}}=0$。

　　YOLOv3 模型通过对预测框与真实框的 L1 范数或 L2 范数进行计算，得到了位置回归损失，但在测评时采用 IoU 损失来判断预测框是否选中目标，二者并不是完全等价的；在 L2 范数或者 L1 范数相等的情况下，IoU 的值并不会因为预测框与真实框距离相同就固定不变。在上一轮损失函数计算到的预测框与真实框间误差数值大于 1 的情况下，MSE 损失在下一轮则会进行计算并返回更大的误差，以及更高的权重，整体的模型性能就会受到影响。当遇到预测框与真实框之间没有任何重叠的情况时，IoU 的值为 0，返回的损失也为 0，无法进行下一次优化。

为了避免 IoU 作为损失函数时所存在的缺点对损失计算造成大偏差的影响，YOLOv3 模型引入了 GIoU 的概念。IoU 与 GIoU 的损失计算原理如式（3-6）和式（3-7）所示。

$$R_{\text{GIoU}}=R_{\text{IoU}}-\frac{|C|(A\cup B)|}{|C|} \tag{3-6}$$

$$R_{\text{IoU}}=\frac{|A\cap B|}{|A\cup B|} \tag{3-7}$$

当训练过程中数据集存在负样本数量较多，与正样本的比例不均衡的情况时，依旧会在很大的程度上影响训练过程中返回的权重。本项目的目标检测网络结构中置信度损失以 Focal Loss 计算误差，通过在返回的损失中增加检测到的各个分类的权重与各分类样本检测难度的权重调度因子，达到缓解样本中不同分类数量以及检测难度不平衡等问题。Focal Loss 的定义如公式（3-8）和式（3-9）所示。

$$L_{\text{FL}(p_t)}=-\alpha_t(1-p_t)^{\gamma}\ln(p_t) \tag{3-8}$$

$$p_t=\begin{cases}p, & y=1\\1-p, & 其他\end{cases} \tag{3-9}$$

式中，α_t 为分类权重因子，用来协调正负样本之间的比例；γ 为各分类样本检测难度权重调度因子，用来控制网络迭代样本权重降低的速度。

改进后的 YOLOv3 模型在预测框损失中采用 GIoU Loss 函数进行预测，在置信度损失中采用 Focal Loss 函数进行预测，达到了更精准计算预测框、解决数据分类分布不均衡带来的问题的目的。

3.2.1.5　开发设计

1）数据格式的转换

voc2yolo.py 文件实现了数据格式的转换，该文件的功能是将图像标注工具生成的 voc 格式数据转换为 yolo 格式，代码如下：

```python
import xml.etree.ElementTree as ET
import pickle
import os
from os import listdir, getcwd
from glob import glob
import random
from os.path import join

classes = ['red','green','left','straight','right']
dataset_path = "./dataset/"
txt_label_path = dataset_path + '/labels'
test_ratio = 0.1

if not os.path.exists(txt_label_path): os.mkdir(txt_label_path)

def convert(size, box):
    dw = 1. / size[0]
    dh = 1. / size[1]
```

```
        x = (box[0] + box[1]) / 2.0
        y = (box[2] + box[3]) / 2.0
        w = box[1] - box[0]
        h = box[3] - box[2]
        x = x * dw
        w = w * dw
        y = y * dh
        h = h * dh
        return (x, y, w, h)
        #return (int(x), int(y), int(w), int(h))


def convert_annotation(image_id):
    #这里改为.xml 文件夹的路径
    in_file = open(os.path.join(dataset_path, 'Annotations/%s.xml' % (image_id)))
    #这里是生成每幅图像对应的.txt 文件的路径
    out_file = open(os.path.join(txt_label_path, '%s.txt' % (image_id)), 'w')
    tree = ET.parse(in_file)
    root = tree.getroot()
    size = root.find('size')
    w = int(size.find('width').text)
    h = int(size.find('height').text)    #

    for obj in root.iter('object'):
        cls = obj.find('name').text
        if cls not in classes:
            continue
        cls_id = classes.index(cls)
        xmlbox = obj.find('bndbox')
        b = (float(xmlbox.find('xmin').text), float(xmlbox.find('xmax').text), float(xmlbox.find('ymin').text),
            float(xmlbox.find('ymax').text))
        bb = convert((w, h), b)
        #list_file.write(str(cls_id) + " " + " ".join([str(a) for a in bb]) + '\n')
        #list_file.write(" " + " ".join([str(a) for a in bb]) + " " + str(cls_id))
        out_file.write(str(cls_id) + " " + " ".join([str(a) for a in bb]) + '\n')

    #list_file.write('\n')

anno_files = glob(os.path.join(dataset_path, 'Annotations', '*.xml'))
anno_files = [item.split(os.sep)[-1].split('.')[0] for item in anno_files]
print("files:", anno_files[:10])
random.shuffle(anno_files)
test_num = int(len(anno_files) * test_ratio)
image_ids_val = anno_files[:test_num]
image_ids_train = anno_files[test_num:]
list_file_train = open('./dataset/object_train.txt', 'w')
list_file_val = open('./dataset/object_val.txt', 'w')
```

```
for image_id in image_ids_train:
    #这里改为样本图像所在文件夹的路径
    list_file_train.write(os.path.join(dataset_path, 'JPEGImages', '%s.jpg\n' % (image_id)))
    convert_annotation(image_id)
list_file_train.close()
for image_id in image_ids_val:
    #这里改为样本图像所在文件夹的路径
    list_file_val.write(os.path.join(dataset_path, 'JPEGImages', '%s.jpg\n' % (image_id)))
    convert_annotation(image_id)
list_file_val.close()
```

2）锚点（Anchor）坐标的计算

train_anchors.py 文件实现了锚点坐标的计算，代码如下：

```
import xml.etree.ElementTree as ET
from glob import glob
import os

classes = ['red','green','left','straight','right']
dataset_path = './dataset'


def convert_annotation(_image_file, _list_file):
    xml_file = _image_file.split(os.sep)[-1].replace('.jpg', '.xml').replace('JPEGImages', 'labels')
    xml_file = os.path.join(dataset_path, 'Annotations', xml_file)
    print(xml_file)
    #in_file = open(xml_file, 'r', encoding='UTF-8')
    tree = ET.parse(xml_file)
    root = tree.getroot()

    for obj in root.iter('object'):
        difficult = obj.find('difficult').text
        cls = obj.find('name').text
        if cls not in classes or int(difficult) == 1:
            continue
        cls_id = classes.index(cls)
        xmlbox = obj.find('bndbox')
        b = (int(xmlbox.find('xmin').text), int(xmlbox.find('ymin').text), int(xmlbox.find('xmax').text),
            int(xmlbox.find('ymax').text))
        _list_file.write(" " + ",".join([str(a) for a in b]) + ',' + str(cls_id))

image_files = glob(os.path.join(dataset_path, 'JPEGImages', '*.jpg'))
list_file = open('train_anchors.txt', 'w')
for image_file in image_files:
    list_file.write(image_file)
    convert_annotation(image_file, list_file)
```

```
        list_file.write('\n')
    list_file.close()
```

3）聚类算法的实现

kmeans.py 文件实现了聚类算法，该文件的功能和 train_anchors.py 文件的功能分开是为了用户采用不同的聚类算法，代码如下：

```
import numpy as np

class YOLO_Kmeans:

    def __init__(self, cluster_number, filename):
        self.cluster_number = cluster_number
        self.filename = filename

    def iou(self, boxes, clusters):    #1 box -> k clusters
        n = boxes.shape[0]
        k = self.cluster_number

        box_area = boxes[:, 0] * boxes[:, 1]
        box_area = box_area.repeat(k)
        box_area = np.reshape(box_area, (n, k))

        cluster_area = clusters[:, 0] * clusters[:, 1]
        cluster_area = np.tile(cluster_area, [1, n])
        cluster_area = np.reshape(cluster_area, (n, k))

        box_w_matrix = np.reshape(boxes[:, 0].repeat(k), (n, k))
        cluster_w_matrix = np.reshape(np.tile(clusters[:, 0], (1, n)), (n, k))
        min_w_matrix = np.minimum(cluster_w_matrix, box_w_matrix)

        box_h_matrix = np.reshape(boxes[:, 1].repeat(k), (n, k))
        cluster_h_matrix = np.reshape(np.tile(clusters[:, 1], (1, n)), (n, k))
        min_h_matrix = np.minimum(cluster_h_matrix, box_h_matrix)
        inter_area = np.multiply(min_w_matrix, min_h_matrix)

        result = inter_area / (box_area + cluster_area - inter_area)
        return result

    def avg_iou(self, boxes, clusters):
        accuracy = np.mean([np.max(self.iou(boxes, clusters), axis=1)])
        return accuracy

    def kmeans(self, boxes, k, dist=np.median):
        box_number = boxes.shape[0]
        distances = np.empty((box_number, k))
```

```python
        last_nearest = np.zeros((box_number,))
        np.random.seed()
        clusters = boxes[np.random.choice(
            box_number, k, replace=False)]    #init k clusters
        while True:

            distances = 1 - self.iou(boxes, clusters)

            current_nearest = np.argmin(distances, axis=1)
            if (last_nearest == current_nearest).all():
                break    #clusters won't change
            for cluster in range(k):
                clusters[cluster] = dist(    #update clusters
                    boxes[current_nearest == cluster], axis=0)

            last_nearest = current_nearest

        return clusters

    def result2txt(self, data):
        f = open("yolo_anchors.txt", 'w')
        row = np.shape(data)[0]
        for i in range(row):
            if i == 0:
                x_y = "%d,%d" % (data[i][0], data[i][1])
            else:
                x_y = ", %d,%d" % (data[i][0], data[i][1])
            f.write(x_y)
        f.close()

    def txt2boxes(self):
        f = open(self.filename, 'r')
        dataSet = []
        for line in f:
            infos = line.strip().split(" ")
            length = len(infos)
            for i in range(1, length):
                print(i,length,infos[0],len(infos[-1]))
                width = int(float(infos[i].split(",")[2])) - int(float(infos[i].split(",")[0]))
                height = int(float(infos[i].split(",")[3])) - int(float(infos[i].split(",")[1]))
                dataSet.append([width, height])
        result = np.array(dataSet)
        f.close()
        return result

    def txt2clusters(self):
```

```
        all_boxes = self.txt2boxes()
        result = self.kmeans(all_boxes, k=self.cluster_number)
        result = result[np.lexsort(result.T[0, None])]
        self.result2txt(result)
        print("K anchors:\n {}".format(result))
        print("Accuracy: {:.2f}%".format(
            self.avg_iou(all_boxes, result) * 100))


if __name__ == "__main__":
    cluster_number = 6
    filename = "train_anchors.txt"
    kmeans = YOLO_Kmeans(cluster_number, filename)
    kmeans.txt2clusters()
```

3.2.2　开发步骤与验证

3.2.2.1　项目部署

1）硬件部署

详见 2.1.2.1 节。

2）工程部署

（1）运行 MobaXterm 工具，通过 SSH 登录深度学习服务器。

（2）在 SSH 终端执行以下命令，创建项目工程目录。

```
$ mkdir -p ~/aiedge-exp
```

（3）将本项目的工程代码上传到~/aicam-exp 目录下，并采用 unzip 命令进行解压缩。

```
$ cd ~/aiedge-exp
$ unzip object_detection_darknet.zip
```

3.2.2.2　数据处理

通过 voc2yolo 工具将 voc 格式的数据转换为 yolo 格式的数据，并分开训练集和验证集。

（1）将制作好的数据集 traffic_dataset_v1.3.zip 通过 SSH 上传到~/aiedge-exp 目录下。

说明：模型的精度依赖于数据集，本项目采用已标注好的交通标志数据集进行模型训练。

（2）解压缩数据集，并将数据集复制到 darknet 工程目录下：

```
$ cd ~/aiedge-exp
$ unzip traffic_dataset_v1.3.zip
$ cd object_detection_darknet/
$ cp -a ../traffic_dataset_v1.3/dataset ./
```

（3）根据交通标志的类别修改 voc2yolo.py 文件内的目标类别，通过 SSH 将修改后的文件上传到边缘计算网关。修改后的 voc2yolo.py 文件内容如下：

```
classes = ['red','green','left','straight','right']
```

（4）在 SSH 终端输入以下命令进行数据格式的转换和数据集的切分，在 dataset 文件夹中生成 yolo 格式的数据集 labels，以及训练集 object_train.txt 和验证集 object_val.txt。

```
$ cd ~/aiedge-exp/object_detection_darknet
$ conda activate py36_tf114_torch15_cpu_cv345      //Ubuntu 20.04 操作系统下需要切换环境
$ python3 voc2yolo.py
files:    ['16387579253815 93',    '16387579716174064',    '1640220985345892',    '1640220986479758',
'16387579476261072', '16387579697302487', '1640221005206378', '16387579900259972', '1638757972922645',
'15923821245667133 7387']
```

3.2.2.3 参数配置

创建交通标志识别模型的配置文件。

（1）在 dataset 文件夹下创建交通标志数据集的标签文件 traffic.names，内容如下：

```
red
green
left
straight
right
```

（2）在 SSH 终端输入以下命令复制 yolov3-tiny-pill.cfg/yolov3-tiny-pill.data 文件，并命
名为 yolov3-tiny-traffic.cfg/yolov3-tiny-traffic.data。

```
$ cd ~/aiedge-exp/object_detection_darknet
$ cp cfg/yolov3-tiny-pill.cfg cfg/yolov3-tiny-traffic.cfg
$ cp cfg/yolov3-tiny-pill.data cfg/yolov3-tiny-traffic.data
$ ls cfg/
yolov3-tiny-pill.cfg   yolov3-tiny-pill.data   yolov3-tiny-traffic.cfg   yolov3-tiny-traffic.data
```

（3）根据交通标志的类别可知 classes 为 5，修改 yolov3-tiny-traffic.data 文件内相关参数：

```
classes= 5
train   = ./dataset/object_train.txt
valid   = ./dataset/object_val.txt
names = ./dataset/traffic.names
backup = ./backup/
```

（4）生成锚点。根据交通标志的类别修改 train_anchors.py 文件中与 classes 相关的参数，
通过 SSH 将修改好的文件上传到边缘计算网关。修改后的 train_anchors.py 文件如下：

```
classes = ['red','green','left','straight','right']
```

在 SSH 终端输入以下命令运行 train_anchors.py，生成用于锚点聚类的数据文件 train_
anchors.txt：

```
$ cd ~/aiedge-exp/object_detection_darknet
$ conda activate py36_tf114_torch15_cpu_cv345      //Ubuntu 20.04 操作系统下需要切换环境
$ python3 train_anchors.py
./dataset/Annotations/1638757980448458.xml
./dataset/Annotations/16387579456090543.xml
./dataset/Annotations/16387579667065635.xml
./dataset/Annotations/164022096542211.xml
```

```
./dataset/Annotations/16387579403672035.xml
......
```

在 SSH 终端输入以下命令运行 kmeans.py，生成锚点的数据文件 yolo_anchors.txt：

```
$ cd ~/aiedge-exp/object_detection_darknet
$ conda activate py36_tf114_torch15_cpu_cv345       //Ubuntu 20.04 操作系统下需要切换环境
$ python3 kmeans.py
1 4 ./dataset/JPEGImages/1638757980448458.jpg 17
2 4 ./dataset/JPEGImages/1638757980448458.jpg 17
3 4 ./dataset/JPEGImages/1638757980448458.jpg 17
1 2 ./dataset/JPEGImages/16387579456090543.jpg 15
......
K anchors:
 [[ 43   51]
 [ 62   79]
 [ 86   95]
 [104 109]
 [125 132]
 [163 175]]
Accuracy: 84.59%
```

从 yolo_anchors.txt 文件获取的锚点为（43,51）、（62,79）、（86,95）、（104,109）、（125,132）、（163,175）。

（5）修改交通标志识别配置文件 cfg/yolov3-tiny-traffic.cfg。根据交通标志的类别（classes=5）修改对应的卷积数 [filters=(classes+5)×3=30]，搜索 cfg/yolov3-tiny-traffic.cfg 文件内的 yolo 关键字（有两处），修改 filters、anchors、classes。修改后的交通标志识别模型的配置文件如图 3.29 所示。

```
[convolutional]
size=1
stride=1
pad=1
filters=30
activation=linear

[yolo]
mask = 3,4,5
anchors = 43,51, 62,79, 86,95, 104,109, 125,132, 163,175
classes=5
num=6
jitter=.3
ignore_thresh = .7
truth_thresh = 1
random=1

[convolutional]
size=1
stride=1
pad=1
filters=30
activation=linear

[yolo]
mask = 0,1,2
anchors = 43,51, 62,79, 86,95, 104,109, 125,132, 163,175
classes=5
num=6
jitter=.3
ignore_thresh = .7
truth_thresh = 1
random=1
```

图 3.29　修改后的交通标志识别模型的配置文件（一）

由于左转和右转交通标志是垂直镜像的关系，所以配置文件内要增加选项 flip=0，如图 3.30 所示。

```
[net]
# Testing
batch=16
subdivisions=1
# Training
# batch=64
# subdivisions=2
width=416
height=416
channels=3
momentum=0.9
decay=0.0005
angle=0
flip=0
saturation = 1.5
exposure = 1.5
hue=.1
```

图 3.30　修改后的交通标志识别模型的配置文件（二）

至此，交通标志识别模型的参数文件修改完毕。

3.2.2.4　模型训练

通过 Darknet 框架可以完成交通标志识别模型的训练，可选择普通的计算机或者集成了支持模型训练 GPU 的计算机进行模型训练。

（1）在 SSH 终端输入以下命令进入工程目录，改变 Darknet 的执行权限。

```
$ cd ~/aiedge-exp/object_detection_darknet
$ chmod 755 darknet-*
```

（2）通过以下两种方式进行模型训练。

方式一：通过普通的计算机进行模型训练（至少需要 300 h 以上）。

```
$ cd ~/aiedge-exp/object_detection_darknet
$ conda activate py36_tfl14_torch15_cpu_cv345     //Ubuntu 20.04 操作系统下需要切换环境
$ ./darknet-cpu detector train cfg/yolov3-tiny-traffic.data cfg/yolov3-tiny-traffic.cfg yolov3-tiny.conv.15 15
   GPU isn't used
   OpenCV isn't used - data augmentation will be slow
yolov3-tiny-traffic
mini_batch = 16, batch = 16, time_steps = 1, train = 1
```

layer	filters	size/strd(dil)	input	output
0 conv	16	3 x 3/ 1	416 x 416 x 3 ->	416 x 416 x 16 0.150 BF
1 max		2x 2/ 2	416 x 416 x 16 ->	208 x 208 x 16 0.003 BF
2 conv	32	3 x 3/ 1	208 x 208 x 16 ->	208 x 208 x 32 0.399 BF
3 max		2x 2/ 2	208 x 208 x 32 ->	104 x 104 x 32 0.001 BF
4 conv	64	3 x 3/ 1	104 x 104 x 32 ->	104 x 104 x 64 0.399 BF
5 max		2x 2/ 2	104 x 104 x 64 ->	52 x 52 x 64 0.001 BF
6 conv	128	3 x 3/ 1	52 x 52 x 64 ->	52 x 52 x 128 0.399 BF
7 max		2x 2/ 2	52 x 52 x 128 ->	26 x 26 x 128 0.000 BF
8 conv	256	3 x 3/ 1	26 x 26 x 128 ->	26 x 26 x 256 0.399 BF
9 max		2x 2/ 2	26 x 26 x 256 ->	13 x 13 x 256 0.000 BF
10 conv	512	3 x 3/ 1	13 x 13 x 256 ->	13 x 13 x 512 0.399 BF

11 max		2x 2/ 1	13 x	13 x 512 ->	13 x 13 x 512 0.000 BF
12 conv	1024	3 x 3/ 1	13 x	13 x 512 ->	13 x 13 x1024 1.595 BF
13 conv	256	1 x 1/ 1	13 x	13 x1024 ->	13 x 13 x 256 0.089 BF
14 conv	512	3 x 3/ 1	13 x	13 x 256 ->	13 x 13 x 512 0.399 BF
15 conv	30	1 x 1/ 1	13 x	13 x 512 ->	13 x 13 x 30 0.005 BF
16 yolo					

[yolo] params: iou loss: mse (2), iou_norm: 0.75, obj_norm: 1.00, cls_norm: 1.00, delta_norm: 1.00,
    scale_x_y: 1.00

17 route	13			->	13 x 13 x 256
18 conv	128	1 x 1/ 1	13 x 13 x 256 ->		13 x 13 x 128 0.011 BF
19 upsample		2x	13 x 13 x 128 ->		26 x 26 x 128
20 route	19 8			->	26 x 26 x 384
21 conv	256	3 x 3/ 1	26 x 26 x 384 ->		26 x 26 x 256 1.196 BF
22 conv	30	1 x 1/ 1	26 x 26 x 256 ->		26 x 26 x 30 0.010 BF
23 yolo					

[yolo] params: iou loss: mse (2), iou_norm: 0.75, obj_norm: 1.00, cls_norm: 1.00, delta_norm: 1.00,
    scale_x_y: 1.00

Total BFLOPS 5.454
avg_outputs = 325691
Loading weights from yolov3-tiny.conv.15...
  seen 64, trained: 0 K-images (0 Kilo-batches_64)
Done! Loaded 15 layers from weights-file
Learning Rate: 0.001, Momentum: 0.9, Decay: 0.0005
    Detection layer: 16 - type = 28
    Detection layer: 23 - type = 28
Resizing, random_coef = 1.40

608 x 608
Create 64 permanent cpu-threads
Loaded: 0.069905 seconds
v3 (mse loss, Normalizer: (iou: 0.75, obj: 1.00, cls: 1.00) Region 16 Avg (IOU: 0.462607), count: 19,
    class_loss = 377.545441, iou_loss = 1.748474, total_loss = 379.293915
v3 (mse loss, Normalizer: (iou: 0.75, obj: 1.00, cls: 1.00) Region 23 Avg (IOU: 0.409510), count: 23,
    class_loss = 1121.026611, iou_loss = 3.438599, total_loss = 1124.465210,
    total_bbox = 42, rewritten_bbox = 0.000000 %

 1: 751.879578, 751.879578 avg loss, 0.000000 rate, 103.777236 seconds, 16 images, -1.000000 hours left
Loaded: 0.000072 seconds
v3 (mse loss, Normalizer: (iou: 0.75, obj: 1.00, cls: 1.00) Region 16 Avg (IOU: 0.341734), count: 25,
    class_loss = 376.413269, iou_loss = 4.249542, total_loss = 380.662811
v3 (mse loss, Normalizer: (iou: 0.75, obj: 1.00, cls: 1.00) Region 23 Avg (IOU: 0.372197), count: 22,
    class_loss = 1121.051880, iou_loss = 4.764771, total_loss = 1125.816650
……
25009: 0.062177, 0.086965 avg loss, 0.000010 rate, 0.128478 seconds, 400144 images, 0.002451 hours left
Loaded: 0.000057 seconds
v3 (mse loss, Normalizer: (iou: 0.75, obj: 1.00, cls: 1.00) Region 16 Avg (IOU: 0.937889), count: 26,
    class_loss = 0.053363, iou_loss = 0.020515, total_loss = 0.073878
v3 (mse loss, Normalizer: (iou: 0.75, obj: 1.00, cls: 1.00) Region 23 Avg (IOU: 0.914718), count: 20,

```
                    class_loss = 0.097458, iou_loss = 0.049408, total_loss = 0.146867
total_bbox = 1091785, rewritten_bbox = 0.001282 %


25010: 0.110372, 0.089306 avg loss, 0.000010 rate, 0.119459 seconds, 400160 images, 0.002427 hours left
Saving weights to ./backup//yolov3-tiny-traffic_final.weights
If you want to train from the beginning, then use flag in the end of training command: -clear
```

方式二：通过集成了支持模型训练 GPU 的计算机进行模型训练（如显卡 RTX3080，需要 30～60 min）。

```
$ cd ~/aiedge-exp/object_detection_darknet
$ conda activate py36_tf114_torch15_cpu_cv345        //Ubuntu 20.04 操作系统下需要切换环境
$ ./darknet-gpu detector train cfg/yolov3-tiny-traffic.data cfg/yolov3-tiny-traffic.cfg yolov3-tiny.conv.15 15
     CUDA-version: 11030 (11040), cuDNN: 8.2.1, GPU count: 1
     OpenCV isn't used - data augmentation will be slow
yolov3-tiny-traffic
     0 : compute_capability = 860, cudnn_half = 0, GPU: NVIDIA GeForce RTX 3080
net.optimized_memory = 0
mini_batch = 16, batch = 16, time_steps = 1, train = 1
     layer    filters  size/strd(dil)     input                output
     0 Create CUDA-stream - 0
     Create cudnn-handle 0


     conv     16      3 x 3/ 1      416 x 416 x 3 ->      416 x 416 x 16 0.150 BF
   1 max             2x 2/ 2       416 x 416 x 16 ->     208 x 208 x 16 0.003 BF
   2 conv     32      3 x 3/ 1      208 x 208 x 16 ->     208 x 208 x 32 0.399 BF
   3 max             2x 2/ 2       208 x 208 x 32 ->     104 x 104 x 32 0.001 BF
   4 conv     64      3 x 3/ 1      104 x 104 x 32 ->     104 x 104 x 64 0.399 BF
   5 max             2x 2/ 2       104 x 104 x 64 ->     52 x  52 x 64 0.001 BF
   6 conv     128     3 x 3/ 1      52 x 52 x 64 ->       52 x 52 x 128 0.399 BF
   7 max             2x 2/ 2       52 x 52 x 128 ->      26 x 26 x 128 0.000 BF
   8 conv     256     3 x 3/ 1      26 x 26 x 128 ->      26 x 26 x 256 0.399 BF
   9 max             2x 2/ 2       26 x 26 x 256 ->      13 x 13 x 256 0.000 BF
  10 conv     512     3 x 3/ 1      13 x 13 x 256 ->      13 x 13 x 512 0.399 BF
  11 max             2x 2/ 1       13 x 13 x 512 ->      13 x 13 x 512 0.000 BF
  12 conv     1024    3 x 3/ 1      13 x 13 x 512 ->      13 x 13 x1024 1.595 BF
  13 conv     256     1 x 1/ 1      13 x 13 x1024 ->      13 x 13 x 256 0.089 BF
  14 conv     512     3 x 3/ 1      13 x 13 x 256 ->      13 x 13 x 512 0.399 BF
  15 conv     30      1 x 1/ 1      13 x 13 x 512 ->      13 x 13 x   30 0.005 BF
  16 yolo
[yolo] params: iou loss: mse (2), iou_norm: 0.75, obj_norm: 1.00, cls_norm: 1.00, delta_norm:
                1.00, scale_x_y: 1.00
  17 route    13                                 ->      13 x 13 x 256
  18 conv     128     1 x 1/ 1      13 x 13 x 256 ->      13 x 13 x 128 0.011 BF
  19 upsample         2x            13 x 13 x 128 ->      26 x 26 x 128
  20 route    19 8                                ->      26 x 26 x 384
  21 conv     256     3 x 3/ 1      26 x 26 x 384 ->      26 x 26 x 256 1.196 BF
  22 conv     30      1 x 1/ 1      26 x 26 x 256 ->      26 x 26 x   30 0.010 BF
```

```
        23 yolo
[yolo] params: iou loss: mse (2), iou_norm: 0.75, obj_norm: 1.00, cls_norm: 1.00, delta_norm:
                   1.00, scale_x_y: 1.00
Total BFLOPS 5.454
avg_outputs = 325691
Allocate additional workspace_size = 132.12 MB
Loading weights from yolov3-tiny.conv.15...
seen 64, trained: 0 K-images (0 Kilo-batches_64)
Done! Loaded 15 layers from weights-file
Learning Rate: 0.001, Momentum: 0.9, Decay: 0.0005
        Detection layer: 16 - type = 28
        Detection layer: 23 - type = 28
Resizing, random_coef = 1.40


        608 x 608
        Create 64 permanent cpu-threads
        try to allocate additional workspace_size = 163.97 MB
        CUDA allocate done!
Loaded: 0.000046 seconds
v3 (mse loss, Normalizer: (iou: 0.75, obj: 1.00, cls: 1.00) Region 16 Avg (IOU: 0.364088), count: 18,
                class_loss = 274.552612, iou_loss = 3.491913, total_loss = 278.044525
v3 (mse loss, Normalizer: (iou: 0.75, obj: 1.00, cls: 1.00) Region 23 Avg (IOU: 0.252610), count: 23,
                class_loss = 1262.276123, iou_loss = 6.435059, total_loss = 1268.711182
total_bbox = 41, rewritten_bbox = 0.000000 %


1: 773.377869, 773.377869 avg loss, 0.000000 rate, 0.265851 seconds, 16 images, -1.000000 hours left
Loaded: 0.000054 seconds
v3 (mse loss, Normalizer: (iou: 0.75, obj: 1.00, cls: 1.00) Region 16 Avg (IOU: 0.318203), count: 22,
                class_loss = 277.137756, iou_loss = 4.733521, total_loss = 281.871277
v3 (mse loss, Normalizer: (iou: 0.75, obj: 1.00, cls: 1.00) Region 23 Avg (IOU: 0.347696), count: 25,
                class_loss = 1261.224731, iou_loss = 6.360596, total_loss = 1267.585327
total_bbox = 88, rewritten_bbox = 0.000000 %


2: 774.728271, 773.512939 avg loss, 0.000000 rate, 0.117972 seconds, 32 images, 1.847303 hours left
Loaded: 0.000066 seconds
v3 (mse loss, Normalizer: (iou: 0.75, obj: 1.00, cls: 1.00) Region 16 Avg (IOU: 0.325834), count: 18,
                class_loss = 275.294678, iou_loss = 4.547729, total_loss = 279.842407
v3 (mse loss, Normalizer: (iou: 0.75, obj: 1.00, cls: 1.00) Region 23 Avg (IOU: 0.346565), count: 23,
                class_loss = 1260.499756, iou_loss = 4.489014, total_loss = 1264.988770
 total_bbox = 129, rewritten_bbox = 0.000000 %
......
25009: 0.062177, 0.086965 avg loss, 0.000010 rate, 0.128478 seconds, 400144 images, 0.002451 hours left
Loaded: 0.000057 seconds
v3 (mse loss, Normalizer: (iou: 0.75, obj: 1.00, cls: 1.00) Region 16 Avg (IOU: 0.937889), count: 26,
                class_loss = 0.053363, iou_loss = 0.020515, total_loss = 0.073878
v3 (mse loss, Normalizer: (iou: 0.75, obj: 1.00, cls: 1.00) Region 23 Avg (IOU: 0.914718), count: 20,
                class_loss = 0.097458, iou_loss = 0.049408, total_loss = 0.146867
total_bbox = 1091785, rewritten_bbox = 0.001282 %
```

```
25010: 0.110372, 0.089306 avg loss, 0.000010 rate, 0.119459 seconds, 400160 images, 0.002427 hours left
Saving weights to ./backup//yolov3-tiny-traffic_final.weights
If you want to train from the beginning, then use flag in the end of training command: -clear 3）
```

训练完成后，可以在 backup 目录下看到训练完成的模型文件 yolov3-tiny-traffic_final.weights，如图 3.31 所示。

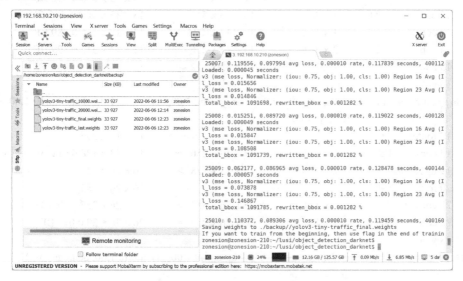

图 3.31　训练完成的模型文件

3.2.2.5　模型验证

通过前面的步骤可完成交通标志识别模型的训练，得到 yolov3-tiny-traffic_final.weights。如果没有条件训练出最终的模型，也可以解压本项目提供的最终模型文件，将其复制到 backup 目录下。

（1）在数据集中选择一幅测试样图，这里选择的是 dataset/JPEGImages/10050.jpg。

（2）在 SSH 终端输入以下命令对测试样图进行测试，执行命令与结果如下，成功地将目标（交通标志）识别为"right"。

```
$ cd ~/aiedge-exp/object_detection_darknet
$ conda activate py36_tf114_torch15_cpu_cv345        //Ubuntu 20.04 操作系统下需要切换环境
$ ./darknet-cpu detector test cfg/yolov3-tiny-traffic.data cfg/yolov3-tiny-traffic.cfg
                    backup/yolov3-tiny-traffic_final.weights dataset/JPEGImages/10050.jpg
GPU isn't used
OpenCV isn't used - data augmentation will be slow
mini_batch = 1, batch = 1, time_steps = 1, train = 0
```

layer	filters	size/strd(dil)	input	output
0 conv	16	3 x 3/ 1	416 x 416 x 3 ->	416 x 416 x 16 0.150 BF
1 max		2x 2/ 2	416 x 416 x 16 ->	208 x 208 x 16 0.003 BF
2 conv	32	3 x 3/ 1	208 x 208 x 16 ->	208 x 208 x 32 0.399 BF
3 max		2x 2/ 2	208 x 208 x 32 ->	104 x 104 x 32 0.001 BF
4 conv	64	3 x 3/ 1	104 x 104 x 32 ->	104 x 104 x 64 0.399 BF

5 max		2x 2/ 2	104 x 104 x 64 ->	52 x 52 x 64 0.001 BF
6 conv	128	3 x 3/ 1	52 x 52 x 64 ->	52 x 52 x 128 0.399 BF
7 max		2x 2/ 2	52 x 52 x 128 ->	26 x 26 x 128 0.000 BF
8 conv	256	3 x 3/ 1	26 x 26 x 128 ->	26 x 26 x 256 0.399 BF
9 max		2x 2/ 2	26 x 26 x 256 ->	13 x 13 x 256 0.000 BF
10 conv	512	3 x 3/ 1	13 x 13 x 256 ->	13 x 13 x 512 0.399 BF
11 max		2x 2/ 1	13 x 13 x 512 ->	13 x 13 x 512 0.000 BF
12 conv	1024	3 x 3/ 1	13 x 13 x 512 ->	13 x 13 x1024 1.595 BF
13 conv	256	1 x 1/ 1	13 x 13 x1024 ->	13 x 13 x 256 0.089 BF
14 conv	512	3 x 3/ 1	13 x 13 x 256 ->	13 x 13 x 512 0.399 BF
15 conv	30	1 x 1/ 1	13 x 13 x 512 ->	13 x 13 x 30 0.005 BF
16 yolo				

[yolo] params: iou loss: mse (2), iou_norm: 0.75, obj_norm: 1.00, cls_norm: 1.00, delta_norm: 1.00, scale_x_y: 1.00

17 route	13		->	13 x 13 x 256
18 conv	128	1 x 1/ 1	13 x 13 x 256 ->	13 x 13 x 128 0.011 BF
19 upsample		2x	13 x 13 x 128 ->	26 x 26 x 128
20 route	198		->	26 x 26 x 384
21 conv	256	3 x 3/ 1	26 x 26 x 384 ->	26 x 26 x 256 1.196 BF
22 conv	30	1 x 1/ 1	26 x 26 x 256 ->	26 x 26 x 30 0.010 BF
23 yolo				

[yolo] params: iou loss: mse (2), iou_norm: 0.75, obj_norm: 1.00, cls_norm: 1.00, delta_norm: 1.00, scale_x_y: 1.00

Total BFLOPS 5.454

avg_outputs = 325691

Loading weights from backup/yolov3-tiny-traffic_final.weights...

seen 64, trained: 400 K-images (6 Kilo-batches_64)

Done! Loaded 24 layers from weights-file

Detection layer: 16 - type = 28

Detection layer: 23 - type = 28

dataset/JPEGImages/10050.jpg: Predicted in 826.494000 milli-seconds.

right: 100%

Not compiled with OpenCV, saving to predictions.png instead

执行完成后会在工程目录生成 predictions.jpg 文件，如图 3.32 所示。

图 3.32　生成 predictions.jpg 文件

3.2.3　本节小结

本节首先介绍了 R-CNN 算法，然后介绍了两种基于深度学习的目标检测算法类型，以及深度学习主流开发框架，接着详细地对 YOLO 系列模型进行了剖析，最后结合案例介绍了 YOLOv3 模型及 Darknet 框架的项目部署、开发步骤、模型训练及验证。

3.2.4　思考与拓展

（1）在目标检测过程中，YOLO 系列模型与 Faster R-CNN 算法的思路有何不同？各自的优劣势体现在哪些方面？

（2）为什么 Darknet 框架在计算机视觉领域应用很广泛？简述 YOLOv3 模型使用的 Darknet-53 网络特点。

3.3 YOLOv5 模型的训练与验证

本节的知识点如下：
- ⊃ 掌握模型训练与验证作用。
- ⊃ 掌握 YOLOv5 模型的原理。
- ⊃ 结合口罩检测案例，掌握基于 PyTorch 框架和 YOLOv5 模型的项目部署、模型训练与模型验证的步骤。

3.3.1　原理分析与开发设计

3.3.1.1　PyTorch 框架

PyTorch 是一个开源的深度学习框架，该框架由 Facebook 人工智能研究院（FAIR）的 Torch7 团队开发，它的底层基于 Torch，但实现与运用全部是使用 Python 完成的。PyTorch 主要用于人工智能领域的科学研究与应用开发。

PyTorch 最主要的功能有两个：一是拥有 GPU 张量，该张量可以通过 GPU 加速，可满足在短时间内处理大数据的要求；二是支持动态神经网络，可逐层对神经网络进行修改，并且神经网络具备自动求导的功能。

PyTorch 框架的后续版本增加了很多的新特性，如无缝移动设备部署、量化模型（用于加速推理）、前端改进（如对张量进行命名和创建更干净的代码）等，PyTorch 官方同时还开源了很多工具和库，使得 PyTorch 框架的众多功能与 TensorFlow 趋同，同时保持了原有特性，竞争力得到极大的增强

3.3.1.2　YOLOv5 模型

YOLOv5 模型是与 YOLOv4 模型几乎同时提出的，两者极为相似，YOLOv5 模型有 YOLOv4 的所有优点和特性，并拥有其不具备的轻量性优势。YOLOv5 通过对模型容量、规模大小进行缩放，提出了 s、m、l、x 四个版本，用于追求极致轻量化或高精度，并结合算

法思想不断迭代更新这四个版本。

YOLOv5 模型的网络结构如图 3.33 所示，主要包括输入、BackBone（主干网络）、特征融合和输出等模块。

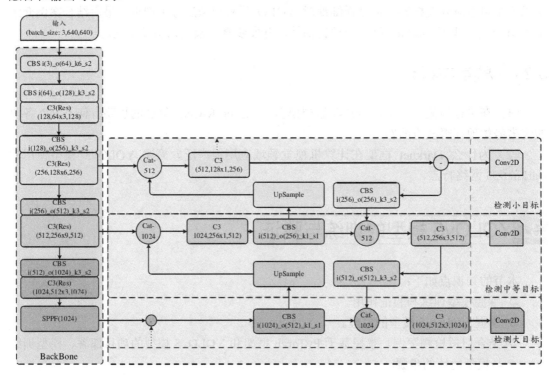

图 3.33　YOLOv5 模型的网络结构

1）输入模块

输入模块包含一系列图像增强方法，饱和度、色调、亮度的随机变化增强，用于解决图像失真的种种问题，以适应昼夜及各种恶劣天气；对图像进行随机旋转、平移、翻转、剪切、透视等操作，用于解决图像采样带来的问题；数据增强 Mosaic 和 Mixup 可对图像组进行组合、拼接，增强图像样本的背景信息种类，提高样本检出率与精度；数据增强 Copy-Paste 通过对目标实例进行跨图像迁移，可均衡化各类别实例数量。Mosaic 是指将 4 幅不同的图像拼接在一起形成一幅新图像；Mixup 是指将 2 幅不同的图像按照一定的比例进行混合，生成一幅新图像；Copy-Paste 是指从源图像中剪切对象块并粘贴到目标图像，从而获得组合数量的合成训练数据，显著提高检测/分割性能。

2）BackBone（主干网络）

主干网络头部多次利用下采样卷积和 C3 模块进行特征提取，下采样卷积是步长为 2 的卷积，C3 模块为 CSP 化的残差模块组，并支持无残差模式，网络深度缩放功能只针对 C3 模块内部，可提高特征提取效率、解决深度神经网络的梯度消失问题。CSP 化可以在不降低残差模块特征提取的效率的同时提速 40%。主干网络尾部增加了 SPPF 池化模块，以特征共享形式降低了 SPP 模块的计算量。主干网络使用轻量化的 SiLU（Sigmoid Linear Unit）激活函数，计算量低于 YOLOv4 模型中的 Mish 激活函数，同时精度优于 Leaky ReLU、Mish 等激活函数。C3 模块和 SPPF 池化模块如图 3.34 所示。

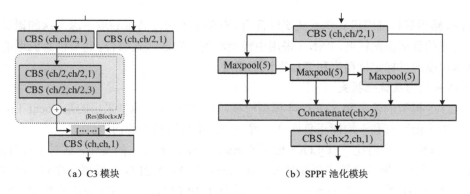

（a）C3 模块　　　　　　　　　　（b）SPPF 池化模块

图 3.34　C3 模块和 SPPF 池化模块

在 CSPNet 和网络缩放的基础上，YOLOv5 模型改进了主干网络，提供了主干网络深度、宽度缩放功能，如图 3.35 所示。YOLOv5 模型的四个版本（s、m、l、x）的深度和宽度缩放比例分别为（0.33, 0.5）、（0.66, 0.75）、（1.0, 1.0）、（1.33, 1.25），可兼顾各类数据集和硬件设备。

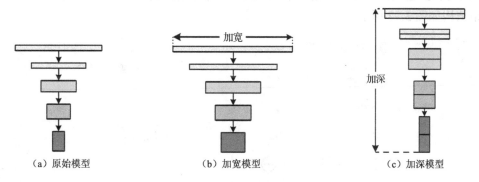

（a）原始模型　　　　　　（b）加宽模型　　　　　　（c）加深模型

图 3.35　主干网络的深度和宽度缩放

3）特征融合

从 YOLOv3 模型开始，YOLO 系列模型采用特征金字塔（FPN）、PANet 特征融合的方式提高中小目标的定位和分类精度。YOLOv5 模型则采用轻量型的 PANet 特征融合，如图 3.36 所示，图中，[…，…] 表示 Concat。

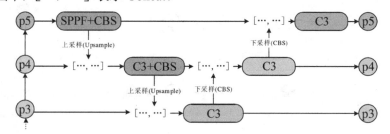

图 3.36　轻量型 PANet 特征融合

FPN 采用由深至浅的单向迭代式融合，具有多尺度级联和特征混合的作用。FPN 首先对主干网络的多尺度特征进行降维，一方面可以降低特征融合总体的计算量，起到提速的作用，另一方面可以对主干网络多尺度输出特征进行折半处理，起到特征选择、降低维度的效果，可同时平衡本尺度检测任务和其他尺度检测任务，缓解不同尺度任务的回传梯度在主干网络上的矛盾。然后对特征组进行迭代式级联混合，有助于本尺度特征获取更深层次的语义信息，提高本尺度的目标识别精度。PANet 采用由浅至深的单向迭代式融合，起着信息流通的作用，可提高本尺度的目标定位精度和细粒度识别精度。

4）解码输出及优化损失

YOLOv5 模型的输出和 YOLOv4 模型一样，但 YOLOv5 模型采用的是 Focal Loss 损失函数，该损失函数有利于均衡正负样本、解决图像中目标稀少的问题。

与 YOLOv4 模型对比，YOLOv5 模型的 BackBone 没有太大的变化，这对于现有的一些 GPU 设备及其相应的优化算法更加高效。在 Neck 部分，YOLOv5 模型首先将 SPP 换成了 SPPF，后者效率更高；其次另外一个不同点就是 CSP-PAN，在 YOLOv4 模型中，Neck 的 PAN 没有引入 CSP，但在 YOLOv5 模型中，PAN 中加入了 CSP。CSP 将原输入分成两个分支，分别进行卷积操作使得通道数减半，一个分支先进行 Bottleneck × N 操作，再通过连接两个分支，使得 Bottlenneck CSP 的输入与输出的大小是一样的，这样可以让模型学习到更多的特征。

YOLOv5s 模型是 YOLOv5 模型中深度最小、特征图的宽度最小的模型。YOLOv5s 模型的网络结构如图 3.37 所示。

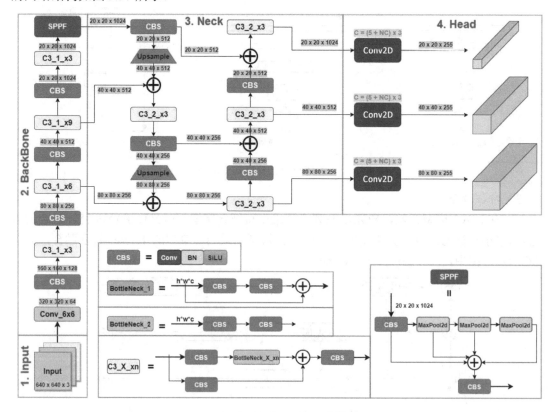

图 3.37　YOLOv5s 模型的网络结构

3.3.1.3　开发设计

在 YOLOv5 模型工程项目中，voc2yolo.py 文件为标注数据格式转换的，YOLOv5 模型自动计算锚点坐标，不需要 YOLOv3 模型工程项目中的 train_anchors.py 和 kmeans.py 文件。另外，train.py 是训练模型文件，detect.py 是训练完成后的测试模型文件，export.py 是模型输出文件，可以输出为 onnx 格式的结果。

1）数据格式转换

数据格式的转换是在 voc2yolo.py 文件中实现的，该文件的功能是将图像标注工具生成的 voc 格式数据转换为 yolo 格式的数据，代码如下：

```python
import xml.etree.ElementTree as ET
import pickle
import os
from os import listdir, getcwd
from glob import glob
import random
from os.path import join

classes = ['face','face_mask']
dataset_path = "./dataset/"
txt_label_path = dataset_path + '/labels'
test_ratio = 0.1

if not os.path.exists(txt_label_path):
    os.mkdir(txt_label_path)

def convert(size, box):
    dw = 1. / size[0]
    dh = 1. / size[1]
    x = (box[0] + box[1]) / 2.0
    y = (box[2] + box[3]) / 2.0
    w = box[1] - box[0]
    h = box[3] - box[2]
    x = x * dw
    w = w * dw
    y = y * dh
    h = h * dh
    return (x, y, w, h)
    #return (int(x), int(y), int(w), int(h))

def convert_annotation(image_id):
    #这里改为.xml 文件夹的路径
    in_file = open(os.path.join(dataset_path, 'Annotations/%s.xml' % (image_id)))
    #这里是生成每幅图像对应的.txt 文件的路径
    out_file = open(os.path.join(txt_label_path, '%s.txt' % (image_id)), 'w')
    tree = ET.parse(in_file)
    root = tree.getroot()
    size = root.find('size')
    w = int(size.find('width').text)
    h = int(size.find('height').text)    #

    for obj in root.iter('object'):
```

```
            cls = obj.find('name').text
            if cls not in classes:
                continue
            cls_id = classes.index(cls)
            xmlbox = obj.find('bndbox')
            b = (float(xmlbox.find('xmin').text), float(xmlbox.find('xmax').text), float(xmlbox.find('ymin').text),
                                float(xmlbox.find('ymax').text))
            bb = convert((w, h), b)
            #list_file.write(str(cls_id) + " " + " ".join([str(a) for a in bb]) + '\n')
            #list_file.write(" " + " ".join([str(a) for a in bb]) + " " + str(cls_id))
            out_file.write(str(cls_id) + " " + " ".join([str(a) for a in bb]) + '\n')

    #list_file.write('\n')

anno_files = glob(os.path.join(dataset_path, 'Annotations', '*.xml'))
anno_files = [item.split(os.sep)[-1].split('.')[0] for item in anno_files]
print("Totally convert %d files." % len(anno_files))
random.shuffle(anno_files)
test_num = int(len(anno_files) * test_ratio)
image_ids_val = anno_files[:test_num]
image_ids_train = anno_files[test_num:]
list_file_train = open('./object_train.txt', 'w')
list_file_val = open('./object_val.txt', 'w')
for image_id in image_ids_train:
    #这里改为样本图像所在文件夹的路径
    list_file_train.write(os.path.join(dataset_path, 'images', '%s.jpg\n' % (image_id)))
    convert_annotation(image_id)
list_file_train.close()
for image_id in image_ids_val:
    #这里改为样本图像所在文件夹的路径
    list_file_val.write(os.path.join(dataset_path, 'images', '%s.jpg\n' % (image_id)))
    convert_annotation(image_id)
#修改 JPEGImages 目录为 images，适配 YOLOv5 模型训练
os.rename(dataset_path+'/JPEGImages',dataset_path+'/images')
list_file_val.close()
```

2）训练模型

train.py 是训练模型文件，代码如下：

```
import argparse
import math
import os
import random
import sys
import time
from copy import deepcopy
from datetime import datetime
from pathlib import Path
```

```
import numpy as np
import torch
import torch.distributed as dist
import torch.nn as nn
import yaml
from torch.cuda import amp
from torch.nn.parallel import DistributedDataParallel as DDP
from torch.optim import SGD, Adam, AdamW, lr_scheduler
from tqdm import tqdm


FILE = Path(__file__).resolve()
ROOT = FILE.parents[0]    #YOLOv5 root directory
if str(ROOT) not in sys.path:
    sys.path.append(str(ROOT))    #add ROOT to PATH
ROOT = Path(os.path.relpath(ROOT, Path.cwd()))    #relative


import val    #for end-of-epoch mAP
from models.experimental import attempt_load
from models.yolo import Model
from utils.autoanchor import check_anchors
from utils.autobatch import check_train_batch_size
from utils.callbacks import Callbacks
from utils.datasets import create_dataloader
from utils.downloads import attempt_download
from utils.general import (LOGGER, check_dataset, check_file, check_git_status,
                           check_img_size, check_requirements, check_suffix, check_yaml,
                           colorstr, get_latest_run, increment_path, init_seeds, intersect_dicts,
                           labels_to_class_weights, labels_to_image_weights, methods, one_cycle,
                           print_args, print_mutation, strip_optimizer)
from utils.loggers import Loggers
from utils.loggers.wandb.wandb_utils import check_wandb_resume
from utils.loss import ComputeLoss
from utils.metrics import fitness
from utils.plots import plot_evolve, plot_labels
from utils.torch_utils import EarlyStopping, ModelEMA, de_parallel, select_device,
                              torch_distributed_zero_first


LOCAL_RANK = int(os.getenv('LOCAL_RANK', -1))    #https://pytorch.org/docs/stable/elastic/run.html
RANK = int(os.getenv('RANK', -1))
WORLD_SIZE = int(os.getenv('WORLD_SIZE', 1))


def train(hyp,    #path/to/hyp.yaml or hyp dictionary
          opt,
          device,
          callbacks
          ):
    save_dir, epochs, batch_size, weights, single_cls, evolve, data, cfg, resume, noval, nosave,
```

```
        workers, freeze = Path(opt.save_dir), opt.epochs, opt.batch_size, opt.weights,
        opt.single_cls, opt.evolve, opt.data, opt.cfg, opt.resume, opt.noval,
        opt.nosave, opt.workers, opt.freeze

    #Directories
    w = save_dir / 'weights'   #weights dir
    (w.parent if evolve else w).mkdir(parents=True, exist_ok=True)   #make dir
    last, best = w / 'last.pt', w / 'best.pt'

    #Hyperparameters
    if isinstance(hyp, str):
        with open(hyp, errors='ignore') as f:
            hyp = yaml.safe_load(f)   #load hyps dict
    LOGGER.info(colorstr('hyperparameters: ') + ', '.join(f'{k}={v}' for k, v in hyp.items()))

    #Save run settings
    if not evolve:
        with open(save_dir / 'hyp.yaml', 'w') as f:
            yaml.safe_dump(hyp, f, sort_keys=False)
        with open(save_dir / 'opt.yaml', 'w') as f:
            yaml.safe_dump(vars(opt), f, sort_keys=False)

    #Loggers
    data_dict = None
    if RANK in [-1, 0]:
        loggers = Loggers(save_dir, weights, opt, hyp, LOGGER)   #loggers instance
        if loggers.wandb:
            data_dict = loggers.wandb.data_dict
            if resume:
                weights, epochs, hyp, batch_size = opt.weights, opt.epochs, opt.hyp, opt.batch_size
        #Register actions
        for k in methods(loggers):
            callbacks.register_action(k, callback=getattr(loggers, k))

    #Config
    plots = not evolve   #create plots
    cuda = device.type != 'cpu'
    init_seeds(1 + RANK)
    with torch_distributed_zero_first(LOCAL_RANK):
        data_dict = data_dict or check_dataset(data)   #check if None
    train_path, val_path = data_dict['train'], data_dict['val']
    nc = 1 if single_cls else int(data_dict['nc'])   #number of classes
    names = ['item'] if single_cls and len(data_dict['names']) != 1 else data_dict['names']   #class names
    assert len(names) == nc, f'{len(names)} names found for nc={nc} dataset in {data}'   #check
    is_coco = isinstance(val_path, str) and val_path.endswith('coco/val2017.txt')   #COCO dataset

    #Model
    check_suffix(weights, '.pt')   #check weights
```

```
pretrained = weights.endswith('.pt')
if pretrained:
    with torch_distributed_zero_first(LOCAL_RANK):
        weights = attempt_download(weights)          #download if not found locally
        #load checkpoint to CPU to avoid CUDA memory leak
        #load checkpoint to CPU to avoid CUDA memory leak
        ckpt = torch.load(weights, map_location='cpu')
        model = Model(cfg or ckpt['model'].yaml, ch=3, nc=nc,
                            anchors=hyp.get('anchors')).to(device)    #create
    exclude = ['anchor'] if (cfg or hyp.get('anchors')) and not resume else []    #exclude keys
    csd = ckpt['model'].float().state_dict()    #checkpoint state_dict as FP32
    csd = intersect_dicts(csd, model.state_dict(), exclude=exclude)    #intersect
    model.load_state_dict(csd, strict=False)    #load
    LOGGER.info(f'Transferred {len(csd)}/{len(model.state_dict())} items from {weights}')
else:
    model = Model(cfg, ch=3, nc=nc, anchors=hyp.get('anchors')).to(device)    #create

#Freeze
freeze = [f'model.{x}.' for x in (freeze if len(freeze) > 1 else range(freeze[0]))]    #layers to freeze
for k, v in model.named_parameters():
    v.requires_grad = True    #train all layers
    if any(x in k for x in freeze):
        LOGGER.info(f'freezing {k}')
        v.requires_grad = False

#Image size
gs = max(int(model.stride.max()), 32)    #grid size (max stride)
imgsz = check_img_size(opt.imgsz, gs, floor=gs * 2)    #verify imgsz is gs-multiple

#Batch size
if RANK == -1 and batch_size == -1:    #single-GPU only, estimate best batch size
    batch_size = check_train_batch_size(model, imgsz)
    loggers.on_params_update({"batch_size": batch_size})

#Optimizer
nbs = 64    #nominal batch size
accumulate = max(round(nbs / batch_size), 1)    #accumulate loss before optimizing
hyp['weight_decay'] *= batch_size * accumulate / nbs    #scale weight_decay
LOGGER.info(f"Scaled weight_decay = {hyp['weight_decay']}")

g0, g1, g2 = [], [], []    #optimizer parameter groups
for v in model.modules():
    if hasattr(v, 'bias') and isinstance(v.bias, nn.Parameter):    #bias
        g2.append(v.bias)
    if isinstance(v, nn.BatchNorm2d):    #weight (no decay)
        g0.append(v.weight)
    elif hasattr(v, 'weight') and isinstance(v.weight, nn.Parameter):    #weight (with decay)
        g1.append(v.weight)
```

```
if opt.optimizer == 'Adam':
    optimizer = Adam(g0, lr=hyp['lr0'], betas=(hyp['momentum'], 0.999)) #adjust beta1 to momentum
elif opt.optimizer == 'AdamW':
    optimizer = AdamW(g0, lr=hyp['lr0'], betas=(hyp['momentum'], 0.999)) #adjust beta1 to momentum
else:
    optimizer = SGD(g0, lr=hyp['lr0'], momentum=hyp['momentum'], nesterov=True)

#add g1 with weight_decay
optimizer.add_param_group({'params': g1, 'weight_decay': hyp['weight_decay']})
optimizer.add_param_group({'params': g2})    #add g2 (biases)
LOGGER.info(f"{colorstr('optimizer:')} {type(optimizer).__name__} with parameter groups "
            f"{len(g0)} weight (no decay), {len(g1)} weight, {len(g2)} bias")
del g0, g1, g2

#Scheduler
if opt.cos_lr:
    lf = one_cycle(1, hyp['lrf'], epochs)    #cosine 1->hyp['lrf']
else:
    lf = lambda x: (1 - x / epochs) * (1.0 - hyp['lrf']) + hyp['lrf']    #linear
#plot_lr_scheduler(optimizer, scheduler, epochs)
scheduler = lr_scheduler.LambdaLR(optimizer, lr_lambda=lf)

#EMA
ema = ModelEMA(model) if RANK in [-1, 0] else None

#Resume
start_epoch, best_fitness = 0, 0.0
if pretrained:
    #Optimizer
    if ckpt['optimizer'] is not None:
        optimizer.load_state_dict(ckpt['optimizer'])
        best_fitness = ckpt['best_fitness']

    #EMA
    if ema and ckpt.get('ema'):
        ema.ema.load_state_dict(ckpt['ema'].float().state_dict())
        ema.updates = ckpt['updates']

    #Epochs
    start_epoch = ckpt['epoch'] + 1
    if resume:
        assert start_epoch > 0, f'{weights} training to {epochs} epochs is finished, nothing to resume.'
    if epochs < start_epoch:
        LOGGER.info(f"{weights} has been trained for {ckpt['epoch']} epochs. "
                    f"Fine-tuning for {epochs} more epochs.")
        epochs += ckpt['epoch']    #finetune additional epochs
```

```
        del ckpt, csd

#DP mode
if cuda and RANK == -1 and torch.cuda.device_count() > 1:
    LOGGER.warning('WARNING: DP not recommended, use torch.
                    distributed.run for best DDP Multi-GPU results.\n'
                    'See Multi-GPU Tutorial at https://github.com/ultralytics/yolov5/issues/475
                    to get started.')
    model = torch.nn.DataParallel(model)

#SyncBatchNorm
if opt.sync_bn and cuda and RANK != -1:
    model = torch.nn.SyncBatchNorm.convert_sync_batchnorm(model).to(device)
    LOGGER.info('Using SyncBatchNorm()')

#Trainloader
train_loader, dataset = create_dataloader(train_path, imgsz, batch_size //WORLD_SIZE,
                    gs, single_cls, hyp=hyp, augment=True, cache=None if opt.cache ==
                    'val' else opt.cache, rect=opt.rect, rank=LOCAL_RANK, workers=workers,
                    image_weights=opt.image_weights, quad=opt.quad,
                    prefix=colorstr('train: '), shuffle=True)
mlc = int(np.concatenate(dataset.labels, 0)[:, 0].max())   #max label class
nb = len(train_loader)   #number of batches
assert mlc < nc, f'Label class {mlc} exceeds nc={nc} in {data}. Possible class labels are 0-{nc - 1}'

#Process 0
if RANK in [-1, 0]:
    val_loader = create_dataloader(val_path, imgsz, batch_size //WORLD_SIZE * 2, gs, single_cls,
                        hyp=hyp, cache=None if noval else opt.cache,
                        rect=True, rank=-1, workers=workers * 2, pad=0.5,
                        prefix=colorstr('val: '))[0]

    if not resume:
        labels = np.concatenate(dataset.labels, 0)
        #c = torch.tensor(labels[:, 0])   #classes
        #cf = torch.bincount(c.long(), minlength=nc) + 1.   #frequency
        #model._initialize_biases(cf.to(device))
        if plots:
            plot_labels(labels, names, save_dir)

        #Anchors
        if not opt.noautoanchor:
            check_anchors(dataset, model=model, thr=hyp['anchor_t'], imgsz=imgsz)
        model.half().float()   #pre-reduce anchor precision

    callbacks.run('on_pretrain_routine_end')

#DDP mode
```

```
if cuda and RANK != -1:
    model = DDP(model, device_ids=[LOCAL_RANK], output_device=LOCAL_RANK)

#Model attributes
nl = de_parallel(model).model[-1].nl  #number of detection layers (to scale hyps)
hyp['box'] *= 3 / nl   #scale to layers
hyp['cls'] *= nc / 80 * 3 / nl   #scale to classes and layers
hyp['obj'] *= (imgsz / 640) ** 2 * 3 / nl   #scale to image size and layers
hyp['label_smoothing'] = opt.label_smoothing
model.nc = nc   #attach number of classes to model
model.hyp = hyp   #attach hyperparameters to model
model.class_weights = labels_to_class_weights(dataset.labels, nc).to(device) * nc
model.names = names

#Start training
t0 = time.time()
nw = max(round(hyp['warmup_epochs'] * nb), 1000)   #number of warmup iterations,
        max(3 epochs, 1k iterations)
#nw = min(nw, (epochs - start_epoch) / 2 * nb)   #limit warmup to < 1/2 of training
last_opt_step = -1
maps = np.zeros(nc)   #mAP per class
results = (0, 0, 0, 0, 0, 0, 0)   #P, R, mAP@.5, mAP@.5-.95, val_loss(box, obj, cls)
scheduler.last_epoch = start_epoch - 1   #do not move
scaler = amp.GradScaler(enabled=cuda)
stopper = EarlyStopping(patience=opt.patience)
compute_loss = ComputeLoss(model)   #init loss class
LOGGER.info(f'Image sizes {imgsz} train, {imgsz} val\n'
            f'Using {train_loader.num_workers * WORLD_SIZE} dataloader workers\n'
            f"Logging results to {colorstr('bold', save_dir)}\n"
            f'Starting training for {epochs} epochs...')
for epoch in range(start_epoch, epochs):   #epoch --------------------------------------------------------------
    model.train()

    #Update image weights (optional, single-GPU only)
    if opt.image_weights:
        cw = model.class_weights.cpu().numpy() * (1 - maps) ** 2 / nc   #class weights
        iw = labels_to_image_weights(dataset.labels, nc=nc, class_weights=cw)   #image weights
        dataset.indices = random.choices(range(dataset.n), weights=iw, k=dataset.n) #rand weighted idx

    #Update mosaic border (optional)
    #b = int(random.uniform(0.25 * imgsz, 0.75 * imgsz + gs) //gs * gs)
    #dataset.mosaic_border = [b - imgsz, -b]   #height, width borders

    mloss = torch.zeros(3, device=device)   #mean losses
    if RANK != -1:
        train_loader.sampler.set_epoch(epoch)
    pbar = enumerate(train_loader)
    LOGGER.info(('\n' + '%10s' * 7) % ('Epoch', 'gpu_mem', 'box', 'obj', 'cls', 'labels', 'img_size'))
```

```
if RANK in [-1, 0]:
    pbar = tqdm(pbar, total=nb, bar_format='{l_bar}{bar:10}{r_bar}{bar:-10b}')   #progress bar
optimizer.zero_grad()
for i, (imgs, targets, paths, _) in pbar:   #batch ----------------------------------------------------------
    ni = i + nb * epoch   #number integrated batches (since train start)
    imgs = imgs.to(device, non_blocking=True).float() / 255   #uint8 to float32, 0-255 to 0.0-1.0

    #Warmup
    if ni <= nw:
        xi = [0, nw]   #x interp
        #compute_loss.gr = np.interp(ni, xi, [0.0, 1.0])   #iou loss ratio (obj_loss = 1.0 or iou)
        accumulate = max(1, np.interp(ni, xi, [1, nbs / batch_size]).round())
        for j, x in enumerate(optimizer.param_groups):
            #bias lr falls from 0.1 to lr0, all other lrs rise from 0.0 to lr0
            x['lr'] = np.interp(ni, xi, [hyp['warmup_bias_lr'] if j == 2 else 0.0,
                            x['initial_lr'] * lf(epoch)])
            if 'momentum' in x:
                x['momentum'] = np.interp(ni, xi, [hyp['warmup_momentum'], hyp['momentum']])

    #Multi-scale
    if opt.multi_scale:
        sz = random.randrange(imgsz * 0.5, imgsz * 1.5 + gs) //gs * gs   #size
        sf = sz / max(imgs.shape[2:])   #scale factor
        if sf != 1:
            #new shape (stretched to gs-multiple)
            ns = [math.ceil(x * sf / gs) * gs for x in imgs.shape[2:]]
            imgs = nn.functional.interpolate(imgs, size=ns, mode='bilinear', align_corners=False)

    #Forward
    with amp.autocast(enabled=cuda):
        pred = model(imgs)   #forward
        loss, loss_items = compute_loss(pred, targets.to(device))   #loss scaled by batch_size
        if RANK != -1:
            loss *= WORLD_SIZE   #gradient averaged between devices in DDP mode
        if opt.quad:
            loss *= 4.

    #Backward
    scaler.scale(loss).backward()

    #Optimize
    if ni - last_opt_step >= accumulate:
        scaler.step(optimizer)   #optimizer.step
        scaler.update()
        optimizer.zero_grad()
        if ema:
            ema.update(model)
        last_opt_step = ni
```

```
#Log
if RANK in [-1, 0]:
    mloss = (mloss * i + loss_items) / (i + 1)   #update mean losses
    mem = f'{torch.cuda.memory_reserved() / 1E9 if torch.cuda.is_available()
                                          else 0:.3g}G'   #(GB)
    pbar.set_description(('%10s' * 2 + '%10.4g' * 5) % (
        f'{epoch}/{epochs - 1}', mem, *mloss, targets.shape[0], imgs.shape[-1]))
    callbacks.run('on_train_batch_end', ni, model, imgs, targets, paths, plots, opt.sync_bn)
    if callbacks.stop_training:
        return
#end batch ------------------------------------------------------------------------------------

#Scheduler
lr = [x['lr'] for x in optimizer.param_groups]   #for loggers
scheduler.step()

if RANK in [-1, 0]:
    #mAP
    callbacks.run('on_train_epoch_end', epoch=epoch)
    ema.update_attr(model, include=['yaml', 'nc', 'hyp', 'namcs', 'stride', 'class_weights'])
    final_epoch = (epoch + 1 == epochs) or stopper.possible_stop
    if not noval or final_epoch:   #Calculate mAP
        results, maps, _ = val.run(data_dict,
                                   batch_size=batch_size //WORLD_SIZE * 2,
                                   imgsz=imgsz,
                                   model=ema.ema,
                                   single_cls=single_cls,
                                   dataloader=val_loader,
                                   save_dir=save_dir,
                                   plots=False,
                                   callbacks=callbacks,
                                   compute_loss=compute_loss)

    #Update best mAP
    #weighted combination of [P, R, mAP@.5, mAP@.5-.95]
    fi = fitness(np.array(results).reshape(1, -1))
    if fi > best_fitness:
        best_fitness = fi
    log_vals = list(mloss) + list(results) + lr
    callbacks.run('on_fit_epoch_end', log_vals, epoch, best_fitness, fi)

    #Save model
    if (not nosave) or (final_epoch and not evolve):   #if save
        ckpt = {'epoch': epoch,
                'best_fitness': best_fitness,
                'model': deepcopy(de_parallel(model)).half(),
                'ema': deepcopy(ema.ema).half(),
```

```
                        'updates': ema.updates,
                        'optimizer': optimizer.state_dict(),
                        'wandb_id': loggers.wandb.wandb_run.id if loggers.wandb else None,
                        'date': datetime.now().isoformat()}

                #Save last, best and delete
                torch.save(ckpt, last)
                if best_fitness == fi:
                    torch.save(ckpt, best)
                if (epoch > 0) and (opt.save_period > 0) and (epoch % opt.save_period == 0):
                    torch.save(ckpt, w / f'epoch{epoch}.pt')
                del ckpt
                callbacks.run('on_model_save', last, epoch, final_epoch, best_fitness, fi)

            #Stop Single-GPU
            if RANK == -1 and stopper(epoch=epoch, fitness=fi):
                break

            #Stop DDP TODO: known issues shttps://github.com/ultralytics/yolov5/pull/4576
            #stop = stopper(epoch=epoch, fitness=fi)
            #if RANK == 0:
            #    dist.broadcast_object_list([stop], 0)   #broadcast 'stop' to all ranks

        #Stop DPP
        #with torch_distributed_zero_first(RANK):
        #if stop:
        #    break   #must break all DDP ranks

        #end epoch ------------------------------------------------------------------------------
    #end training --------------------------------------------------------------------------------
    if RANK in [-1, 0]:
        LOGGER.info(f'\n{epoch - start_epoch + 1} epochs completed in {(time.time() -
                                        t0) / 3600:.3f} hours.')

        for f in last, best:
            if f.exists():
                strip_optimizer(f)   #strip optimizers
                if f is best:
                    LOGGER.info(f'\nValidating {f}...')
                    results, _, _ = val.run(data_dict, batch_size=batch_size //WORLD_SIZE * 2,
                            imgsz=imgsz, model=attempt_load(f, device).half(),
                            iou_thres=0.65 if is_coco else 0.60,   #best pycocotools results at 0.65
                            single_cls=single_cls, dataloader=val_loader, save_dir=save_dir,
                            save_json=is_coco, verbose=True, plots=True, callbacks=callbacks,
                            compute_loss=compute_loss)   #val best model with plots
                    if is_coco:
                        callbacks.run('on_fit_epoch_end', list(mloss) + list(results) +
                                lr, epoch, best_fitness, fi)
```

```
        callbacks.run('on_train_end', last, best, plots, epoch, results)
        LOGGER.info(f"Results saved to {colorstr('bold', save_dir)}")

    torch.cuda.empty_cache()
    return results
```

3）训练测试

detect.py 是用于训练完成测试模型文件，代码如下：

```
import argparse
import os
import sys
from pathlib import Path

import cv2
import torch
import torch.backends.cudnn as cudnn

FILE = Path(__file__).resolve()
ROOT = FILE.parents[0]    #YOLOv5 root directory
if str(ROOT) not in sys.path: sys.path.append(str(ROOT))    #add ROOT to PATH
ROOT = Path(os.path.relpath(ROOT, Path.cwd()))    #relative

from models.common import DetectMultiBackend
from utils.datasets import IMG_FORMATS, VID_FORMATS, LoadImages, LoadStreams
from utils.general import (LOGGER, check_file, check_img_size, check_imshow, check_requirements,
                    colorstr, increment_path, non_max_suppression, print_args,
                    scale_coords, strip_optimizer, xyxy2xywh)
from utils.plots import Annotator, colors, save_one_box
from utils.torch_utils import select_device, time_sync

@torch.no_grad()
def run(weights=ROOT / 'yolov5s.pt',            #model.pt path(s)
        source=ROOT / 'data/images',            #file/dir/URL/glob, 0 for webcam
        data=ROOT / 'data/coco128.yaml',        #dataset.yaml path
        imgsz=(640, 640),                       #inference size (height, width)
        conf_thres=0.25,                        #confidence threshold
        iou_thres=0.45,                         #NMS IOU threshold
        max_det=1000,                           #maximum detections per image
        device='',                              #cuda device, i.e. 0 or 0,1,2,3 or cpu
        view_img=False,                         #show results
        save_txt=False,                         #save results to *.txt
        save_conf=False,                        #save confidences in --save-txt labels
        save_crop=False,                        #save cropped prediction boxes
        nosave=False,                           #do not save images/videos
        classes=None,                           #filter by class: --class 0, or --class 0 2 3
        agnostic_nms=False,                     #class-agnostic NMS
        augment=False,                          #augmented inference
```

```
        visualize=False,                      #visualize features
        update=False,                         #update all models
        project=ROOT / 'runs/detect',         #save results to project/name
        name='exp',                           #save results to project/name
        exist_ok=False,                       #existing project/name ok, do not increment
        line_thickness=3,                     #bounding box thickness (pixels)
        hide_labels=False,                    #hide labels
        hide_conf=False,                      #hide confidences
        half=False,                           #use FP16 half-precision inference
        dnn=False,                            #use OpenCV DNN for ONNX inference
):
    source = str(source)
    save_img = not nosave and not source.endswith('.txt')   #save inference images
    is_file = Path(source).suffix[1:] in (IMG_FORMATS + VID_FORMATS)
    is_url = source.lower().startswith(('rtsp://', 'rtmp://', 'http://', 'https://'))
    webcam = source.isnumeric() or source.endswith('.txt') or (is_url and not is_file)
    if is_url and is_file:
        source = check_file(source)   #download

    #Directories
    save_dir = increment_path(Path(project) / name, exist_ok=exist_ok)   #increment run
    (save_dir / 'labels' if save_txt else save_dir).mkdir(parents=True, exist_ok=True)   #make dir

    #Load model
    device = select_device(device)
    model = DetectMultiBackend(weights, device=device, dnn=dnn, data=data)
    stride, names, pt, jit, onnx, engine = model.stride, model.names, model.pt,
                                model.jit, model.onnx, model.engine
    imgsz = check_img_size(imgsz, s=stride)   #check image size

    #Half
    #FP16 supported on limited backends with CUDA
    half &= (pt or jit or onnx or engine) and device.type != 'cpu'
    if pt or jit:
        model.model.half() if half else model.model.float()

    #Dataloader
    if webcam:
        view_img = check_imshow()
        cudnn.benchmark = True       #set True to speed up constant image size inference
        dataset = LoadStreams(source, img_size=imgsz, stride=stride, auto=pt)
        bs = len(dataset)            #batch_size
    else:
        dataset = LoadImages(source, img_size=imgsz, stride=stride, auto=pt)
        bs = 1                       #batch_size
    vid_path, vid_writer = [None] * bs, [None] * bs

    #Run inference
```

```
model.warmup(imgsz=(1 if pt else bs, 3, *imgsz), half=half)    #warmup
dt, seen = [0.0, 0.0, 0.0], 0
for path, im, im0s, vid_cap, s in dataset:
    t1 = time_sync()
    im = torch.from_numpy(im).to(device)
    im = im.half() if half else im.float()    #uint8 to fp16/32
    im /= 255    #0 - 255 to 0.0 - 1.0
    if len(im.shape) == 3:
        im = im[None]    #expand for batch dim
    t2 = time_sync()
    dt[0] += t2 - t1

    #Inference
    visualize = increment_path(save_dir / Path(path).stem, mkdir=True) if visualize else False
    pred = model(im, augment=augment, visualize=visualize)
    t3 = time_sync()
    dt[1] += t3 - t2

    #NMS
    pred = non_max_suppression(pred, conf_thres, iou_thres, classes, agnostic_nms, max_det=max_det)
    dt[2] += time_sync() - t3

    #Second-stage classifier (optional)
    #pred = utils.general.apply_classifier(pred, classifier_model, im, im0s)

    #Process predictions
    for i, det in enumerate(pred):    #per image
        seen += 1
        if webcam:    #batch_size >= 1
            p, im0, frame = path[i], im0s[i].copy(), dataset.count
            s += f'{i}: '
        else:
            p, im0, frame = path, im0s.copy(), getattr(dataset, 'frame', 0)

        p = Path(p)    #to Path
        save_path = str(save_dir / p.name)                        #im.jpg
        txt_path = str(save_dir / 'labels' / p.stem) + ('' if dataset.mode == 'image' else f'_{frame}') #im.txt
        s += '%gx%g ' % im.shape[2:]                        #print string
        gn = torch.tensor(im0.shape)[[1, 0, 1, 0]]                #normalization gain whwh
        imc = im0.copy() if save_crop else im0                #for save_crop
        annotator = Annotator(im0, line_width=line_thickness, example=str(names))
        if len(det):
            #Rescale boxes from img_size to im0 size
            det[:, :4] = scale_coords(im.shape[2:], det[:, :4], im0.shape).round()

            #Print results
            for c in det[:, -1].unique():
                n = (det[:, -1] == c).sum()    #detections per class
```

```
                              s += f"{n} {names[int(c)]}{'s' * (n > 1)}, "   #add to string

                #Write results
                for *xyxy, conf, cls in reversed(det):
                    if save_txt:   #Write to file
                        xywh = (xyxy2xywh(torch.tensor(xyxy).view(1, 4)) / gn).
                                    view(-1).tolist()   #normalized xywh
                        line = (cls, *xywh, conf) if save_conf else (cls, *xywh)   #label format
                        with open(txt_path + '.txt', 'a') as f:
                            f.write(('%g ' * len(line)).rstrip() % line + '\n')

                    if save_img or save_crop or view_img:   #Add bbox to image
                        c = int(cls)   #integer class
                        label = None if hide_labels else (names[c] if hide_conf
                                        else f'{names[c]} {conf:.2f}')
                        annotator.box_label(xyxy, label, color=colors(c, True))
                        if save_crop:
                            save_one_box(xyxy, imc, file=save_dir / 'crops' / names[c] /
                                        f'{p.stem}.jpg', BGR=True)

            #Stream results
            im0 = annotator.result()
            if view_img:
                cv2.imshow(str(p), im0)
                cv2.waitKey(1)   #1 millisecond

            #Save results (image with detections)
            if save_img:
                if dataset.mode == 'image':
                    cv2.imwrite(save_path, im0)
                else:                                       #'video' or 'stream'
                    if vid_path[i] != save_path:            #new video
                        vid_path[i] = save_path
                        if isinstance(vid_writer[i], cv2.VideoWriter):
                            vid_writer[i].release()         #release previous video writer
                        if vid_cap:                         #video
                            fps = vid_cap.get(cv2.CAP_PROP_FPS)
                            w = int(vid_cap.get(cv2.CAP_PROP_FRAME_WIDTH))
                            h = int(vid_cap.get(cv2.CAP_PROP_FRAME_HEIGHT))
                        else:   #stream
                            fps, w, h = 30, im0.shape[1], im0.shape[0]
                        #force *.mp4 suffix on results videos
                        save_path = str(Path(save_path).with_suffix('.mp4'))
                        vid_writer[i] = cv2.VideoWriter(save_path,
                                    cv2.VideoWriter_fourcc(*'mp4v'), fps, (w, h))
                    vid_writer[i].write(im0)

    #Print time (inference-only)
```

```
        LOGGER.info(f'{s}Done. ({t3 - t2:.3f}s)')

    #Print results
    t = tuple(x / seen * 1E3 for x in dt)    #speeds per image
    LOGGER.info(f'Speed: %.1fms pre-process, %.1fms inference,
                        %.1fms NMS per image at shape {(1, 3, *imgsz)}' % t)
    if save_txt or save_img:
        s = f"\n{len(list(save_dir.glob('labels/*.txt')))} labels saved to {save_dir / 'labels'}" if save_txt else ''
        LOGGER.info(f"Results saved to {colorstr('bold', save_dir)}{s}")
    if update:
        strip_optimizer(weights)    #update model (to fix SourceChangeWarning)
```

4）模型输出

export.py 是用于输出模型文件，可以输出 onnx 格式的结果，代码如下：

```
import argparse
import json
import os
import platform
import subprocess
import sys
import time
import warnings
from pathlib import Path

import pandas as pd
import torch
import torch.nn as nn
from torch.utils.mobile_optimizer import optimize_for_mobile

FILE = Path(__file__).resolve()
ROOT = FILE.parents[0]                              #YOLOv5 root directory
if str(ROOT) not in sys.path:
    sys.path.append(str(ROOT))                      #add ROOT to PATH
ROOT = Path(os.path.relpath(ROOT, Path.cwd()))      #relative

from models.common import Conv
from models.experimental import attempt_load
from models.yolo import Detect
from utils.activations import SiLU
from utils.datasets import LoadImages
from utils.general import (LOGGER, check_dataset, check_img_size, check_requirements,
                        check_version, colorstr, file_size, print_args, url2file)
from utils.torch_utils import select_device

def export_formats():
    #YOLOv5 export formats
    x = [['PyTorch', '-', '.pt'],
```

```
                ['TorchScript', 'torchscript', '.torchscript'],
                ['ONNX', 'onnx', '.onnx'],
                ['OpenVINO', 'openvino', '_openvino_model'],
                ['TensorRT', 'engine', '.engine'],
                ['CoreML', 'coreml', '.mlmodel'],
                ['TensorFlow SavedModel', 'saved_model', '_saved_model'],
                ['TensorFlow GraphDef', 'pb', '.pb'],
                ['TensorFlow Lite', 'tflite', '.tflite'],
                ['TensorFlow Edge TPU', 'edgetpu', '_edgetpu.tflite'],
                ['TensorFlow.js', 'tfjs', '_web_model']]
    return pd.DataFrame(x, columns=['Format', 'Argument', 'Suffix'])


def export_torchscript(model, im, file, optimize, prefix=colorstr('TorchScript:')):
    #YOLOv5 TorchScript model export
    try:
        LOGGER.info(f'\n{prefix} starting export with torch {torch.__version__}...')
        f = file.with_suffix('.torchscript')

        ts = torch.jit.trace(model, im, strict=False)
        d = {"shape": im.shape, "stride": int(max(model.stride)), "names": model.names}
        extra_files = {'config.txt': json.dumps(d)}  #torch._C.ExtraFilesMap()
        if optimize:   #https://pytorch.org/tutorials/recipes/mobile_interpreter.html
            optimize_for_mobile(ts)._save_for_lite_interpreter(str(f), _extra_files=extra_files)
        else:
            ts.save(str(f), _extra_files=extra_files)

        LOGGER.info(f'{prefix} export success, saved as {f} ({file_size(f):.1f} MB)')
        return f
    except Exception as e:
        LOGGER.info(f'{prefix} export failure: {e}')


def export_onnx(model, im, file, opset, train, dynamic, simplify, prefix=colorstr('ONNX:')):
    #YOLOv5 ONNX export
    try:
        check_requirements(('onnx',))
        import onnx

        LOGGER.info(f'\n{prefix} starting export with onnx {onnx.__version__}...')
        f = file.with_suffix('.onnx')

        torch.onnx.export(model, im, f, verbose=False, opset_version=opset,
                          training=torch.onnx.TrainingMode.TRAINING if train
                          else torch.onnx.TrainingMode.EVAL,
                          do_constant_folding=not train,
                          input_names=['images'], output_names=['output'],
                          dynamic_axes={'images': {0: 'batch', 2: 'height', 3: 'width'}, #shape(1,3,640,640)
                                        'output': {0: 'batch', 1: 'anchors'}   #shape(1,25200,85)
                                        } if dynamic else None)
```

```
            #Checks
            model_onnx = onnx.load(f)                              #load onnx model
            onnx.checker.check_model(model_onnx)                   #check onnx model
            #LOGGER.info(onnx.helper.printable_graph(model_onnx.graph))      #print

            #Simplify
            if simplify:
                try:
                    check_requirements(('onnx-simplifier',))
                    import onnxsim

                    LOGGER.info(f'{prefix} simplifying with onnx-simplifier {onnxsim.__version__}...')
                    model_onnx, check = onnxsim.simplify(
                        model_onnx,
                        dynamic_input_shape=dynamic,
                        input_shapes={'images': list(im.shape)} if dynamic else None)
                    assert check, 'assert check failed'
                    onnx.save(model_onnx, f)
                except Exception as e:
                    LOGGER.info(f'{prefix} simplifier failure: {e}')
            LOGGER.info(f'{prefix} export success, saved as {f} ({file_size(f):.1f} MB)')
            return f
        except Exception as e:
            LOGGER.info(f'{prefix} export failure: {e}')


def export_openvino(model, im, file, prefix=colorstr('OpenVINO:')):
    #YOLOv5 OpenVINO export
    try:
        #requires openvino-dev:https://pypi.org/project/openvino-dev/
        check_requirements(('openvino-dev',))
        import openvino.inference_engine as ie

        LOGGER.info(f'\n{prefix} starting export with openvino {ie.__version__}...')
        f = str(file).replace('.pt', '_openvino_model' + os.sep)

        cmd = f"mo --input_model {file.with_suffix('.onnx')} --output_dir {f}"
        subprocess.check_output(cmd, shell=True)

        LOGGER.info(f'{prefix} export success, saved as {f} ({file_size(f):.1f} MB)')
        return f
    except Exception as e:
        LOGGER.info(f'\n{prefix} export failure: {e}')


def export_coreml(model, im, file, prefix=colorstr('CoreML:')):
    #YOLOv5 CoreML export
    try:
        check_requirements(('coremltools',))
```

```
        import coremltools as ct

        LOGGER.info(f'\n{prefix} starting export with coremltools {ct.__version__}...')
        f = file.with_suffix('.mlmodel')

        ts = torch.jit.trace(model, im, strict=False)    #TorchScript model
        ct_model = ct.convert(ts, inputs=[ct.ImageType('image', shape=im.shape,
                        scale=1 / 255, bias=[0, 0, 0])])
        ct_model.save(f)

        LOGGER.info(f'{prefix} export success, saved as {f} ({file_size(f):.1f} MB)')
        return ct_model, f
    except Exception as e:
        LOGGER.info(f'\n{prefix} export failure: {e}')
        return None, None

def export_engine(model, im, file, train, half, simplify, workspace=4,
            verbose=False, prefix=colorstr('TensorRT:')):
    #YOLOv5 TensorRT export https://developer.nvidia.com/tensorrt
    try:
        check_requirements(('tensorrt',))
        import tensorrt as trt

        #TensorRT 7 handling https://github.com/ultralytics/yolov5/issues/6012
        if trt.__version__[0] == '7':
            grid = model.model[-1].anchor_grid
            model.model[-1].anchor_grid = [a[..., :1, :1, :] for a in grid]
            export_onnx(model, im, file, 12, train, False, simplify)    #opset 12
            model.model[-1].anchor_grid = grid
        else:    #TensorRT >= 8
            check_version(trt.__version__, '8.0.0', hard=True)    #require tensorrt>=8.0.0
            export_onnx(model, im, file, 13, train, False, simplify)    #opset 13
        onnx = file.with_suffix('.onnx')

        LOGGER.info(f'\n{prefix} starting export with TensorRT {trt.__version__}...')
        assert im.device.type != 'cpu', 'export running on CPU but must be on GPU,
                            i.e. `python export.py --device 0`'
        assert onnx.exists(), f'failed to export ONNX file: {onnx}'
        f = file.with_suffix('.engine')    #TensorRT engine file
        logger = trt.Logger(trt.Logger.INFO)
        if verbose:
            logger.min_severity = trt.Logger.Severity.VERBOSE

        builder = trt.Builder(logger)
        config = builder.create_builder_config()
        config.max_workspace_size = workspace * 1 << 30

        flag = (1 << int(trt.NetworkDefinitionCreationFlag.EXPLICIT_BATCH))
```

```
            network = builder.create_network(flag)
            parser = trt.OnnxParser(network, logger)
            if not parser.parse_from_file(str(onnx)):
                raise RuntimeError(f'failed to load ONNX file: {onnx}')

            inputs = [network.get_input(i) for i in range(network.num_inputs)]
            outputs = [network.get_output(i) for i in range(network.num_outputs)]
            LOGGER.info(f'{prefix} Network Description:')
            for inp in inputs:
                LOGGER.info(f'{prefix}\tinput "{inp.name}" with shape {inp.shape} and dtype {inp.dtype}')
            for out in outputs:
                LOGGER.info(f'{prefix}\toutput "{out.name}" with shape {out.shape} and dtype {out.dtype}')

            half &= builder.platform_has_fast_fp16
            LOGGER.info(f'{prefix} building FP{16 if half else 32} engine in {f}')
            if half:
                config.set_flag(trt.BuilderFlag.FP16)
            with builder.build_engine(network, config) as engine, open(f, 'wb') as t:
                t.write(engine.serialize())
            LOGGER.info(f'{prefix} export success, saved as {f} ({file_size(f):.1f} MB)')
            return f
    except Exception as e:
        LOGGER.info(f'\n{prefix} export failure: {e}')


def export_saved_model(model, im, file, dynamic, tf_nms=False, agnostic_nms=False,
                       topk_per_class=100, topk_all=100, iou_thres=0.45,
                       conf_thres=0.25, keras=False, prefix=colorstr('TensorFlow SavedModel:')):
    #YOLOv5 TensorFlow SavedModel export
    try:
        import tensorflow as tf
        from tensorflow.python.framework.convert_to_constants import convert_variables_to_constants_v2

        from models.tf import TFDetect, TFModel

        LOGGER.info(f'\n{prefix} starting export with tensorflow {tf.__version__}...')
        f = str(file).replace('.pt', '_saved_model')
        batch_size, ch, *imgsz = list(im.shape)    #BCHW

        tf_model = TFModel(cfg=model.yaml, model=model, nc=model.nc, imgsz=imgsz)
        im = tf.zeros((batch_size, *imgsz, 3))    #BHWC order for TensorFlow
        _ = tf_model.predict(im, tf_nms, agnostic_nms, topk_per_class, topk_all, iou_thres, conf_thres)
        inputs = tf.keras.Input(shape=(*imgsz, 3), batch_size=None if dynamic else batch_size)
        outputs = tf_model.predict(inputs, tf_nms, agnostic_nms, topk_per_class,
                                   topk_all, iou_thres, conf_thres)
        keras_model = tf.keras.Model(inputs=inputs, outputs=outputs)
        keras_model.trainable = False
        keras_model.summary()
        if keras:
```

```
                    keras_model.save(f, save_format='tf')
            else:
                    m = tf.function(lambda x: keras_model(x))    #full model
                    spec = tf.TensorSpec(keras_model.inputs[0].shape, keras_model.inputs[0].dtype)
                    m = m.get_concrete_function(spec)
                    frozen_func = convert_variables_to_constants_v2(m)
                    tfm = tf.Module()
                    tfm.__call__ = tf.function(lambda x: frozen_func(x), [spec])
                    tfm.__call__(im)
                    tf.saved_model.save(
                            tfm,
                            f,
                            options=tf.saved_model.SaveOptions(experimental_custom_gradients=False) if
                            check_version(tf.__version__, '2.6') else tf.saved_model.SaveOptions())
            LOGGER.info(f'{prefix} export success, saved as {f} ({file_size(f):.1f} MB)')
            return keras_model, f
        except Exception as e:
            LOGGER.info(f'\n{prefix} export failure: {e}')
            return None, None


def export_pb(keras_model, im, file, prefix=colorstr('TensorFlow GraphDef:')):
    #YOLOv5 TensorFlow GraphDef *.pb export https://github.com/leimao/Frozen_Graph_TensorFlow
    try:
        import tensorflow as tf
        from tensorflow.python.framework.convert_to_constants import convert_variables_to_constants_v2

        LOGGER.info(f'\n{prefix} starting export with tensorflow {tf.__version__}...')
        f = file.with_suffix('.pb')

        m = tf.function(lambda x: keras_model(x))    #full model
        m = m.get_concrete_function(tf.TensorSpec(keras_model.inputs[0].shape,
                                        keras_model.inputs[0].dtype))
        frozen_func = convert_variables_to_constants_v2(m)
        frozen_func.graph.as_graph_def()
        tf.io.write_graph(graph_or_graph_def=frozen_func.graph, logdir=str(f.parent),
                    name=f.name, as_text=False)

        LOGGER.info(f'{prefix} export success, saved as {f} ({file_size(f):.1f} MB)')
        return f
    except Exception as e:
        LOGGER.info(f'\n{prefix} export failure: {e}')


def export_tflite(keras_model, im, file, int8, data, ncalib, prefix=colorstr('TensorFlow Lite:')):
    #YOLOv5 TensorFlow Lite export
    try:
        import tensorflow as tf

        LOGGER.info(f'\n{prefix} starting export with tensorflow {tf.__version__}...')
```

```
        batch_size, ch, *imgsz = list(im.shape)    #BCHW
        f = str(file).replace('.pt', '-fp16.tflite')

        converter = tf.lite.TFLiteConverter.from_keras_model(keras_model)
        converter.target_spec.supported_ops = [tf.lite.OpsSet.TFLITE_BUILTINS]
        converter.target_spec.supported_types = [tf.float16]
        converter.optimizations = [tf.lite.Optimize.DEFAULT]
        if int8:
            from models.tf import representative_dataset_gen
            dataset = LoadImages(check_dataset(data)['train'], img_size=imgsz, auto=False)
            converter.representative_dataset = lambda: representative_dataset_gen(dataset, ncalib)
            converter.target_spec.supported_ops = [tf.lite.OpsSet.TFLITE_BUILTINS_INT8]
            converter.target_spec.supported_types = []
            converter.inference_input_type = tf.uint8
            converter.inference_output_type = tf.uint8
            converter.experimental_new_quantizer = False
            f = str(file).replace('.pt', '-int8.tflite')

        tflite_model = converter.convert()
        open(f, "wb").write(tflite_model)
        LOGGER.info(f'{prefix} export success, saved as {f} ({file_size(f):.1f} MB)')
        return f
    except Exception as e:
        LOGGER.info(f'\n{prefix} export failure: {e}')

def export_edgetpu(keras_model, im, file, prefix=colorstr('Edge TPU:')):
    #YOLOv5 Edge TPU export https://coral.ai/docs/edgetpu/models-intro/
    try:
        cmd = 'edgetpu_compiler --version'
        help_url = 'https://coral.ai/docs/edgetpu/compiler/'
        assert platform.system() == 'Linux', f'export only supported on Linux. See {help_url}'
        if subprocess.run(cmd + ' >/dev/null', shell=True).returncode != 0:
            LOGGER.info(f'\n{prefix} export requires Edge TPU compiler. Attempting
                                                    install from {help_url}')
            #sudo installed on system
            sudo = subprocess.run('sudo --version >/dev/null', shell=True).returncode == 0
            for c in ['curl https://packages.cloud.google.com/apt/doc/apt-key.gpg | sudo apt-key add -',
                      'echo "deb https://packages.cloud.google.com/apt coral-edgetpu-stable main" |
                      sudo tee /etc/apt/sources.list.d/coral-edgetpu.list', 'sudo apt-get update',
                      'sudo apt-get install edgetpu-compiler']:
                subprocess.run(c if sudo else c.replace('sudo ', ''), shell=True, check=True)
        ver = subprocess.run(cmd, shell=True, capture_output=True, check=True).stdout.decode().split()[-1]

        LOGGER.info(f'\n{prefix} starting export with Edge TPU compiler {ver}...')
        f = str(file).replace('.pt', '-int8_edgetpu.tflite')    #Edge TPU model
        f_tfl = str(file).replace('.pt', '-int8.tflite')    #TFLite model

        cmd = f"edgetpu_compiler -s {f_tfl}"
```

```
        subprocess.run(cmd, shell=True, check=True)

        LOGGER.info(f'{prefix} export success, saved as {f} ({file_size(f):.1f} MB)')
        return f
    except Exception as e:
        LOGGER.info(f'\n{prefix} export failure: {e}')


def export_tfjs(keras_model, im, file, prefix=colorstr('TensorFlow.js:')):
    #YOLOv5 TensorFlow.js export
    try:
        check_requirements(('tensorflowjs',))
        import re

        import tensorflowjs as tfjs

        LOGGER.info(f'\n{prefix} starting export with tensorflowjs {tfjs.__version__}...')
        f = str(file).replace('.pt', '_web_model')    #js dir
        f_pb = file.with_suffix('.pb')    #*.pb path
        f_json = f + '/model.json'    #*.json path

        cmd = f'tensorflowjs_converter --input_format=tf_frozen_model ' \
              f'--output_node_names="Identity,Identity_1,Identity_2,Identity_3" {f_pb} {f}'
        subprocess.run(cmd, shell=True)

        json = open(f_json).read()
        with open(f_json, 'w') as j:    #sort JSON Identity_* in ascending order
            subst = re.sub(
                r'{"outputs": {"Identity.?.?": {"name": "Identity.?.?"}, '
                r'"Identity.?.?": {"name": "Identity.?.?"}, '
                r'"Identity.?.?": {"name": "Identity.?.?"}, '
                r'"Identity.?.?": {"name": "Identity.?.?"}}}', 
                r'{"outputs": {"Identity": {"name": "Identity"}, '
                r'"Identity_1": {"name": "Identity_1"}, '
                r'"Identity_2": {"name": "Identity_2"}, '
                r'"Identity_3": {"name": "Identity_3"}}}', 
                json)
            j.write(subst)

        LOGGER.info(f'{prefix} export success, saved as {f} ({file_size(f):.1f} MB)')
        return f
    except Exception as e:
        LOGGER.info(f'\n{prefix} export failure: {e}')


@torch.no_grad()
def run(data=ROOT / 'data/coco128.yaml',          #'dataset.yaml path'
        weights=ROOT / 'yolov5s.pt',              #weights path
        imgsz=(640, 640),                         #image (height, width)
        batch_size=1,                             #batch size
```

```
        device='cpu',                          #cuda device, i.e. 0 or 0,1,2,3 or cpu
        include=('torchscript', 'onnx'),       #include formats
        half=False,                            #FP16 half-precision export
        inplace=False,                         #set YOLOv5 Detect() inplace=True
        train=False,                           #model.train() mode
        optimize=False,                        #TorchScript: optimize for mobile
        int8=False,                            #CoreML/TF INT8 quantization
        dynamic=False,                         #ONNX/TF: dynamic axes
        simplify=False,                        #ONNX: simplify model
        opset=12,                              #ONNX: opset version
        verbose=False,                         #TensorRT: verbose log
        workspace=4,                           #TensorRT: workspace size (GB)
        nms=False,                             #TF: add NMS to model
        agnostic_nms=False,                    #TF: add agnostic NMS to model
        topk_per_class=100,                    #TF.js NMS: topk per class to keep
        topk_all=100,                          #TF.js NMS: topk for all classes to keep
        iou_thres=0.45,                        #TF.js NMS: IoU threshold
        conf_thres=0.25                        #TF.js NMS: confidence threshold
        ):
    t = time.time()
    include = [x.lower() for x in include]    #to lowercase
    formats = tuple(export_formats()['Argument'][1:])   #--include arguments
    flags = [x in include for x in formats]
    assert sum(flags) == len(include), f'ERROR: Invalid --include {include},
                        valid --include arguments are {formats}'
    jit, onnx, xml, engine, coreml, saved_model, pb, tflite, edgetpu, tfjs = flags    #export booleans
    file = Path(url2file(weights) if str(weights).startswith(('http:/', 'https:/')) else weights) #PyTorch weights

    #Load PyTorch model
    device = select_device(device)
    assert not (device.type == 'cpu' and half), '--half only compatible with GPU export, i.e. use --device 0'
    model = attempt_load(weights, map_location=device, inplace=True, fuse=True)   #load FP32 model
    nc, names = model.nc, model.names    #number of classes, class names

    #Checks
    imgsz *= 2 if len(imgsz) == 1 else 1    #expand
    opset = 12 if ('openvino' in include) else opset    #OpenVINO requires opset <= 12
    assert nc == len(names), f'Model class count {nc} != len(names) {len(names)}'

    #Input
    gs = int(max(model.stride))  #grid size (max stride)
    imgsz = [check_img_size(x, gs) for x in imgsz]   #verify img_size are gs-multiples
    im = torch.zeros(batch_size, 3, *imgsz).to(device)   #image size(1,3,320,192) BCHW iDetection

    #Update model
    if half:
        im, model = im.half(), model.half()  #to FP16
    model.train() if train else model.eval()   #training mode = no Detect() layer grid construction
```

```
for k, m in model.named_modules():
    if isinstance(m, Conv):    #assign export-friendly activations
        if isinstance(m.act, nn.SiLU):
            m.act = SiLU()
    elif isinstance(m, Detect):
        m.inplace = inplace
        m.onnx_dynamic = dynamic
        if hasattr(m, 'forward_export'):
            m.forward = m.forward_export    #assign custom forward (optional)


for _ in range(2):
    y = model(im)    #dry runs
shape = tuple(y[0].shape)    #model output shape
LOGGER.info(f"\n{colorstr('PyTorch:')} starting from {file} with output shape {shape}
                                        ({file_size(file):.1f} MB)")


#Exports
f = [''] * 10    #exported filenames
warnings.filterwarnings(action='ignore', category=torch.jit.TracerWarning)    #suppress TracerWarning
if jit:
    f[0] = export_torchscript(model, im, file, optimize)
if engine:    #TensorRT required before ONNX
    f[1] = export_engine(model, im, file, train, half, simplify, workspace, verbose)
if onnx or xml:    #OpenVINO requires ONNX
    f[2] = export_onnx(model, im, file, opset, train, dynamic, simplify)
if xml:    #OpenVINO
    f[3] = export_openvino(model, im, file)
if coreml:
    _, f[4] = export_coreml(model, im, file)


#TensorFlow Exports
if any((saved_model, pb, tflite, edgetpu, tfjs)):
    if int8 or edgetpu:    #TFLite --int8 bug https://github.com/ultralytics/yolov5/issues/5707
        check_requirements(('flatbuffers==1.12',))    #required before `import tensorflow`
    assert not (tflite and tfjs), 'TFLite and TF.js models must be exported separately,
                            please pass only one type.'
    model, f[5] = export_saved_model(model, im, file, dynamic, tf_nms=nms or agnostic_nms or tfjs,
                        agnostic_nms=agnostic_nms or tfjs,
                        topk_per_class=topk_per_class, topk_all=topk_all,
                        conf_thres=conf_thres, iou_thres=iou_thres)    #keras model
    if pb or tfjs:    #pb prerequisite to tfjs
        f[6] = export_pb(model, im, file)
    if tflite or edgetpu:
        f[7] = export_tflite(model, im, file, int8=int8 or edgetpu, data=data, ncalib=100)
    if edgetpu:
        f[8] = export_edgetpu(model, im, file)
    if tfjs:
        f[9] = export_tfjs(model, im, file)
```

```
#Finish
f = [str(x) for x in f if x]    #filter out '' and None
if any(f):
    LOGGER.info(f'\nExport complete ({time.time() - t:.2f}s)'
                f"\nResults saved to {colorstr('bold', file.parent.resolve())}"
                f"\nDetect: python detect.py --weights {f[-1]}"
                f"\nPyTorch Hub: model = torch.hub.load('ultralytics/yolov5', 'custom', '{f[-1]}')"
                f"\nValidate: python val.py --weights {f[-1]}"
                f"\nVisualize: https://netron.app")
return f    #return list of exported files/dirs.
```

3.3.2　开发步骤与验证

3.3.2.1　项目部署

本项目基于 YOLOv5 目标检测算法进行口罩检测模型的训练，项目工程包 object_detection_yolov5-6.1 有 NCNN（官方原版）和 RKNN（瑞芯优化版本）版本，训练的步骤完全一样，下面以 NCNN 版本的项目工程包为例进行介绍。

1）硬件部署

详见 2.1.2.1 节。

2）工程部署

（1）运行 MobaXterm 工具，通过 SSH 登录到深度学习服务器。

（2）在 SSH 终端执行以下命令，创建项目工程目录。

```
$ mkdir -p ~/aiedge-exp
```

（3）将本项目工程代码上传到~/aicam-exp 目录下，并采用 unzip 命令按照 3.2.2.1 节的方法进行解压缩。

3.3.2.2　数据处理

通过 voc2yolo 工具将 VOC 格式的数据集转换为 yolo 格式的数据集，并切分训练集和验证集。voc2yolo 工具位于 object_detection_yolov5-6.1 文件夹内（由 object_detection_yolov5-6.1.zip 解压得到）。

（1）将制作的数据集 mask_dataset_v1.0.zip 通过 SSH 上传到~/aiedge-exp 目录下（模型的精度依赖于数据集，本项目采用已标注好的数据集进行模型训练）。

（2）解压缩数据集，并将数据集复制到 object_detection_yolov5-6.1 工程目录下：

```
$ cd ~/aiedge-exp
$ unzip mask_dataset_v1.0.zip
$ cd object_detection_yolov5-6.1
$ cp -a ../mask_dataset_v1.0/dataset .
```

（3）根据是否戴口罩的类别修改 voc2yolo.py 内的目标类别，通过的 SSH 将修改好的文件上传到边缘计算网关。修改后的 voc2yolo.py 如下：

```
classes = ['face','face_mask']
```

（4）在 SSH 终端输入以下命令进行数据集转换和数据集的切分，完成后将在当前文件夹内生成 yolo 格式的数据集 labels，以及训练集 object_train.txt 和验证集 object_val.txt。

```
$ cd ~/aiedge-exp/object_detection_yolov5-6.1
$ conda activate py36_tf25_torch110_cuda113_cv345
$ python3 voc2yolo.py
Totally convert 2707 files.
```

3.3.2.3　参数配置

创建口罩检测的配置文件。

（1）在 SSH 终端输入以下命令，将口罩检测模型的训练配置文件 yolov5s-mask.yaml 复制到 data 文件夹：

```
$ cd ~/aiedge-exp/object_detection_yolov5-6.1
$ cp data/coco128.yaml data/yolov5s-mask.yaml
```

（2）根据口罩检测模型的数据集，修改 data/yolov5s-mask.yaml 文件内的相关参数：

```
path: ./                              #dataset root dir
train: ./object_train.txt             #train images (relative to 'path')
val: ./object_val.txt                 #val images (relative to 'path')
#Classes
nc: 2                                 #number of classes
names: ['face', 'face_mask']          #class names
```

（3）修改口罩检测模型的训练超参数配置文件 data/hyp.scratch.yaml，禁止图像镜像翻转，这样在训练时可以防止 YOLOv5 模型因自动进行图像上下左右翻转而导致模型精度差，如图 3.38 所示。

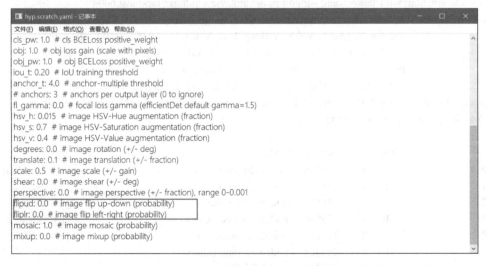

图 3.38　修改口罩检测模型的训练超参数配置文件

注意：在修改口罩检测模型的训练超参数配置文件时，不能修改 "flipud: 0.0 #image flip up-down (probability)" 和 "fliplr: 0.0 #image flip left-right (probability)"，否则会使模型的训练效果变得极差，导致训练出的模型的检测置信度过低。

3.3.2.4 模型训练

通过 object_detection_yolov5-6.1 框架完成口罩检测模型的训练（使用 RTX3080 显卡需要 30～60 min）。

（1）在 SSH 终端输入以下命令进入工程目录，激活 conda 环境。

```
$ cd ~/aiedge-exp/object_detection_yolov5-6.1/
$ conda activate py36_tf25_torch110_cuda113_cv345
```

（2）执行命令进行模型训练，其中，"--name yolov5s-mask"表示保存模型的工程目录名称为 yolov5s-mask，该目录位于 aiedge-exp/object_detection_yolov5-6.1/runs/train/目录下。模型训练的代码如下：

```
$ python3 train.py --img-size 640 --batch-size 20 --epochs 30
                   --data ./data/yolov5s-mask.yaml --weights ./models/yolov5s.pt
                   --cfg ./models/yolov5s.yaml --name yolov5s-mask
github: skipping check (not a git repository)
YOLOv5 torch 1.10.1 CUDA:0 (NVIDIA GeForce RTX 3080, 10009.625MB)

Namespace(adam=False, artifact_alias='latest', batch_size=20, bbox_interval=-1, bucket='',
        cache_images=False, cfg='./models/hub/yolov5s6.yaml', data='./data/yolov5_mask.yaml',
        device='', entity=None, epochs=30, evolve=False, exist_ok=False, global_rank=-1,
        hyp='data/hyp.scratch.yaml', image_weights=False, img_size=[640, 640], linear_lr=False,
        local_rank=-1, multi_scale=False, name='yolov5s-mask', noautoanchor=False,
        nosave=False, notest=False, project='runs/train', quad=False, rect=False,
        resume=False, save_dir='runs/train/yolov5s-mask2', save_period=-1, single_cls=False,
        sync_bn=False, total_batch_size=20, upload_dataset=False, weights='./models/yolov5s6.pt',
        workers=8, world_size=1)
tensorboard: Start with 'tensorboard --logdir runs/train', view at http://localhost:6006/
hyperparameters: lr0=0.01, lrf=0.2, momentum=0.937, weight_decay=0.0005, warmup_epochs=3.0,
        warmup_momentum=0.8, warmup_bias_lr=0.1, box=0.05, cls=0.5, cls_pw=1.0,
        obj=1.0, obj_pw=1.0, iou_t=0.2, anchor_t=4.0, fl_gamma=0.0, hsv_h=0.015,
        hsv_s=0.7, hsv_v=0.4, degrees=0.0, translate=0.1, scale=0.5, shear=0.0,
        perspective=0.0, flipud=0.0, fliplr=0.0, mosaic=1.0, mixup=0.0
wandb: Install Weights & Biases for YOLOv5 logging with 'pip install wandb' (recommended)
Overriding model.yaml nc=80 with nc=2
```

	from	n	params	module	arguments
0	-1	1	3520	models.common.Conv	[3, 32, 6, 2, 2]
1	-1	1	18560	models.common.Conv	[32, 64, 3, 2]
2	-1	1	18816	models.common.C3	[64, 64, 1]
3	-1	1	73984	models.common.Conv	[64, 128, 3, 2]
4	-1	2	115712	models.common.C3	[128, 128, 2]
5	-1	1	295424	models.common.Conv	[128, 256, 3, 2]
6	-1	3	625152	models.common.C3	[256, 256, 3]
7	-1	1	1180672	models.common.Conv	[256, 512, 3, 2]
8	-1	1	1182720	models.common.C3	[512, 512, 1]
9	-1	1	656896	models.common.SPPF	[512, 512, 5]
10	-1	1	131584	models.common.Conv	[512, 256, 1, 1]
11	-1	1	0	torch.nn.modules.upsampling.Upsample	[None, 2, 'nearest']

12	[-1, 6]	1	0	models.common.Concat	[1]
13	-1	1	361984	models.common.C3	[512, 256, 1, False]
14	-1	1	33024	models.common.Conv	[256, 128, 1, 1]
15	-1	1	0	torch.nn.modules.upsampling.Upsample	[None, 2, 'nearest']
16	[-1, 4]	1	0	models.common.Concat	[1]
17	-1	1	90880	models.common.C3	[256, 128, 1, False]
18	-1	1	147712	models.common.Conv	[128, 128, 3, 2]
19	[-1, 14]	1	0	models.common.Concat	[1]
20	-1	1	296448	models.common.C3	[256, 256, 1, False]
21	-1	1	590336	models.common.Conv	[256, 256, 3, 2]
22	[-1, 10]	1	0	models.common.Concat	[1]
23	-1	1	1182720	models.common.C3	[512, 512, 1, False]
24	[17, 20, 23]	1	18879	models.yolo.Detect	[2, [[10, 13, 16, 30,

33, 23], [30, 61, 62, 45, 59, 119], [116, 90, 156, 198, 373, 326]], [128, 256, 512]]

Model Summary: 270 layers, 7025023 parameters, 7025023 gradients, 16.0 GFLOPs

Transferred 342/349 items from models/yolov5s.pt
Scaled weight_decay = 0.00046875
optimizer: SGD with parameter groups 57 weight (no decay), 60 weight, 60 bias
train: Scanning '/home/zonesion/aiedge-exp/object_detection_yolov5-6.1/object_train.cache'
　　　　　　　 images and labels... 378 found, 0 missing, 0 empty, 0 corrup
val: Scanning '/home/zonesion/aiedge-exp/object_detection_yolov5-6.1/object_val.cache'
　　　　　　　 images and labels... 42 found, 0 missing, 0 empty, 0 corrupt: 10
Plotting labels to runs/train/yolov5s-mask3/labels.jpg...

AutoAnchor: 6.01 anchors/target, 1.000 Best Possible Recall (BPR). Current anchors are a good fit to dataset
Image sizes 640 train, 640 val
Using 2 dataloader workers
Logging results to runs/train/yolov5s-mask3
Starting training for 30 epochs...

YOLOv5 模型会自动加载 GPU 进行训练，训练 30 个循环大约需要 20 min。

（3）训练完成后系统会显示口罩检测模型的平均准确率等指标，如下所示：

Epoch	gpu_mem	box	obj	cls	total	labels	img_size
28/29	4.04G	0.0203	0.01142	0.002378	0.0341	48	
640: 100%						122/122 [00:13<00:00,	9.38it/s]
Class	Images	Labels		P	R	mAP@.5	mAP@.5:.95:
100%						7/7 [00:00<00:00,	10.68it/s]
all	270	360	0.97	0.888	0.94	0.647	

Epoch	gpu_mem	box	obj	cls	total	labels	img_size
29/29	4.04G	0.02022	0.01136	0.002838	0.03442	67	
640: 100%						122/122 [00:13<00:00,	9.36it/s]
Class	Images	Labels		P	R	mAP@.5	mAP@.5:.95:
100%						7/7 [00:00<00:00,	7.07it/s]
all	270	360	0.97	0.884	0.945	0.638	
mask	270	103	0.965	0.816	0.908	0.567	

```
30 epochs completed in 0.129 hours.

Optimizer stripped from runs/train/yolov5s-mask/weights/last.pt, 25.1MB
Optimizer stripped from runs/train/yolov5s-mask/weights/best.pt, 25.1MB
```

（4）使用 tree 命令查看 yolov5s-mask 模型的工程目录，其中的 best.pt 就是最终的模型文件，如下所示：

```
$ tree runs/train/yolov5s-mask
runs/train/yolov5s-mask
├──── confusion_matrix.png
├──── events.out.tfevents.1678938893.zonesion.22408.0
├──── F1_curve.png
├──── hyp.yaml
├──── labels_correlogram.jpg
├──── labels.jpg
├──── opt.yaml
├──── P_curve.png
├──── PR_curve.png
├──── R_curve.png
├──── results.csv
├──── results.png
├──── train_batch0.jpg
├──── train_batch1.jpg
├──── train_batch2.jpg
├──── val_batch0_labels.jpg
├──── val_batch0_pred.jpg
├──── val_batch1_labels.jpg
├──── val_batch1_pred.jpg
├──── val_batch2_labels.jpg
├──── val_batch2_pred.jpg
└──── weights
      ├──── best.pt
      └──── last.pt
```

3.3.2.5　模型验证

（1）若没有训练出最终模型，则可以解压本项目提供的最终模型文件 mask_model/yolov5s-mask.pt，并将其复制到 object_detection_yolov5-6.1 目录后再进行步骤（3）所示的操作。

```
$ cd ~/aiedge-exp
$ unzip mask_model.zip
$ cd ~/aiedge-exp/object_detection_yolov5-6.1
$ cp -a ../mask_model/yolov5s-mask.pt .
```

（2）若通过前面的步骤完成口罩检测模型的训练，则将最终模型文件命名为 yolov5s-mask.pt，并复制到 object_detection_yolov5-6.1 目录下。

```
$ cd ~/aiedge-exp/object_detection_yolov5-6.1/runs/train/yolov5s-mask/weights
$ mv best.pt yolov5s-mask.pt
```

```
$ cd ~/aiedge-exp/object_detection_yolov5-6.1
$ cp -a ../object_detection_yolov5-6.1/runs/train/yolov5s-mask/weights/yolov5s-mask.pt .
```

（3）在数据集中选择一张测试样图，如 dataset/images/test_00000100.jpg。

（4）在 SSH 终端输入以下命令对测试样图进行测试，执行命令与结果如下：

```
$ cd ~/aiedge-exp/object_detection_yolov5-6.1
$ conda activate py36_tf25_torch110_cuda113_cv345
$ python3 detect.py --source ./dataset/images/test_00000100.jpg --weights ./yolov5s-mask.pt
                    --img-size 640 --view-img --name yolov5s-mask
detect: weights=['./yolov5s-mask.pt'], source=./dataset/images/test_00000100.jpg,
           data=data/coco128.yaml, imgsz=[640, 640], conf_thres=0.25, iou_thres=0.45,
           max_det=1000, device=, view_img=True, save_txt=False, save_conf=False,
           save_crop=False, nosave=False, classes=None, agnostic_nms=False,
           augment=False, visualize=False, update=False, project=runs/detect,
           name=yolov5s-mask, exist_ok=False, line_thickness=3, hide_labels=False,
           hide_conf=False, half=False, dnn=False
requirements: /home/zonesion/hou/object_detection_yolov5-6.1/requirements.txt not found, check failed.
YOLOv5 2022-2-22 torch 1.10.1 CUDA:0 (NVIDIA GeForce RTX 3080, 10010MiB)

Fusing layers...
Model Summary: 213 layers, 7015519 parameters, 0 gradients, 15.8 GFLOPs
qt.qpa.xcb: QXcbConnection: XCB error: 145 (Unknown), sequence: 179, resource id: 0,
           major code: 139 (Unknown), minor code: 20
image 1/1 /home/zonesion/hou/object_detection_yolov5-6.1/dataset/images/test_00000100.jpg:
           576x640 1 face_mask, Done. (0.010s)
Speed: 0.3ms pre-process, 9.6ms inference, 1.2ms NMS per image at shape (1, 3, 640, 640)
Results saved to runs/detect/yolov5s-mask
```

执行完成后会在工程目录 runs/detect/yolov5s-mask 生成识别结果文件 test_00000100.jpg。

（5）打开 test_00000100.jpg 后可以看到图像中的识别准确度，如图 3.39 所示。

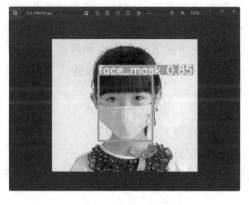

图 3.39　图像的识别准确度

3.3.3　本节小结

本节主要介绍了 PyTorch 框架和 YOLOv5 模型，结合案例学习了基于 YOLOv5 的目标检测算法模型部署、训练及验证的开发步骤。

3.3.4   思考与拓展

（1）在 YOLOv5 模型的工程项目中，如何实现数据格式的转换？

（2）在 YOLOv5 模型的工程项目中，如何创建口罩检测模型的超参数配置文件？如何通过修改模型的超参数配置，避免在训练过程中因图像翻转影响导致的模型精度变差？

3.4 YOLOv3 模型的推理与验证

模型的推理是深度学习模型在实际应用中进行验证的重要步骤，推理是指将训练好的模型应用于新的、未见过的数据，从而生成预测或分类。模型的推理与验证是确保深度学习模型在实际应用中能够有效发挥作用的关键环节，通过持续监控和评估模型在真实场景中的表现，可以保障模型在不同情况下都能够可靠工作。推理与验证的作用如下：

（1）实际性能评估：模型的推理可用来评估模型在真实世界情境中的实际性能，这是与模型在训练集和验证集上的性能进行对比的重要步骤。

（2）泛化能力检测：模型在推理时需要展现其泛化能力，即对未见过的数据的良好适应能力。通过在真实环境中验证模型，可以评估其对新数据的预测能力。

（3）性能监控：模型在实际应用中可能会受到各种影响，如数据分布的变化、噪声的增加等。通过定期对模型进行推理与验证，可以监控模型的性能并及时检测到性能下降或其他问题。

（4）用户体验：在实际应用中，用户可以对模型的性能和可靠性有更直接的感受。推理与验证可以确保模型能够提供令人满意的用户体验。

（5）模型部署决策：模型的推理与验证结果可能影响到模型是否能够成功部署到生产环境中，在推理阶段发现的问题可能需要进一步优化或者调整模型框架。

（6）安全性和鲁棒性检测：在实际应用中，模型可能面临不同类型的攻击或异常情况，推理与验证有助于评估模型在这些情况下的安全性和鲁棒性。

（7）决策支持：模型的推理与验证结果可以为业务决策提供支持，模型在实际应用中的表现直接关系到其对业务目标的贡献。

本节的知识点如下：

➲ 掌握模型从开发框架到推理框架的转换过程。

➲ 了解常用的移动端边缘推理框架。

➲ 结合案例掌握基于 YOLOv3 的 NCNN 推理框架部署、模型转换及推理与验证的过程。

3.4.1   原理分析与开发设计

3.4.1.1   推理框架概述

1）从开发框架到推理框架

深度学习算法从研发到应用有两个环节：第一个环节是设计并训练模型；第二个环节是

把模型部署到产品上。推理通常被认为是部署到产品后框架所需实现的运算。为一个模型输入一个给定的数据后得出一个数据，类似于推理得到了一个结果。不过上述提到的第一个环节，其实也涉及推理，只不过在训练时的推理只是其中的一小部分而已。训练通常包括推理+数据集+损失函数。能够执行这个推理过程的软件可以认为是一个推理框架。

将深度学习模型安置在恰当"工作岗位"上的过程称为模型部署。模型部署除了要将模型的能力植入"需要它的地方"，往往还伴随着对模型的优化，如算子融合与重排、权重量化、知识蒸馏等。

模型的设计和训练往往比较复杂，这一过程依赖于灵活的模型开发框架（如 PyTorch、TensorFlow 等）。模型的使用则追求在特定场合下实现模型的"瘦身"及其加速推理，这需要专用推理框架（如 TensorRT、ONNX Runtime 等）的支持。从这个角度理解，模型部署过程也可以看成模型从开发框架到特定推理框架的转换过程。

开发框架和推理框架的多样性有利于模型的设计和使用，但也给模型转换带来的挑战。为了简化模型的部署过程，Facebook 和微软在 2017 年共同发布了一种深度学习模型的中间表示形式，即 ONNX（Open Neural Network eXchange）。这样一来，众多的模型训练框架和推理框架只需要与 ONNX 建立联系，就可以实现模型格式的相互转换。ONNX 的出现使模型部署逐渐形成了"模型开发框架→模型中间表示→模型推理框架"的范式，如图 3.40 所示。

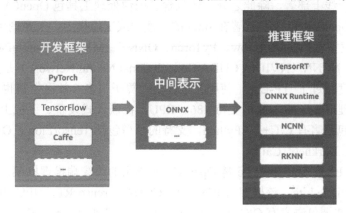

图 3.40　"模型开发框架→模型中间表示→模型推理框架"的范式

2）移动端推理框架

自深度学习推出以来，庞大的计算量，以及对部署设备较高的算力需求，使得深度学习模型通常部署在云端，这种方式的效率和实时性都存在严重的问题。通常，部署深度学习模型需要特定框架的支持，如 TensorFlow、PyTorch、Caffe 等，但这些框架都是面向 GPU 算力的，对于移动端尤其是仅有 CPU 的嵌入式平台设备并未做出优化。轻量化的模型结构设计虽然可以有效提升模型推理速度，但要在价格低廉、算力较弱的嵌入式设备达到实时性的要求，需要解决以下问题：

（1）算力问题：目前移动端能够堆积的算力不如服务器端那么灵活，算力较小。

（2）功耗问题：大量的算力必然导致较高的功耗。

（3）模型太大：假设一个应用场景需要一个模型，内置上百兆字节的模型是不可行的，下载上百兆字节的模型也不方便。这使得模型部署通常选取价格较高的、带有 GPU 的设备。近年来，业界推出了一些面向移动端或 CPU 优化的深度学习框架，如 TensorFlow Lite、NCNN

等前向推理框架，这类框架均对模型推理及部署进行了优化，可支持模型的 Int8 量化、卷积运算加速等。

3.4.1.2　常用框架

（1）TensorRT。TensorRT 是 NVIDIA 公司推出的面向 GPU 算力的推理框架，在服务器端和嵌入式设备上都有非常好的效果，但底层不开源。TensorRT 的合作方非常多，主流的框架都支持 TensorRT。TensorRT 的主要调包语言有 Python、C/C++，支持的模型包括 TensorFlow 1.x、TensorFlow 2.x、PyTorch、ONNX、PaddlePaddle、MXNet、Caffe、Theano、Torch、Lasagne、Blocks。

（2）TensorFlow Lite（TF-Lite）。TF-Lite 是谷歌针对移动端推出的推理框架，功能非常强大，原因是在 Keras、TensorFlow 等模型中都能使用 TF-Lite，而且有专门的 TPU 和 Android 平台，这种"一条龙"式的服务让 TensorFlow 在部署方面非常有利。Keras、TensorFlow 等模型可以通过脚本很快进行 TF-Lite 的转换。TF-Lite 的主要调包语言有 Python、C/C++、Java，支持的模型包括 Keras、TensorFlow、ONNX。

（3）OpenVINO。OpenVINO 是 Intel 的推理框架，是一个功能超级强大的推理部署工具，提供了很多便利的工具，如提供了深度学习推理套件（DLDT），该套件可以将各种开源框架训练好的模型进行线上部署，除此之外，还包含了图像处理工具包 OpenCV、视频处理工具包 Media SDK。OpenVINO 主要部署在 Intcl 的加速棒或工控机上，主要调包语言有 C/C++、Python，支持的模型包括 TensorFlow、PyTorch、ONNX、MXNet、PaddlePaddle。

（4）NCNN。NCNN（NVIDIA CUDA Convolutional Neural Network）是腾讯推出的推理框架，其推理速度超过了 TF-Lite，使用人数很多，算子很多，社区做得也非常棒，是一个使用非常广的推理框架。NCNN 可支持 x86、GPU，在嵌入式设备、手机上的表现非常好。NCNN 的主要调包语言有 C/C++、Python，支持的模型包括 TensorFlow、ONNX、PyTorch、ONNX、MXNet、Darknet、Caffe。

（5）Tenigne Lite。Tenigne Lite 是 OpenAILab 推出的边缘端推理框架，OpenCV 在嵌入式设备上首推 Tenigne Lite，该框架对 RISC-V、CUDA、TensorRT、NPU 的支持非常不错。Tenigne Lite 的主要调包语言有 C/C++、Python，支持的模型包括 TensorFlow、ONNX、Darknet、MXNet、NCNN、Caffe、TF-Lite、NCNN。

（6）NNIE。NNIE（Neural Network Inference Engine）是海思 SVP 开发框架中的处理单元之一，主要用于深度学习卷积神经网络的加速处理，可用于图像分类、目标检测等 AI 应用场景。NNIE 支持大部分公开的卷积神经网络模型，如 AlexNet、VGG16、ResNet18、ResNet50、GoogleNet 等分类网络，Faster R-CNN、YOLO、SSD、RFCN 等检测目标网络，以及 FCN、SegNet 等分割场景网络。目前 NNIE 及工具链仅支持 Caffe 框架，使用其他框架的模型需要转化为 Caffe 框架的模型。

（7）RKNN。RKNN（Rockchip Neural Network）是 Rockchip 推出的一个用于嵌入式设备的神经网络框架。Rockchip 提供的 RKNN-Toolkit 开发套件可进行模型转换、推理运行和性能评估，支持将 Caffe、TensorFlow、TensorFlow Lite、ONNX、Darknet 框架的模型转换与 RKNN 框架的模型。

3.4.1.3　NCNN 框架

NCNN 是由腾讯优图实验室于 2017 年公布的开源项目，旨在提供一个面向移动端、无第三方依赖、跨平台的高性能神经网络前向推理框架。与 TF-lite 不同的是，NCNN 主要针对 CPU 进行优化，使用 ARM NEON 指令集实现 CNN 中的卷积层、全连接层、池化层等。NCNN 有自己的模型文件格式，支持大部分主流深度学习框架训练的模型转换，也支持 Int8 量化和推理，在最新的版本中实现了 Int8 Winograd-f43 的内核优化，极大提升了量化模型在 ARM 上的推理速度。NCNN 框架的模型转换与部署流程如图 3.41 所示，将训练后的模型通过 NCNN 框架模型转换工具，生成对应格式的文件，再通过模型加载完成部署，对比 TF-Lite，NCNN 对模型的训练框架和部署平台没有太多要求，极大满足了用户在各类型设备上部署模型的需求。

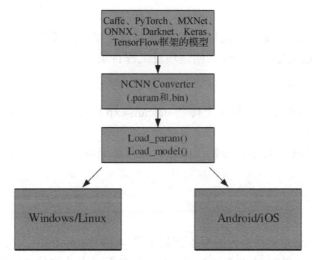

图 3.41　NCNN 框架的模型转换与部署流程

　　NCNN 框架主要在神经网络推理方面进行了优化，围绕轻量级设计优化了神经网络推理的性能，在多种硬件平台上进行了性能优化、硬件加速，使得嵌入式设备和移动设备能够高效地进行深度学习推理。NCNN 框架的原理和特点如下：

　　（1）轻量级设计：NCNN 是一个轻量级的深度学习框架，专注于神经网络推理任务，轻量级设计可以使其在资源受限的设备（如移动设备和嵌入式设备）上运行。

　　（2）支持多个硬件平台：NCNN 支持多种硬件平台，包括 CPU、GPU（CUDA）、Vulkan 和 OpenCL，这使不同的硬件设备可以充分发挥自身的优势，具有较大的灵活性。

　　（3）性能优化：NCNN 采用多种性能优化技术，提高了神经网络推理的速度，包括：

　　① 内存优化：通过对内存分配和管理进行优化，NCNN 减小了模型推理过程中的内存占用量。

　　② 指令级优化：通过对模型计算过程进行指令级优化，NCNN 尽可能地减小了计算开销，提高了推理速度。

　　（4）并行计算：NCNN 充分利用了硬件的并行计算能力，如 CUDA 和 Vulkan，加快了神经网络的计算过程。

　　（5）硬件加速：NCNN 可以通过硬件加速推理，如利用 NVIDIA 的 CUDA 技术和 Vulkan 图形 API，能够充分发挥硬件的性能优势。

　　（6）支持常见深度学习模型：NCNN 支持常见的深度学习模型，包括卷积神经网络（CNN）和循环神经网络（RNN），可以高效实现这些模型，以及支持这些模型的加载和推理。

（7）异步推理：NCNN 支持异步推理，可在模型推理的同时执行其他任务，有助于提高系统的整体效率，尤其是在需要处理多个任务的场景下。

3.4.2 开发步骤与验证

3.4.2.1 项目部署

1）硬件部署

详见 2.1.2.1 节。

2）工程部署

（1）运行 MobaXterm 工具，通过 SSH 登录到深度学习服务器。

（2）在 SSH 终端执行以下命令，创建项目工程目录。

```
$ mkdir -p ~/aiedge-exp
```

（3）通过 SSH 将本项目工程代码上传到~/aicam-exp 目录下，并采用 unzip 命令按照 3.2.2.1 节的方法进行解压缩。

（4）在 SSH 终端输入以下命令解压缩项目工程和训练好的交通识别模型文件。

```
$ cd ~/aiedge-exp
$ unzip darknet2ncnn.zip
$ unzip traffic_model.zip
```

（5）将 traffic_model 文件夹内的模型配置文件 yolov3-tiny-traffic.cfg 和模型文件 yolov3-tiny-traffic_final.weight 复制到 darknet2ncnn/data 目录下（上述文件也可以通过 3.2 节的项目获得）。

```
$ cd ~/aiedge-exp/darknet2ncnn
$ cp -a ../traffic_model/* ./data
```

3.4.2.2 模型转换

通过 voc2yolo 将 voc 格式的数据集转换为 yolo 格式的数据集，并切分训练集和验证集。

（1）在 SSH 终端输入以下命令进行模型转换。

```
$ cd ~/aiedge-exp/darknet2ncnn
$ chmod 755 tools/*
$ ./tools/darknet2ncnn data/yolov3-tiny-traffic.cfg data/yolov3-tiny-traffic_final.weights
                       yolov3-tiny-traffic.param yolov3-tiny-traffic.bin 1
Loading cfg...
WARNING: The ignore_thresh=0.700000 of yolo0 is too high. An alternative value 0.25 is written instead.
WARNING: The ignore_thresh=0.700000 of yolo1 is too high. An alternative value 0.25 is written instead.
Loading weights...
Converting model...
47 layers, 49 blobs generated.
NOTE: The input of darknet uses: mean_vals=0 and norm_vals=1/255.f.
NOTE: Remember to use ncnnoptimize for better performance.
```

（2）在 SSH 终端输入以下命令进行模型优化。

```
$ cd ~/aiedge-exp/darknet2ncnn
$ chmod 755 tools/*
$ ./tools/ncnnoptimize yolov3-tiny-traffic.param yolov3-tiny-traffic.bin yolov3-tiny-traffic-opt.param
                                  yolov3-tiny-traffic-opt.bin 0
fuse_convolution_batchnorm 0_26 0_26_bn
fuse_convolution_batchnorm 2_38 2_38_bn
fuse_convolution_batchnorm 4_50 4_50_bn
fuse_convolution_batchnorm 6_62 6_62_bn
fuse_convolution_batchnorm 8_74 8_74_bn
fuse_convolution_batchnorm 10_86 10_86_bn
fuse_convolution_batchnorm 12_98 12_98_bn
fuse_convolution_batchnorm 13_108 13_108_bn
fuse_convolution_batchnorm 14_116 14_116_bn
fuse_convolution_batchnorm 18_146 18_146_bn
fuse_convolution_batchnorm 21_160 21_160_bn
fuse_convolution_activation 0_26 0_26_bn_leaky
fuse_convolution_activation 2_38 2_38_bn_leaky
fuse_convolution_activation 4_50 4_50_bn_leaky
fuse_convolution_activation 6_62 6_62_bn_leaky
fuse_convolution_activation 8_74 8_74_bn_leaky
fuse_convolution_activation 10_86 10_86_bn_leaky
fuse_convolution_activation 12_98 12_98_bn_leaky
fuse_convolution_activation 13_108 13_108_bn_leaky
fuse_convolution_activation 14_116 14_116_bn_leaky
fuse_convolution_activation 18_146 18_146_bn_leaky
fuse_convolution_activation 21_160 21_160_bn_leaky
shape_inference
input = data
extract = output
estimated memory footprint = 26180.77 KB = 25.57 MB
mac = 2724074496 = 2724.07 M
```

（3）在工程目录下生成模型文件 yolov3-tiny-traffic-opt.bin/yolov3-tiny-traffic-opt.param。

3.4.2.3　模型测试

（1）在 SSH 终端输入以下命令编译模型测试程序，编译成功后会在 build 目录下生成测试执行文件 objectdet。

```
$ cd ~/aiedge-exp/darknet2ncnn
$ mkdir -p build
$ cd build
$ cmake ..
-- The C compiler identification is GNU 7.5.0
-- The CXX compiler identification is GNU 7.5.0
-- Check for working C compiler: /usr/bin/cc
-- Check for working C compiler: /usr/bin/cc -- works
-- Detecting C compiler ABI info
```

```
-- Detecting C compiler ABI info - done
-- Detecting C compile features
-- Detecting C compile features - done
-- Check for working CXX compiler: /usr/bin/c++
-- Check for working CXX compiler: /usr/bin/c++ -- works
-- Detecting CXX compiler ABI info
-- Detecting CXX compiler ABI info - done
-- Detecting CXX compile features
-- Detecting CXX compile features - done
-- Found OpenCV: /usr/local (found version "4.5.3")
-- Found OpenMP_C: -fopenmp (found version "4.5")
-- Found OpenMP_CXX: -fopenmp (found version "4.5")
-- Found OpenMP: TRUE (found version "4.5")
OPENMP FOUND
-- Configuring done
-- Generating done
-- Build files have been written to: /home/zonesion/lusi/darknet2ncnn/build
$ make
Scanning dependencies of target objectdet
[ 50%] Building CXX object CMakeFiles/objectdet.dir/yolov3.cpp.o
[100%] Linking CXX executable objectdet
[100%] Built target objectdet
```

（2）执行测试程序，对测试图像进行推理与验证。

```
$ cd ~/aiedge-exp/darknet2ncnn/build
$ ./objectdet ../data/test.jpg
5 = 0.90109 at 424.53 158.23 108.40 x 93.63
3 = 0.89344 at 147.85 142.42 111.84 x 116.85
4 = 0.51185 at 272.18 143.81 126.40 x 119.39
```

推理与验证结果如图 3.42 所示。

图 3.42　推理与验证结果

3.4.3 本节小结

本节首先介绍了推理框架的相关内容，包括开发框架到推理框架的转换过程、常用的推理框架，然后通过具体的案例介绍了基于 YOLOv3 的 NCNN 框架部署、模型转换、推理与验证。

3.4.4 思考与拓展

（1）TensorFlow、PyTorch 与 NCNN 有何不同？
（2）如何实现从开发框架到推理框架的转换？

3.5 YOLOv5 模型的推理与验证

本节的知识点如下：
⮞ 掌握模型推理与验证的作用。
⮞ 掌握 RKNN 框架的原理与应用。
⮞ 结合口罩检测案例，掌握基于 YOLOv5 的 RKNN 框架部署、模型转换、推理与验证的过程。

3.5.1 原理分析与开发设计

3.5.1.1 RKNN 框架简介

RKNN 框架旨在支持深度学习模型的开发，包括模型训练、模型优化、模型转换和模型加载等。RKNN 框架可以将 TensorFlow、PyTorch、ONNX 等框架的模型转换成 RKNN 框架的模型，并加载到 NPU（神经网络处理器）上进行计算，同时还可以对模型进行剪枝、量化等优化操作，提升模型的运行效率。RKNN 框架可以在 Android、Linux 等多个平台上运行，通常在边缘设备（如手机、嵌入式设备等）上运行的深度学习任务应用，如人脸识别、物体检测、语音识别等。

RKNN 框架为深度学习模型在 NPU 上的推理提供了便利。为了在 RKNN 框架中使用其他框架训练的模型，RKNN 官方发布了 RKNN-Toolkit 开发套件，该开发套件提供了一系列 Python API，用于支持模型转换、模型量化、模型推理以及模型的状态检测等。

RKNN 框架模型的典型部署过程是：模型配置→模型加载→模型构建→模型导出。

（1）模型配置：用于设置模型转换参数，包括输入数据均值、量化类型、量化算法和模型部署平台等。

（2）模型加载：将转换前的模型加载到程序中，目前 RKNN 框架支持 ONNX、PyTorch、TensorFlow、Caffe 等框架的模型加载转换。值得一提的是，模型加载是整个转换过程中的关键步骤，这一步允许工程人员自行指定模型加载的输出层及其名称，可以决定原始模型的哪些部分参与模型转换过程。

（3）模型构建：指定模型是否进行量化，以及用于量化校正的数据集。

（4）模型导出：保存转换后的模型。

3.5.1.2 开发设计

1）RKNN 框架的口罩检测模型

mask_test.py 用于在 RKNN 框架下进行口罩检测，代码如下：

```python
import cv2
import time
import random
import numpy as np
from rknnlite.api import RKNNLite

"""
RK3588 yolov5s 口罩检测模型
"""

def get_max_scale(img, max_w, max_h):
    h, w = img.shape[:2]
    scale = min(max_w / w, max_h / h, 1)
    return scale

def get_new_size(img, scale):
    return tuple(map(int, np.array(img.shape[:2][::-1]) * scale))

class AutoScale:
    def __init__(self, img, max_w, max_h):
        self._src_img = img
        self.scale = get_max_scale(img, max_w, max_h)
        self._new_size = get_new_size(img, self.scale)
        self.__new_img = None

    @property
    def size(self):
        return self._new_size

    @property
    def new_img(self):
        if self.__new_img is None:
            self.__new_img = cv2.resize(self._src_img, self._new_size)
        return self.__new_img

def sigmoid(x):
    return 1 / (1 + np.exp(-x))

def filter_boxes(boxes, box_confidences, box_class_probs, conf_thres):
    #条件概率，在该区域存在物体的概率是某个类别的概率
    box_scores = box_confidences * box_class_probs
    box_classes = np.argmax(box_scores, axis=-1)        #找出概率最大的类别索引
```

```
        box_class_scores = np.max(box_scores, axis=-1)      #最大类别对应的概率值
        pos = np.where(box_class_scores >= conf_thres)      #找出概率大于阈值的类别
        #pos = box_class_scores >= OBJ_THRESH
        boxes = boxes[pos]
        classes = box_classes[pos]
        scores = box_class_scores[pos]
        return boxes, classes, scores

def nms_boxes(boxes, scores, iou_thres):
        x = boxes[:, 0]
        y = boxes[:, 1]
        w = boxes[:, 2]
        h = boxes[:, 3]

        areas = w * h
        order = scores.argsort()[::-1]

        keep = []
        while order.size > 0:
            i = order[0]
            keep.append(i)

            xx1 = np.maximum(x[i], x[order[1:]])
            yy1 = np.maximum(y[i], y[order[1:]])
            xx2 = np.minimum(x[i] + w[i], x[order[1:]] + w[order[1:]])
            yy2 = np.minimum(y[i] + h[i], y[order[1:]] + h[order[1:]])

            w1 = np.maximum(0.0, xx2 - xx1 + 0.00001)
            h1 = np.maximum(0.0, yy2 - yy1 + 0.00001)
            inter = w1 * h1

            ovr = inter / (areas[i] + areas[order[1:]] - inter)
            inds = np.where(ovr <= iou_thres)[0]
            order = order[inds + 1]
        keep = np.array(keep)
        return keep

def plot_one_box(x, img, color=None, label=None, line_thickness=None):
        tl = line_thickness or round(0.002 * (img.shape[0] + img.shape[1]) / 2) + 1
        color = color or [random.randint(0, 255) for _ in range(3)]
        c1, c2 = (int(x[0]), int(x[1])), (int(x[2]), int(x[3]))
        cv2.rectangle(img, c1, c2, color, thickness=tl, lineType=cv2.LINE_AA)
        if label:
            tf = max(tl - 1, 1)
            t_size = cv2.getTextSize(label, 0, fontScale=tl / 3, thickness=tf)[0]
            c2 = c1[0] + t_size[0], c1[1] - t_size[1] - 3
            cv2.rectangle(img, c1, c2, color, -1, cv2.LINE_AA)
            cv2.putText(img, label, (c1[0], c1[1] - 2), 0, tl / 3, [225, 255, 255],
```

```python
                            thickness=tf, lineType=cv2.LINE_AA)
        return img


    def letterbox(img, new_wh=(416, 416), color=(114, 114, 114)):
        a = AutoScale(img, *new_wh)
        new_img = a.new_img
        h, w = new_img.shape[:2]
        new_img = cv2.copyMakeBorder(new_img, 0, new_wh[1] - h, 0, new_wh[0] -
                                        w, cv2.BORDER_CONSTANT, value=color)
        return new_img, (new_wh[0] / a.scale, new_wh[1] / a.scale)


    def load_model_npu(PATH, npu_id):
        rknn = RKNNLite()
        devs = rknn.list_devices()
        device_id_dict = {}
        for index, dev_id in enumerate(devs[-1]):
            if dev_id[:2] != 'TS':
                device_id_dict[0] = dev_id
            if dev_id[:2] == 'TS':
                device_id_dict[1] = dev_id
        print('-->loading model : ' + PATH)
        rknn.load_rknn(PATH)
        print('--> Init runtime environment on: ' + device_id_dict[npu_id])
        ret = rknn.init_runtime(device_id=device_id_dict[npu_id])
        if ret != 0:
            print('Init runtime environment failed')
            exit(ret)
        print('done')
        return rknn


    def load_rknn_model(PATH):
        rknn = RKNNLite()
        ret = rknn.load_rknn(PATH)
        if ret != 0:
            print('load rknn model failed')
            exit(ret)
        print('done')
        ret = rknn.init_runtime()
        if ret != 0:
            print('Init runtime environment failed')
            exit(ret)
        print('done')
        return rknn


    class RKNNDetector:
        def __init__(self, model, wh, masks, anchors, names):
            self.wh = wh
            self._masks = masks
```

```
        self._anchors = anchors
        self.names = names
        if isinstance(model, str):
            model = load_rknn_model(model)
        self._rknn = model
        self.draw_box = True


    def _predict(self, img_src, _img, gain, conf_thres=0.4, iou_thres=0.45):
        src_h, src_w = img_src.shape[:2]
        _img = cv2.cvtColor(_img, cv2.COLOR_BGR2RGB)
        t0 = time.time()
        #调用 NPU 进行推理
        pred_onx = self._rknn.inference(inputs=[_img])
        print("inference time:\t", time.time() - t0)
        #处理推理结果
        boxes, classes, scores = [], [], []
        for t in range(3):
            input0_data = sigmoid(pred_onx[t][0])
            input0_data = np.transpose(input0_data, (1, 2, 0, 3))
            grid_h, grid_w, channel_n, predict_n = input0_data.shape
            anchors = [self._anchors[i] for i in self._masks[t]]
            box_confidence = input0_data[..., 4]
            box_confidence = np.expand_dims(box_confidence, axis=-1)
            box_class_probs = input0_data[..., 5:]
            box_xy = input0_data[..., :2]
            box_wh = input0_data[..., 2:4]
            col = np.tile(np.arange(0, grid_w), grid_h).reshape(-1, grid_w)
            row = np.tile(np.arange(0, grid_h).reshape(-1, 1), grid_w)
            col = col.reshape((grid_h, grid_w, 1, 1)).repeat(3, axis=-2)
            row = row.reshape((grid_h, grid_w, 1, 1)).repeat(3, axis=-2)
            grid = np.concatenate((col, row), axis=-1)
            box_xy = box_xy * 2 - 0.5 + grid
            box_wh = (box_wh * 2) ** 2 * anchors
            box_xy /= (grid_w, grid_h)        #计算原尺寸的中心
            box_wh /= self.wh                 #计算原尺寸的宽高
            box_xy -= (box_wh / 2)
            box = np.concatenate((box_xy, box_wh), axis=-1)
            res = filter_boxes(box, box_confidence, box_class_probs, conf_thres)
            boxes.append(res[0])
            classes.append(res[1])
            scores.append(res[2])
        boxes, classes, scores = np.concatenate(boxes), np.concatenate(classes), np.concatenate(scores)
        nboxes, nclasses, nscores = [], [], []
        for c in set(classes):
            inds = np.where(classes == c)
            b = boxes[inds]
            c = classes[inds]
            s = scores[inds]
```

```python
                keep = nms_boxes(b, s, iou_thres)
                nboxes.append(b[keep])
                nclasses.append(c[keep])
                nscores.append(s[keep])
        if len(nboxes) < 1:
            return [], []
        boxes = np.concatenate(nboxes)
        classes = np.concatenate(nclasses)
        scores = np.concatenate(nscores)
        label_list = []
        box_list = []
        for (x, y, w, h), score, cl in zip(boxes, scores, classes):
            x *= gain[0]
            y *= gain[1]
            w *= gain[0]
            h *= gain[1]
            x1 = max(0, np.floor(x).astype(int))
            y1 = max(0, np.floor(y).astype(int))
            x2 = min(src_w, np.floor(x + w + 0.5).astype(int))
            y2 = min(src_h, np.floor(y + h + 0.5).astype(int))
            label_list.append(self.names[cl])
            box_list.append((x1, y1, x2, y2))
            if self.draw_box:
                new_img = plot_one_box((x1, y1, x2, y2), img_src, label=self.names[cl])
        return new_img, label_list, box_list

    def predict_resize(self, img_src, conf_thres=0.4, iou_thres=0.45):
        """
        预测一幅图像，预处理使用 resize
        return: labels,boxes
        """
        _img = cv2.resize(img_src, self.wh)
        gain = img_src.shape[:2][::-1]
        return self._predict(img_src, _img, gain, conf_thres, iou_thres, )

    def predict(self, img_src, conf_thres=0.4, iou_thres=0.45):
        """
        预测一幅图像，预处理保持宽高比
        return: labels,boxes
        """
        _img, gain = letterbox(img_src, self.wh)
        return self._predict(img_src, _img, gain, conf_thres, iou_thres)
    def close(self):
        self._rknn.release()
    def __enter__(self):
        return self
    def __exit__(self, exc_type, exc_val, exc_tb):
        self.close()
```

```python
    def __del__(self):
        self.close()


if __name__ == '__main__':
    #RKNN_MODEL_PATH = r"./yolov5s-traffic_light.rknn"
    RKNN_MODEL_PATH = r"./yolov5s-mask.rknn"
    SIZE = (640, 640)
    CLASSES = ('face','face_mask')
    MASKS = [[0, 1, 2], [3, 4, 5], [6, 7, 8]]
    ANCHORS = [[10, 13], [16, 30], [33, 23], [30, 61], [62, 45], [59, 119], [116, 90], [156, 198], [373, 326]]
    model = load_rknn_model(RKNN_MODEL_PATH)
    detector = RKNNDetector(model, SIZE, MASKS, ANCHORS, CLASSES)
    img = cv2.imread("./mask.jpg")
    new_img, labels, boxes = detector.predict(img)
    print('labels:', labels)
    print('boxes:', boxes)
    if len(new_img) > 0:
        cv2.imshow('result', new_img)
        while True:
            if cv2.waitKey(100)== ord('q'):
                break
        cv2.destroyAllWindows()
```

2）NCNN 框架的推理算法

通过检测脚本程序 yolov5.cpp 加载 yolov5s-mask.ncnn.bin、yolov5s-mask.ncnn.param 模型文件，并进行算法推理，代码如下：

```cpp
static const char* class_names[] = {"face","face_mask"};

struct Object
{
    cv::Rect_<float> rect;
    int label;
    float prob;
};

static inline float intersection_area(const Object& a, const Object& b)
{
    cv::Rect_<float> inter = a.rect & b.rect;
    return inter.area();
}

static void qsort_descent_inplace(std::vector<Object>& faceobjects, int left, int right)
{
    int i = left;
    int j = right;
    float p = faceobjects[(left + right) / 2].prob;
```

```
        while (i <= j)
        {
            while (faceobjects[i].prob > p)
                i++;
            while (faceobjects[j].prob < p)
                j--;
            if (i <= j)
            {
                //swap
                std::swap(faceobjects[i], faceobjects[j]);
                i++;
                j--;
            }
        }
        #pragma omp parallel sections
        {
            #pragma omp section
            {
                if (left < j) qsort_descent_inplace(faceobjects, left, j);
            }
            #pragma omp section
            {
                if (i < right) qsort_descent_inplace(faceobjects, i, right);
            }
        }
}

static void qsort_descent_inplace(std::vector<Object>& faceobjects)
{
    if (faceobjects.empty())
        return;

    qsort_descent_inplace(faceobjects, 0, faceobjects.size() - 1);
}

static void nms_sorted_bboxes(const std::vector<Object>& faceobjects, std::vector<int>& picked,
                        float nms_threshold, bool agnostic = false)
{
    picked.clear();

    const int n = faceobjects.size();

    std::vector<float> areas(n);
    for (int i = 0; i < n; i++)
    {
        areas[i] = faceobjects[i].rect.area();
    }
```

```
        for (int i = 0; i < n; i++)
        {
            const Object& a = faceobjects[i];

            int keep = 1;
            for (int j = 0; j < (int)picked.size(); j++)
            {
                const Object& b = faceobjects[picked[j]];

                if (!agnostic && a.label != b.label)
                    continue;

                //intersection over union
                float inter_area = intersection_area(a, b);
                float union_area = areas[i] + areas[picked[j]] - inter_area;
                //float IoU = inter_area / union_area
                if (inter_area / union_area > nms_threshold)
                    keep = 0;
            }

            if (keep)
                picked.push_back(i);
        }
    }

    static inline float sigmoid(float x)
    {
        return static_cast<float>(1.f / (1.f + exp(-x)));
    }

    static void generate_proposals(const ncnn::Mat& anchors, int stride, const ncnn::Mat& in_pad,
                            const ncnn::Mat& feat_blob, float prob_threshold,
                            std::vector<Object>& objects)
    {
        const int num_grid_x = feat_blob.w;
        const int num_grid_y = feat_blob.h;
        const int num_anchors = anchors.w / 2;
        const int num_class = feat_blob.c / num_anchors - 5;
        const int feat_offset = num_class + 5;

        for (int q = 0; q < num_anchors; q++)
        {
            const float anchor_w = anchors[q * 2];
            const float anchor_h = anchors[q * 2 + 1];

            for (int i = 0; i < num_grid_y; i++)
            {
                for (int j = 0; j < num_grid_x; j++)
```

```
    {
        //find class index with max class score
        int class_index = 0;
        float class_score = -FLT_MAX;
        for (int k = 0; k < num_class; k++)
        {
            float score = feat_blob.channel(q * feat_offset + 5 + k).row(i)[j];
            if (score > class_score)
            {
                class_index = k;
                class_score = score;
            }
        }

        float box_score = feat_blob.channel(q * feat_offset + 4).row(i)[j];
        float confidence = sigmoid(box_score) * sigmoid(class_score);

        if (confidence >= prob_threshold)
        {
            //yolov5/models/yolo.py Detect forward
            //y = x[i].sigmoid()
            //y[..., 0:2] = (y[..., 0:2] * 2. - 0.5 + self.grid[i].to(x[i].device)) * self.stride[i]
            //y[..., 2:4] = (y[..., 2:4] * 2) ** 2 * self.anchor_grid[i]   #wh

            float dx = sigmoid(feat_blob.channel(q * feat_offset + 0).row(i)[j]);
            float dy = sigmoid(feat_blob.channel(q * feat_offset + 1).row(i)[j]);
            float dw = sigmoid(feat_blob.channel(q * feat_offset + 2).row(i)[j]);
            float dh = sigmoid(feat_blob.channel(q * feat_offset + 3).row(i)[j]);

            float pb_cx = (dx * 2.f - 0.5f + j) * stride;
            float pb_cy = (dy * 2.f - 0.5f + i) * stride;

            float pb_w = pow(dw * 2.f, 2) * anchor_w;
            float pb_h = pow(dh * 2.f, 2) * anchor_h;

            float x0 = pb_cx - pb_w * 0.5f;
            float y0 = pb_cy - pb_h * 0.5f;
            float x1 = pb_cx + pb_w * 0.5f;
            float y1 = pb_cy + pb_h * 0.5f;

            Object obj;
            obj.rect.x = x0;
            obj.rect.y = y0;
            obj.rect.width = x1 - x0;
            obj.rect.height = y1 - y0;
            obj.label = class_index;
            obj.prob = confidence;
```

```
                            objects.push_back(obj);
                        }
                    }
                }
            }
        }

        /*
        cv::Mat numpy_uint8_3c_to_cv_mat(py::array_t<unsigned char>& input) {

            if (input.ndim() != 3)
                throw std::runtime_error("3-channel image must be 3 dims ");
            py::buffer_info buf = input.request();
            cv::Mat mat(buf.shape[0], buf.shape[1], CV_8UC3, (unsigned char*)buf.ptr);
            return mat;
        }

        py::array_t<unsigned char> cv_mat_uint8_3c_to_numpy(cv::Mat& input) {

            py::array_t<unsigned char> dst = py::array_t<unsigned char>({ input.rows,input.cols,3}, input.data);
            return dst;
        }
        */

        static int detect_yolov5(const cv::Mat& bgr, std::vector<Object>& objects)
        {
            ncnn::Net yolov5;

            //yolov5.opt.use_vulkan_compute = true;
            yolov5.load_param("./yolov5s-mask.ncnn.param");
            yolov5.load_model("./yolov5s-mask.ncnn.bin");

            const int target_size = 640;
            const float prob_threshold = 0.25f;
            const float nms_threshold = 0.45f;

            //yolov5/models/common.py DetectMultiBackend
            const int max_stride = 64;

            int img_w = bgr.cols;
            int img_h = bgr.rows;

            //letterbox pad to multiple of max_stride
            int w = img_w;
            int h = img_h;

            float scale = 1.f;
```

```
if (w > h)
{
    scale = (float)target_size / w;
    w = target_size;
    h = h * scale;
}
else
{
    scale = (float)target_size / h;
    h = target_size;
    w = w * scale;
}
printf("scale=%.4f\n", scale);

ncnn::Mat in = ncnn::Mat::from_pixels_resize(bgr.data, ncnn::Mat::PIXEL_BGR2RGB,
                                bgr.cols, bgr.rows, target_size, target_size);

//pad to target_size rectangle
//yolov5/utils/datasets.py letterbox
int wpad = (w + max_stride - 1) / max_stride * max_stride - w;
int hpad = (h + max_stride - 1) / max_stride * max_stride - h;
printf("wpad=%d, hpad=%d\n", wpad, hpad);
ncnn::Mat in_pad;
ncnn::copy_make_border(in, in_pad, hpad / 2, hpad - hpad / 2, wpad / 2,
                    wpad - wpad / 2, ncnn::BORDER_CONSTANT, 114.f);

const float norm_vals[3] = {1 / 255.f, 1 / 255.f, 1 / 255.f};
in_pad.substract_mean_normalize(0, norm_vals);
ncnn::Extractor ex = yolov5.create_extractor();
ex.set_light_mode(true);
ex.set_num_threads(2);
ex.input("in0", in_pad);
std::vector<Object> proposals;
//anchor setting from yolov5/models/yolov5s.yaml

//stride 8
{
    ncnn::Mat out;
    ex.extract("out0", out);

    ncnn::Mat anchors(6);
    anchors[0] = 10.f;
    anchors[1] = 13.f;
    anchors[2] = 16.f;
    anchors[3] = 30.f;
    anchors[4] = 33.f;
    anchors[5] = 23.f;
```

```
        std::vector<Object> objects8;
        generate_proposals(anchors, 8, in_pad, out, prob_threshold, objects8);

        proposals.insert(proposals.end(), objects8.begin(), objects8.end());
    }

    //stride 16
    {
        ncnn::Mat out;
        ex.extract("out1", out);

        ncnn::Mat anchors(6);
        anchors[0] = 30.f;
        anchors[1] = 61.f;
        anchors[2] = 62.f;
        anchors[3] = 45.f;
        anchors[4] = 59.f;
        anchors[5] = 119.f;

        std::vector<Object> objects16;
        generate_proposals(anchors, 16, in_pad, out, prob_threshold, objects16);

        proposals.insert(proposals.end(), objects16.begin(), objects16.end());
    }

    //stride 32
    {
        ncnn::Mat out;
        ex.extract("out2", out);

        ncnn::Mat anchors(6);
        anchors[0] = 116.f;
        anchors[1] = 90.f;
        anchors[2] = 156.f;
        anchors[3] = 198.f;
        anchors[4] = 373.f;
        anchors[5] = 326.f;

        std::vector<Object> objects32;
        generate_proposals(anchors, 32, in_pad, out, prob_threshold, objects32);

        proposals.insert(proposals.end(), objects32.begin(), objects32.end());
    }

    //sort all proposals by score from highest to lowest
    qsort_descent_inplace(proposals);

    //apply nms with nms_threshold
```

```
        std::vector<int> picked;
        nms_sorted_bboxes(proposals, picked, nms_threshold);

        int count = picked.size();

        objects.clear();
        objects.resize(count);
        for (int i = 0; i < count; i++)
        {
            objects[i] = proposals[picked[i]];

            //adjust offset to original unpadded
            float x0 = (objects[i].rect.x - (wpad / 2)) / scale;
            float y0 = (objects[i].rect.y - (hpad / 2)) / scale;
            float x1 = (objects[i].rect.x + objects[i].rect.width - (wpad / 2)) / scale;
            float y1 = (objects[i].rect.y + objects[i].rect.height - (hpad / 2)) / scale;
            /*
            float x0 = (objects[i].rect.x) / scale;
            float y0 = (objects[i].rect.y) / scale;
            float x1 = (objects[i].rect.x + objects[i].rect.width) / scale;
            float y1 = (objects[i].rect.y + objects[i].rect.height) / scale;
            */
            //clip
            x0 = std::max(std::min(x0, (float)(img_w - 1)), 0.f);
            y0 = std::max(std::min(y0, (float)(img_h - 1)), 0.f);
            x1 = std::max(std::min(x1, (float)(img_w - 1)), 0.f);
            y1 = std::max(std::min(y1, (float)(img_h - 1)), 0.f);

            objects[i].rect.x = x0;
            objects[i].rect.y = y0;
            objects[i].rect.width = x1 - x0;
            objects[i].rect.height = y1 - y0;

        }

        return 0;
    }

static void draw_objects(const cv::Mat& bgr, const std::vector<Object>& objects)
    {
        cv::Mat image = bgr.clone();
        for (size_t i = 0; i < objects.size(); i++)
        {
            const Object& obj = objects[i];
            fprintf(stderr, "%d = %.5f at %.2f %.2f %.2f x %.2f\n", obj.label, obj.prob,
                    obj.rect.x, obj.rect.y, obj.rect.width, obj.rect.height);
            cv::rectangle(image, obj.rect, cv::Scalar(0, 0, 255));
            char text[256];
```

```
            sprintf(text, "%s %.1f%%", class_names[obj.label], obj.prob * 100);

            int baseLine = 0;
            cv::Size label_size = cv::getTextSize(text, cv::FONT_HERSHEY_SIMPLEX,
                                        0.5, 1, &baseLine);

            int x = obj.rect.x;
            int y = obj.rect.y - label_size.height - baseLine;
            if (y < 0)
                y = 0;
            if (x + label_size.width > image.cols)
                x = image.cols - label_size.width;

            cv::rectangle(image, cv::Rect(cv::Point(x, y), cv::Size(label_size.width,
                        label_size.height + baseLine)), cv::Scalar(255, 255, 255), -1);

            cv::putText(image, text, cv::Point(x, y + label_size.height),
                        cv::FONT_HERSHEY_SIMPLEX, 0.5, cv::Scalar(0, 0, 0));
    }
    cv::imwrite("result.jpg", image);
    cv::imshow("result", image);
    cv::waitKey(0);
}

int main(int argc, char** argv)
{
    if (argc != 2)
    {
        fprintf(stderr, "Usage: %s [imagepath]\n", argv[0]);
        return -1;
    }

    const char* imagepath = argv[1];

    cv::Mat m = cv::imread(imagepath, 1);
    cv::Mat m2 = m.clone();
    if (m.empty())
    {
        fprintf(stderr, "cv::imread %s failed\n", imagepath);
        return -1;
    }
    std::vector<Object> objects;
    detect_yolov5(m, objects);
    draw_objects(m2, objects);
    return 0;
```

3.5.2　开发步骤与验证

3.5.2.1　硬件部署

详见 2.1.2.1 节。

3.5.2.2　NCNN 框架模型开发验证

1）工程部署

（1）运行 MobaXterm 工具，通过 SSH 登录深度学习服务器。

（2）在 SSH 终端执行以下命令，创建项目工程目录。

```
$ mkdir -p ~/aiedge-exp/yolov5-ncnn
```

（3）通过 SSH 将 object_detection_yolov5-6.1.zip（使用基于 PyTorch 的 YOLOv5 算法训练口罩检测模型）、mask_model.zip（训练好的模型文件）和 yolov5_ncnn_cpp.zip（用来将训练好的 YOLOv5 口罩检测模型转换为 NCNN 框架使用的 bin 模型）上传到 ~/aiedge-exp/yolov5-ncnn 目录下，并采用 unzip 命令进行解压缩。

2）模型转换

将训练好的口罩检测模型转换为 NCNN 框架使用的 bin 模型。

（1）在 SSH 终端输入以下命令，激活服务器上的 py36_tf25_torch110_cuda113_cv345 环境，并跳转到 yolov5-6.1 目录，将训练好的模型文件复制到项目中。

```
$ conda activate py36_tf25_torch110_cuda113_cv345
$ cd ~/aiedge-exp/yolov5-ncnn
$ cd object_detection_yolov5-6.1
$ cp ../mask_model/yolov5s-mask.pt ./
```

（2）使用 object_detection_yolov5-6.1 中的 export.py 文件将训练好的 yolov5s-mask.pt 模型转换为 TorchScript 模型。当生成 TorchScript 模型后，在下次转换前必须先删除当前的 TorchScript 模型再进行转换，否则会报错。代码如下：

```
$ python3 export.py --weights ./yolov5s-mask.pt --include torchscript --train
export: data=data/coco128.yaml, weights=['./yolov5s-mask.pt'], imgsz=[640, 640], batch_size=1,
                        device=cpu, half=False, inplace=False, train=True,
                        optimize=False, int8=False, dynamic=False, simplify=False,
                        opset=12, verbose=False, workspace=4, nms=False,
                        agnostic_nms=False, topk_per_class=100, topk_all=100,
                        iou_thres=0.45, conf_thres=0.25, include=['torchscript']
YOLOv5 2022-2-22 torch 1.10.1 CPU

Fusing layers...
Model Summary: 213 layers, 7015519 parameters, 0 gradients, 15.8 GFLOPs

PyTorch: starting from yolov5s-mask.pt with output shape (1, 3, 80, 80, 7) (14.4 MB)

TorchScript: starting export with torch 1.10.1...
TorchScript: export success, saved as yolov5s-mask.torchscript (28.3 MB)
```

```
Export complete (1.34s)
Results saved to /home/zonesion/hou/object_detection_yolov5-6.1
Detect:              python detect.py --weights yolov5s-mask.torchscript
PyTorch Hub:    model = torch.hub.load('ultralytics/yolov5', 'custom', 'yolov5s-mask.torchscript')
Validate:           python val.py --weights yolov5s-mask.torchscript
Visualize:          https://netron.app
```

（3）进入 yolov5_ncnn 目录，使用 pnnx 命令将上一步生成的 TorchScript 模型转换为 NCNN 框架使用的 bin 模型和 param 模型。

```
$ cd ~/aiedge-exp/yolov5-ncnn/yolov5_ncnn_cpp
$ cp ../object_detection_yolov5-6.1/yolov5s-mask.torchscript ./
$ conda activate py36_tf25_torch110_cuda113_cv345
$ chmod +x pnnx/*
$ pnnx/pnnx ./yolov5s-mask.torchscript inputshape=[1,3,640,640] inputshape2=[1,3,320,320]
pnnxparam = ./yolov5s-mask.pnnx.param
pnnxbin = ./yolov5s-mask.pnnx.bin
pnnxpy = ./yolov5s-mask_pnnx.py
ncnnparam = ./yolov5s-mask.ncnn.param
ncnnbin = ./yolov5s-mask.ncnn.bin
ncnnpy = ./yolov5s-mask_ncnn.py
optlevel = 2
device = cpu
inputshape = [1,3,640,640]f32
inputshape2 = [1,3,320,320]f32
customop =
moduleop =
#############pass_level0
inline module = models.common.Bottleneck
inline module = models.common.C3
inline module = models.common.Concat
inline module = models.common.Conv
inline module = models.common.SPPF
inline module = models.yolo.Detect
inline module = utils.activations.SiLU
inline module = models.common.Bottleneck
inline module = models.common.C3
inline module = models.common.Concat
inline module = models.common.Conv
inline module = models.common.SPPF
inline module = models.yolo.Detect
inline module = utils.activations.SiLU
190  191  input.10  195  196  input.24  205  206  input.8  214  215
input.12  219  220  221  222  225  226  227  input.14  232  233  input.6  237  238
input.16  247  248  input.20  257  258  input.22  262  263  264  265  271  272
input.26  276  277  278  279  282  283  284  input.28  289  290  input.18  294  295
input.30  304  305  input.34  315  316  input.2  320  321  322  323  329  330
input.4  334  335  336  337  343  344  input.36  348  349  350  351  354  355  356
```

```
input.38  361  362  input.32  366  367  input.40  376  377  input.42  385  386
input.54  390  391  392  393  396  397  398  input.44  403  404  input.46  412  413
input.52  415  416  417  input.56  422  423  input.48  427  428  input.50  132
input.58  440  441  input.64  448  449  input.66  453  454  455  458  459  460
input.68  465  466  input.60  470  471  input.62  143  input.70  483  484
input.74  491  492  input.76  496  497  498  501  502  503  input.78  508  509
input.72  513  514  515  input.80  526  527  input.84  534  535
input.86  539  540  541  544  545  546  input.88  551  552  input.82  556  557  558
input.90  569  570  input.5  577  578  input.7  582  583  584  587  588  589
input.3  594  595  input.1  609  bs.1  ny.1  nx.1  620  622  623  624  bs0.1  ny0.1
nx0.1  635  637  638  639  bs1.1  ny1.1  nx1.1  650  652  653  172  173  174
----------------

assign dynamic shape info
#############pass_level1
no attribute value
no attribute value
#############pass_level2
#############pass_level3
assign unique operator name pnnx_unique_0 to model.9.m
assign unique operator name pnnx_unique_1 to model.9.m
#############pass_level4
#############pass_level5
#############pass_ncnn
```

（4）查看生成的 yolov5s-mask.ncnn.bin 和 yolov5s-mask.ncnn.param 文件。

```
$ ll yolov5s-mask.ncnn.*
-rw-rw-r-- 1 zonesion zonesion    14050412 3 月    16 15:01 yolov5s-mask.ncnn.bin
-rw-rw-r-- 1 zonesion zonesion    13826 3 月       16 15:01 yolov5s-mask.ncnn.param
```

3）模型测试

（1）在 SSH 终端输入以下命令编译模型测试程序，编译成功后会在 build 目录下生成测试执行文件 yolov5.bin。

```
$ cd ~/aiedge-exp/yolov5-ncnn/yolov5_ncnn_cpp
$ mkdir build
$ cd build
$ cmake ..
-- The C compiler identification is GNU 7.5.0
-- The CXX compiler identification is GNU 7.5.0
-- Check for working C compiler: /usr/bin/cc
-- Check for working C compiler: /usr/bin/cc -- works
-- Detecting C compiler ABI info
-- Detecting C compiler ABI info - done
-- Detecting C compile features
-- Detecting C compile features - done
-- Check for working CXX compiler: /usr/bin/c++
-- Check for working CXX compiler: /usr/bin/c++ -- works
```

```
-- Detecting CXX compiler ABI info
-- Detecting CXX compiler ABI info - done
-- Detecting CXX compile features
-- Detecting CXX compile features - done
-- Found OpenCV: /usr/local (found version "3.4.5")
-- Found OpenMP_C: -fopenmp (found version "4.5")
-- Found OpenMP_CXX: -fopenmp (found version "4.5")
-- Found OpenMP: TRUE (found version "4.5")
OPENMP FOUND
-- Configuring done
-- Generating done
-- Build files have been written to: /home/zonesion/aiedge-exp/yolov5_ncnn_cpp/build
$ make -j4
Scanning dependencies of target yolov5.bin
[ 50%] Building CXX object CMakeFiles/yolov5.bin.dir/yolov5.cpp.o
[100%] Linking CXX executable yolov5.bin
[100%] Built target yolov5.bin
```

（2）执行测试程序对测试图像进行推理与验证。

```
$ cd ~/aiedge-exp/yolov5-ncnn/yolov5_ncnn_cpp
$ cp build/yolov5.bin ./
$ chmod +x yolov5.bin
$ ./yolov5.bin data/test.jpg
```

从推理与验证结果可以看出，检测脚本程序 yolov5.cpp 加载了 yolov5s-mask.ncnn.bin 和 yolov5s-mask.ncnn.param，并对本地的测试图像 test.jpg 进行了识别。口罩检测结果如图 3.43 所示。

图 3.43　口罩检测结果（采用 NCNN 框架模型）

3.5.2.3　RKNN 框架模型开发验证

1）工程部署

（1）通过 SSH 登录到计算机或虚拟机。

（2）在 SSH 终端执行以下命令，创建项目工程目录。

```
$ mkdir -p ~/aiedge-exp/yolov5-rknn
```

（3）通过 SSH 将 mask_model_rknn.zip（训练好的模型文件）和本项目工程代码中的 rknn_convert_tools.zip 上传到~/aiedge-exp/yolov5-rknn 目录下，并采用 unzip 命令进行解压缩。

（4）将 mask_model_rknn 文件夹中的模型文件复制到刚刚解压出来的 rknn_convert_tools 目录中。

```
$ cd ~/aiedge-exp/yolov5-rknn/rknn_convert_tools
$ cp -a ../mask_model_rknn/yolov5s-mask.pt ./
```

2）模型转换

首先使用 ONNX 框架将训练好的口罩检测模型 yolov5s-mask.pt 转换为 onnx 格式的模型，然后使用 RKNN 框架将 onnx 格式的模型转换为 rknn 格式的模型。

（1）在 SSH 终端输入以下命令，将 yolov5s-mask.pt 模型转换为 yolov5s-mask.onnx 模型，代码如下：

```
$ cd ~/aiedge-exp/yolov5-rknn/rknn_convert_tools
$ conda activate py38_tf25_torch110_cuda113_cv412
$ python3 models/export.py --weights ./yolov5s-mask.pt --img 640 --batch 1
Namespace(add_image_preprocess_layer=False, batch_size=1, device='cpu', dynamic=False,
        grid=False, ignore_output_permute=False, img_size=[640, 640],
        rknn_mode=False, weights='./yolov5s-mask.pt')
YOLOv5 torch 1.10.1 CPU

Fusing layers...
/home/zonesion/miniconda3/envs/py38_tf25_torch110_cuda113_cv412/lib/python3.8/site-packages/
        torch/functional.py:445: UserWarning: torch.meshgrid: in an upcoming release, it will
        be required to pass the indexing argument. (Triggered internally at
        /opt/conda/conda-bld/pytorch_1639180588308/work/aten/src/ATen/native/
        TensorShape.cpp:2157.)
return _VF.meshgrid(tensors, **kwargs)   #type: ignore[attr-defined]
Model Summary: 213 layers, 7015519 parameters, 0 gradients

Starting ONNX export with onnx 1.9.0...
/home/zonesion/miniconda3/envs/py38_tf25_torch110_cuda113_cv412/lib/python3.8/site-packages/
        torch/onnx/symbolic_helper.py:381: UserWarning: You are trying to export the model
        with onnx:Resize for ONNX opset version 10. This operator might cause results to
        not match the expected results by PyTorch.
ONNX's Upsample/Resize operator did not match Pytorch's Interpolation until opset 11. Attributes
        to determine how to transform the input were added in onnx:Resize in opset 11 to
        support Pytorch's behavior (like coordinate_transformation_mode and nearest_mode).
We recommend using opset 11 and above for models using this operator.
    warnings.warn("You are trying to export the model with " + onnx_op + " for ONNX opset version "
ONNX export success, saved as ./yolov5s-mask.onnx
```

（2）修改 rknn_convert_tools/config.yaml 文件，设置 RKNN 框架模型转换参数，代码如下：

```yaml
running:
    model_type: onnx
    export: True
    inference: True
    eval_perf: False

parameters:
    onnx:
        model: './yolov5s-mask.onnx'                  #设置输入的 ONNX 框架模型路径
    rknn:
        path: './yolov5s-mask.rknn'                   #设置输出的 RKNN 框架模型路径
config:
    mean_values: [0, 0, 0] #123.675 116.28 103.53 58.395 #0 0 0 255
    std_values: [255, 255, 255]
    quant_img_RGB2BGR: True #'2 1 0' #'0 1 2' '2 1 0'
    target_platform: 'rk3588'                         #设置 RKNN 设备为 RK3588
    quantized_dtype:'asymmetric_quantized-8'#asymmetric_quantized-u8,dynamic_fixed_point-8,
                                               dynamic_fixed_point-16
    optimization_level: 1

build:
    do_quantization: True
    dataset: './single_dataset.txt'

export_rknn:
    export_path: './yolov5s-mask.rknn'

init_runtime:
    target: null
    device_id: null
    perf_debug: False
    eval_mem: False
    async_mode: False

img: &img
    path: './mask.jpg'                                #设置测试图像的路径

inference:
    inputs: *img
    data_type: 'uint8'
    data_format: 'nhwc' #'nchw', 'nhwc'
    inputs_pass_through: None

eval_perf:
    inputs: *img
    data_type: 'uint8'
    data_format: 'nhwc'
    is_print: True
```

（3）在 SSH 终端输入以下命令，将 yolov5s-mask.onnx 转换为 RKNN 框架模型，代码如下：

```
$ cd ~/aiedge-exp/yolov5-rknn/rknn_convert_tools
$ chmod +x rknn_convert.sh rknn_convert
$ conda activate py38_tf25_torch110_cuda113_cv412
$ ./rknn_convert.sh
[935320] WARNING: file already exists but should not:
                    /tmp/_MEItJyZ3G/rknn/api/fuse_rules.cpython-38-x86_64-linux-gnu.so
[935320] WARNING: file already exists but should not:
                    /tmp/_MEItJyZ3G/rknn/api/graph_optimizer.cpython-38-x86_64-linux-gnu.so
[935320] WARNING: file already exists but should not:
                    /tmp/_MEItJyZ3G/rknn/api/hybrid_proposal.cpython-38-x86_64-linux-gnu.so
[935320] WARNING: file already exists but should not:
                    /tmp/_MEItJyZ3G/rknn/api/ir_graph.cpython-38-x86_64-linux-gnu.so
[935320] WARNING: file already exists but should not:
                    /tmp/_MEItJyZ3G/rknn/api/ir_utils.cpython-38-x86_64-linux-gnu.so
[935320] WARNING: file already exists but should not:
                    /tmp/_MEItJyZ3G/rknn/api/load_checker.cpython-38-x86_64-linux-gnu.so
[935320] WARNING: file already exists but should not:
                    /tmp/_MEItJyZ3G/rknn/api/mmse_quant.cpython-38-x86_64-linux-gnu.so
[935320] WARNING: file already exists but should not:
                    /tmp/_MEItJyZ3G/rknn/api/quant_optimizer.cpython-38-x86_64-linux-gnu.so
[935320] WARNING: file already exists but should not:
                    /tmp/_MEItJyZ3G/rknn/api/quant_utils.cpython-38-x86_64-linux-gnu.so
[935320] WARNING: file already exists but should not:
                    /tmp/_MEItJyZ3G/rknn/api/quantizer.cpython-38-x86_64-linux-gnu.so
[935320] WARNING: file already exists but should not:
                    /tmp/_MEItJyZ3G/rknn/api/rknn_base.cpython-38-x86_64-linux-gnu.so
[935320] WARNING: file already exists but should not:
                    /tmp/_MEItJyZ3G/rknn/api/rknn_log.cpython-38-x86_64-linux-gnu.so
[935320] WARNING: file already exists but should not:
                    /tmp/_MEItJyZ3G/rknn/api/rknn_platform.cpython-38-x86_64-linux-gnu.so
[935320] WARNING: file already exists but should not:
                    /tmp/_MEItJyZ3G/rknn/api/rknn_runtime.cpython-38-x86_64-linux-gnu.so
[935320] WARNING: file already exists but should not:
                    /tmp/_MEItJyZ3G/rknn/api/rknn_utils.cpython-38-x86_64-linux-gnu.so
[935320] WARNING: file already exists but should not:
                    /tmp/_MEItJyZ3G/rknn/api/session.cpython-38-x86_64-linux-gnu.so
[935320] WARNING: file already exists but should not:
                    /tmp/_MEItJyZ3G/rknn/api/simulator.cpython-38-x86_64-linux-gnu.so
[935320] WARNING: file already exists but should not:
                    /tmp/_MEItJyZ3G/rknn/api/sparse_weight.cpython-38-x86_64-linux-gnu.so
model_type is onnx
W __init__: rknn-toolkit2 version: 1.4.0-22dcfef4
--> config model
W config: The quant_img_RGB2BGR of input 0 is set to True, which means that the RGB2BGR conversion
will be done first when the quantized image is loaded (only valid for jpg/jpeg/png/bmp, npy will ignore this flag).
    Special note here, if quant_img_RGB2BGR is True and the quantized image is jpg/jpeg/png/bmp, the
```

mean_values / std_values in the config corresponds the order of BGR.

```
    done
    --> Loading model
    W load_onnx: It is recommended onnx opset 12, but your onnx model opset is 10!
    W load_onnx: Model converted from pytorch, 'opset_version' should be set 12 in torch.onnx.export for
successful convert!
    More details can be found in examples/pytorch/resnet18_export_onnx
    done
    --> Building model
    I base_optimize ...
    I base_optimize done.
    I
    I fold_constant ...
    I fold_constant done.
    I
    I correct_ops ...
    I correct_ops done.
    I
    I fuse_ops ...
    I fuse_ops results:
    I squeeze_to_4d_transpose: remove node = [], add node = ['Transpose_204_squeeze0',
                              'Transpose_204_squeeze1']
    I squeeze_to_4d_transpose: remove node = [], add node = ['Transpose_201_squeeze0',
                              'Transpose_201_squeeze1']
    I squeeze_to_4d_transpose: remove node = [], add node = ['Transpose_198_squeeze0',
                              'Transpose_198_squeeze1']
    I fuse_two_reshape: remove node = ['Reshape_203', 'Reshape_200', 'Reshape_197']
    I fold_constant ...
    I fold_constant done.
    I fuse_ops done.
    I
    I sparse_weight ...
    I sparse_weight done.
    I
    Analysing : 100%|███████████████████████████| 151/151 [00:00<00:00, 1635.27it/s]
    Quantizating :100%|█████████████████████████| 151/151 [00:00<00:00, 431.85it/s]
    (......省略部分过程)
    --> skip eval_perf
```

（4）最终会在~/aiedge-exp/yolov5-rknn/rknn_convert_tools 目录下生成转换好的 RKNN 框架模型 yolov5s-mask.rknn。

```
$ tree -L 1
├── config.yaml
├── mask.jpg
├── models
├── readme.md
├── rknn_convert
├── rknn_convert.sh
├── single_dataset.txt
├── utils
├── yolov5s-mask.onnx
```

```
├── yolov5s-mask.pt
└── yolov5s-mask.rknn
```

3）模型测试

以下步骤是在 GW3588 边缘计算网关中进行的。

（1）运行 MobaXterm 工具，通过 SSH 登录到 GW3588 边缘计算网关。

（2）在 SSH 终端执行以下命令，创建项目工程目录。

```
$ mkdir -p ~/aiedge-exp
```

（3）通过 SSH 将本项目工程代码中的 yolov5_rknn_demo.zip 上传到~/aiedge-exp 目录下。

（4）在 SSH 终端输入以下命令，解压缩项目工程和训练好的口罩检测模型文件。

```
$ cd ~/aiedge-exp
$ unzip yolov5_rknn_demo.zip
```

将转换完成的 yolov5s-mask.rknn 文件通过 SSH 上传到 yolov5_rknn_demo 文件夹。

（5）在 SSH 终端输入以下命令，测试 RKNN 口罩检测模型，代码如下：

```
$ cd ~/aiedge-exp/yolov5_rknn_demo
$ python3 mask_test.py
done
done
I RKNN: [15:09:04.146] RKNN Runtime Information: librknnrt version:
                       1.4.0 (a10f100eb@2022-09-09T09:07:14)
I RKNN: [15:09:04.146] RKNN Driver Information: version: 0.7.2
I RKNN: [15:09:04.147] RKNN Model Information: version: 1, toolkit version:
                       1.4.0-22dcfef4(compiler version: 1.4.0 (3b4520e4f@2022-09-05T20:52:35)),
                       target: RKNPU v2, target platform: rk3588, framework name: ONNX,
                       framework layout: NCHW
done
inference time:   0.041899681091308594
labels: ['face_mask']
boxes: [(386, 113, 601, 425)]
```

从推理与验证结果可以看出，推理程序通过 NPU 加载了 RKNN 框架模型，并对本地的测试图像 mask.jpg 进行了识别，口罩检测结果如图 3.44 所示，按"Q"键可关闭检测结果窗口。

图 3.44   口罩检测结果（采用 RKNN 框架模型）

3.5.3　本节小结

本节主要介绍了嵌入式推理框架 RKNN，结合案例学习了基于 YOLOv5 的 RKNN 框架部署、模型转换、推理与验证的过程。

3.5.4　思考与拓展

（1）在 SSH 终端输入什么命令可以将 yolov5s-mask.onnx 转换为 RKNN 框架模型？

（2）通过 SSH 登录到什么设备才能实现模型测试？

3.6 YOLOv3 模型的接口应用

模型接口通常是指用于与深度学习模型进行交互的编程接口，包括模型的加载、推理、设置参数等功能。模型接口的设计与所用的深度学习框架、库或硬件平台有关，以下是一些常见的模型接口：

（1）TensorFlow Serving API：TensorFlow Serving 提供了一个用于部署和服务 TensorFlow 模型的 API，允许通过 RESTful API 或 gRPC 接口请求进行模型推理。

（2）TensorFlow Lite Interpreter API：TensorFlow Lite 提供了一个用于在移动端和嵌入式设备上进行推理的 API，包括 TensorFlow Lite Interpreter，允许加载并在设备上运行 TensorFlow Lite 模型。

（3）PyTorch TorchScript API：PyTorch 不仅提供了 TorchScript 格式，这是一种用于序列化和保存 PyTorch 模型的格式，还提供了用于在 Python 中加载和运行 TorchScript 格式模型的 API。

（4）ONNX Runtime API：ONNX Runtime 是一个跨平台的推理引擎，支持 ONNX 框架模型，它提供了用于加载和运行 ONNX 框架模型的 API，可以在不同的深度学习框架之间共享模型。

（5）Keras Model API：Keras 是一个高层次的深度学习框架，其 Model API 提供了加载、训练和推理模型的方法。Keras 框架模型可以在 TensorFlow、Theano 等框架上运行。

（6）Scikit-learn Estimator API：Scikit-learn 是一个用于深度学习的 Python 库，其 Estimator API 提供了一致的界面，用于加载、训练和评估模型。

（7）Caffe2 API：Caffe2 是一个轻量级的深度学习框架，它有自己的 C++ 和 Python 接口。Caffe2 API 允许用户加载和运行 Caffe2 模型。

（8）RKNN-Toolkit API：对于瑞芯微芯片（Rockchip）上的模型推理，RKNN-Toolkit 提供了用于加载和执行 RKNN 框架模型的 API。

模型接口提供了一种与深度学习模型进行交互的方式，使得模型能够在不同的应用场景和硬件设备上得以部署和运行。在选择接口时，需要考虑模型的训练框架、推理引擎和目标硬件平台的兼容性。

本节的知识点如下：

　●　了解常见模型接口。

● 掌握 NCNN 框架的模型接口设计。

● 结合交通标志识别案例，掌握基于 YOLOv3 的 NCNN 框架模型接口设计过程。

3.6.1　原理分析与开发设计

3.6.1.1　NCNN 框架模型的推理过程

NCNN 是一个为移动端进行了极致优化的高性能神经网络前向计算框架。从设计之初，NCNN 框架就全面考虑了移动端的部署和使用。NCNN 框架不依赖于第三方，具有跨平台特性，其在移动端的速度快于其他的开源框架。基于 NCNN 框架，开发者能够将深度学习算法轻松地移植到移动端，开发人工智能 App，将人工智能带到用户的指尖。NCNN 框架目前已在腾讯的多款应用中使用，如 QQ、Qzone、微信、天天 P 图等。

3.2 节的项目完成了交通标志识别的模型接口库，通过 Python 程序可以调用交通标志识别模型进行推理。NCNN 框架模型的推理过程如图 3.45 所示。

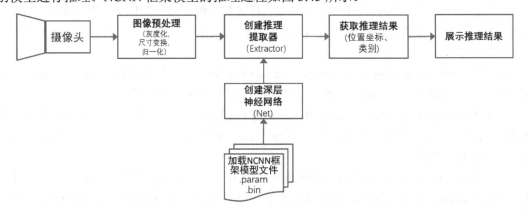

图 3.45　NCNN 框架模型的推理过程

推理流程的描述如下：

（1）获取摄像头的图像数据。

（2）图像预处理：对图像数据进行灰度化处理，并采用双线插值等算法进行图像尺寸变换，最后进行图像数据的归一化处理。

（3）加载 NCNN 框架模型文件：使用创建的 Net 神经网络对象，加载.param 文件和.bin 文件，其中，.param 文件是神经网络结构说明，.bin 文件是神经网络权重参数文件。

（4）创建深层神经网络：调用 NCNN 框架接口，创建 Net 神经网络对象。

（5）创建推理提取器（Extractor）：调用 NCNN 框架接口创建推理提取器，设置提取器线程数量和轻量的模式开关等。

（6）获取推理结果：为提取器输入经过步骤（2）处理后的图像数据，输出推理结果，推理结果包括目标物体坐标、类别等数据。

（7）展示推理结果：将推理结果绘制在原始图像上向客户展示，并返回推理结果数据。

3.6.1.2　交通标志识别模型的接口设计

NCNN 框架是基于 C/C++实现的，而 AiCam 平台的算法层采用 Python 语言，需要采用 pybind11 将 NCNN 框架模型的接口封装成 so 库，供 Python 算法调用。

AiCam 平台对 NCNN 框架模型接口的调用与返回的数据做了标准化处理，返回的数据采用 JSON 格式，方便 AiCam 平台的算法层进行解析。NCNN 框架模型接口函数如下（以交通标志识别模型为例）：

```
PYBIND11_MODULE(trafficdet, m) {
    py::class_<TrafficDet>(m, "TrafficDet")
        .def(py::init<>())
        .def("init", &TrafficDet::init)
        .def("detect", &TrafficDet::detect_yolov3);
}
```

模型接口的返回如下：

```
//函数：ModelDetector.detect(image)
//参数：image 表示图像数据
//结果：JSON 格式的字符串
//code：200 表示执行成功，301 表示执行失败
{
    "code" : 200,                          //返回码
    "msg" : "SUCCESS",                     //返回消息
    "result" : {                           //返回结果
        "obj_list" : [                     //返回内容
            {
                "location" : {             //目标坐标
                    "height" : 58,
                    "left" : 215,
                    "top" : 137,
                    "width" : 45
                },
                "mark" : [                 //目标关键点
                {
                    "x" : 227,
                    "y" : 160
                },
                {
                    "x" : 247,
                    "y" : 157
                },
                {
                    "x" : 239,
                    "y" : 169
                },
                {
                    "x" : 231,
                    "y" : 180
                },
                {
                    "x" : 249,
                    "y" : 177
```

```
                    }
                ],
                "score" : 0.99148327112197876          //置信度
            }],
            "name" : "one",                            //目标名称
            "obj_num" : 1                              //目标数量
        },
        "time" : 17.5849609375                        //推理时间（ms）
}
```

3.6.1.3　交通标志识别模型的算法设计

1）模型接口算法

交通标志识别模型接口对模型的调用和推理相关方法进行了封装，并编译成 so 库，供
AiCam 平台的算法层调用。算法文件（traffic_detection_interface\cpp\traffic_detection.cpp）的
相关代码如下：

```
################################################################################
#文件：traffic_detection.cpp
#说明：交通标志识别模型接口
################################################################################
#include "traffic_detection.h"
//数据信息列表
std::vector<std::string> data_info{};

//将 Numpy 三通道 UINT8 型数据转换为 OpenCV 矩阵数据
cv::Mat numpy_uint8_3c_to_cv_mat(py::array_t<unsigned char>& input) {

    if (input.ndim() != 3)
        throw std::runtime_error("3-channel image must be 3 dims ");
    py::buffer_info buf = input.request();
    cv::Mat mat(buf.shape[0], buf.shape[1], CV_8UC3, (unsigned char*)buf.ptr);

    return mat;
}

//将 OpenCV 矩阵数据转换为 Numpy 三通道 UINT8 型数据
py::array_t<unsigned char> cv_mat_uint8_3c_to_numpy(cv::Mat& input) {
    py::array_t<unsigned char> dst = py::array_t<unsigned char>({ input.rows,input.cols,3}, input.data);
    return dst;
}

//创建交通标志识别对象
TrafficDet::~TrafficDet(){
    yolov3.clear();
}
//初始化交通标志识别对象
int TrafficDet::init(std::string model_path)
{
```

```cpp
    //模型参数文件
    std::string mask_det_param = model_path + "/yolov3-tiny-traffic-opt.param";
    //模型权重文件
    std::string mask_det_bin= model_path + "/yolov3-tiny-traffic-opt.bin";
    //加载模型参数
    yolov3.load_param(mask_det_param.data());
    //加载模型权重
    yolov3.load_model(mask_det_bin.data());
}

std::string TrafficDet::detect_yolov3(py::array_t<unsigned char>& pyimage)
{
    Json::Value root;
    double dStart = ncnn::get_current_time();

    Json::Value obj_list, result;
    //数据格式转换
    cv::Mat input_image = numpy_uint8_3c_to_cv_mat(pyimage);
    const int target_size = 416;

    int img_w = input_image.cols;
    int img_h = input_image.rows;
    //图像数据尺寸裁剪
    ncnn::Mat in = ncnn::Mat::from_pixels_resize(input_image.data, ncnn::Mat::PIXEL_BGR2RGB,
                                    img_w, img_h, target_size, target_size);
    //图像数据归一化处理
    const float mean_vals[3] = {127.5f, 127.5f, 127.5f};
    const float norm_vals[3] = {0.007843f, 0.007843f, 0.007843f};
    in.substract_mean_normalize(mean_vals, norm_vals);
    //创建推理提取器
    ncnn::Extractor ex = yolov3.create_extractor();
    //输入图像数据
    ex.input("data", in);
    //获取推理结果
    ncnn::Mat out;
    //ex.extract("detection_out", out);
    ex.extract("output", out);

    static const char* class_names[] = {"background","red","green","left","straight","right"};
    //遍历推理结果，组装 JSON 对象
    for (int i = 0; i < out.h; i++)
    {
        const float* values = out.row(i);

        Json::Value obj;
        int idx = (int)values[0];
        //设置目标名称
        if (idx >= 0 && idx < sizeof class_names / sizeof class_names[0]) {
```

```
            obj["name"] = class_names[idx];
        } else obj["name"] = "unknow";
        //设置置信度的分值
        obj["score"] = values[1];
        //设置目标位置坐标
        int x = (int)(values[2] * img_w);
        int y = (int)(values[3] * img_h);
        int w = (int)(values[4] * img_w - x);
        int h = (int)(values[5] * img_h - y);
        Json::Value location;
        location["left"] = x;
        location["top"] = y;
        location["width"] = w;
        location["height"] = h;

        obj["location"] = location;
        obj_list.append(obj);

    }
    result["obj_num"] = obj_list.size();
    result["obj_list"] = obj_list;

    root["result"] = result;
    root["code"] = 200;
    root["msg"] = "SUCCESS";
    root["time"] = ncnn::get_current_time()-dStart;
    std::string r =    root.toStyledString();

    return r;
}
//使用 pybind11 加载交通标志识别模型
PYBIND11_MODULE(trafficdet, m) {
    py::class_<TrafficDet>(m, "TrafficDet")
        .def(py::init<>())
        .def("init", &TrafficDet::init)
        .def("detect", &TrafficDet::detect_yolov3);
}
```

2）模型接口测试程序

交通标志识别模型接口测试程序（traffic_detection_interface\traffic_detection.py）的代码
如下：

```
################################################################################
#文件：traffic_detection.py
#说明：交通标志识别模型接口测试程序
################################################################################
import numpy as np
import cv2 as cv
```

```
import os
import json
c_dir = os.path.split(os.path.realpath(__file__))[0]
import trafficdet

#单元测试，如果处理类中引用了文件，则在单元测试中要修改文件路径
if __name__ =='__main__':
    #读取测试图像
    img = cv.imread("./test.jpg")
    #创建图像处理对象
    img_object=trafficdet.TrafficDet()
    img_object.init(c_dir+'/models/traffic_detection')
    result=img_object.detect(img)
    print(result)
```

3.6.2　开发步骤与验证

3.6.2.1　项目部署

1）硬件部署

详见 2.1.2.1 节。

2）工程部署

（1）运行 MobaXterm 工具，通过 SSH 登录到边缘计算网关。

（2）在 SSH 终端执行以下命令，创建项目工程目录。

```
$ mkdir -p ~/aiedge-exp
```

（3）通过 SSH 将本项目工程代码上传到~/aicam-exp 目录下，并采用 unzip 命令进行解压缩。

3.6.2.2　模型接口编译

在 SSH 终端输入以下命令，编译模型接口。

```
$ cd ~/aiedge-exp/traffic_detection_interface
$ mkdir -p build
$ cd build
$ cmake ..
   ……
   ……
-- Build files have been written to: /home/zonesion/aiedge-exp/traffic_detection_interface/build
$ make
Scanning dependencies of target trafficdet
[ 50%] Building CXX object CMakeFiles/trafficdet.dir/cpp/traffic_detection.cpp.o
[100%] Linking CXX shared module trafficdet.cpython-35m-x86_64-linux-gnu.so
[100%] Built target trafficdet
```

编译完成后会在 build 目录中生成 trafficdet.cpython-35m-x86_64-linux-gnu.so（模型接口库文件）。注意：在 ARM 平台中的文件为 trafficdet.cpython-35m-aarch64-linux-gnu.so。

3.6.2.3　模型接口测试

在 SSH 终端输入以下命令，运行模型接口。

```
$ cd ~/aiedge-exp/traffic_detection_interface
$ cp build/*.so ./
$ conda activate py36_tf114_torch15_cpu_cv345        //Ubuntu 20.04 操作系统下需要切换环境
$ python3 traffic_detection.py
{
    "code" : 200,
    "msg" : "SUCCESS",
    "result" : {
        "obj_list" : [
        {
            "location" : {
                "height" : 93,
                "left" : 425,
                "top" : 158,
                "width" : 107
            },
            "name" : "right",
            "score" : 0.90108931064605713
        },
        {
            "location" : {
                "height" : 115,
                "left" : 149,
                "top" : 143,
                "width" : 109
            },
            "name" : "left",
            "score" : 0.89343971014022827
        },
        {
            "location" : {
                "height" : 116,
                "left" : 273,
                "top" : 145,
                "width" : 124
            },
            "name" : "straight",
            "score" : 0.51184618473052979
        }],
        "obj_num" : 3
    },
    "time" : 61.909912109375
}
```

运行成功后，程序将调用模型对测试图像进行推理。

3.6.3　本节小结

本节基于交通标志识别模型，介绍了 NCNN 框架模型接口算法的设计，以及基于 YOLOv3 的 NCNN 框架模型接口设计。

3.6.4　思考与拓展

NCNN 框架模型是基于 C/C++实现的，而 AiCam 平台的算法层采用的是 Python 语言，如何封装接口才能被 Python 程序调用？

3.7 YOLOv5 模型的接口应用

本节的知识点如下：
- 掌握模型接口的设计作用。
- 掌握 RKNN 框架模型接口算法的设计。
- 结合口罩检测模型，掌握基于 YOLOv5 的 RKNN 框架模型接口的设计过程。

3.7.1　原理分析与开发设计

3.7.1.1　口罩检测模型的接口设计与算法设计

1）口罩检测模型的接口设计

NCNN 框架模型接口函数如下（以口罩检测模型为例）：

```
PYBIND11_MODULE(maskdet, m) {
    py::class_<MaskDet>(m, "MaskDet")
        .def(py::init<>())
        .def("init", &MaskDet::init)
        .def("detect", &MaskDet::detect_yolov5);
}
```

模型接口的返回如下：

```
//函数：img_object.detect (image)
//参数：image 表示图像数据
//结果：JSON 格式的字符串
//code：200 表示执行成功，301 表示执行失败
{
    'code': 200,
    'msg': 'SUCCESS',
    'result': {
        "code" : 200,
        "msg" : "SUCCESS",
        "result" : {
            "obj_list" : [
```

```
        {
            "location" : {
                "height" : 341.3070068359375,
                "left" : 149.92092895507812,
                "top" : 0,
                "width" : 252.85385131835938
            },
            "name" : "face_mask",
            "score" : 0.9254075288772583
        }],
        "obj_num" : 1
    },
    "time" : 88.807861328125
}
}
```

2）口罩检测模型的算法设计

口罩检测模型接口实现了模型的调用和推理相关方法的封装，编译成 so 库，AiCam 平台的算法层调用。算法文件（mask_detection_interface_ncnn\cpp\mask_detection.cpp）的相关代码如下：

```
################################################################################
#文件：mask_detection.cpp
#说明：口罩检测模型接口
################################################################################
#include "mask_detection.h"

std::vector<std::string> data_info{};
int MaskDet::init(std::string model_path)
{
    std::string mask_det_param = model_path + "/yolov5s-mask.ncnn.param";
    std::string mask_det_bin= model_path + "/yolov5s-mask.ncnn.bin";
    yolov5.opt.use_vulkan_compute = true;
    //yolov5.opt.use_bf16_storage = true;
    //yolov5.register_custom_layer("Yolov5Focus", Yolov5Focus_layer_creator);
    yolov5.load_param(mask_det_param.data());
    yolov5.load_model(mask_det_bin.data());
}

std::string MaskDet::detect_yolov5(py::array_t<unsigned char>& pyimage)
{
    Json::Value root;
    Json::Value obj_list, result;
    static const char* class_names[] = {"face","face_mask"};
    double dStart = ncnn::get_current_time();

    const int target_size = 640;
    const float prob_threshold = 0.25f;
```

```
const float nms_threshold = 0.45f;

//yolov5/models/common.py DetectMultiBackend
const int max_stride = 64;
cv::Mat input_image = numpy_uint8_3c_to_cv_mat(pyimage);

int img_w = input_image.cols;
int img_h = input_image.rows;

//letterbox pad to multiple of max_stride
int w = img_w;
int h = img_h;
float scale = 1.f;
if (w > h)
{
    scale = (float)target_size / w;
    w = target_size;
    h = h * scale;
}
else
{
    scale = (float)target_size / h;
    h = target_size;
    w = w * scale;
}

ncnn::Mat in = ncnn::Mat::from_pixels_resize(input_image.data, ncnn::Mat::PIXEL_BGR2RGB,
            img_w, img_h, w, h);

//pad to target_size rectangle
//yolov5/utils/datasets.py letterbox
int wpad = (w + max_stride - 1) / max_stride * max_stride - w;
int hpad = (h + max_stride - 1) / max_stride * max_stride - h;
ncnn::Mat in_pad;
ncnn::copy_make_border(in, in_pad, hpad / 2, hpad - hpad / 2, wpad / 2, wpad - wpad / 2,
                    ncnn::BORDER_CONSTANT, 114.f);

const float norm_vals[3] = {1 / 255.f, 1 / 255.f, 1 / 255.f};
in_pad.substract_mean_normalize(0, norm_vals);

ncnn::Extractor ex = yolov5.create_extractor();

ex.set_light_mode(true);
ex.set_num_threads(2);
ex.input("in0", in_pad);

std::vector<Object> proposals;
//stride 8
```

```
    {
        ncnn::Mat out;
        ex.extract("out0", out);

        ncnn::Mat anchors(6);
        anchors[0] = 10.f;
        anchors[1] = 13.f;
        anchors[2] = 16.f;
        anchors[3] = 30.f;
        anchors[4] = 33.f;
        anchors[5] = 23.f;
        std::vector<Object> objects8;
        generate_proposals(anchors, 8, in_pad, out, prob_threshold, objects8);
        proposals.insert(proposals.end(), objects8.begin(), objects8.end());
    }
    result["obj_num"] = obj_list.size();
    result["obj_list"] = obj_list;

    root["result"] = result;
    root["code"] = 200;
    root["msg"] = "SUCCESS";
    root["time"] = ncnn::get_current_time()-dStart;
    std::string r =    root.toStyledString();

    return r;
}
PYBIND11_MODULE(maskdet, m) {
    py::class_<MaskDet>(m, "MaskDet")
        .def(py::init<>())
        .def("init", &MaskDet::init)
        .def("detect", &MaskDet::detect_yolov5);
}
```

3）测试程序

口罩检测模型接口的测试程序（mask_detection_interface_ncnn\mask_detection.py）的代码如下：

```
################################################################################
#文件：mask_detection.py
#说明：口罩检测
################################################################################
import numpy as np
import cv2 as cv
import os
import json
c_dir = os.path.split(os.path.realpath(__file__))[0]
import maskdet
```

```
#单元测试，如果处理类中引用了文件，则在单元测试中要修改文件路径
if __name__=='__main__':

    #读取测试图像
    img = cv.imread("./test.jpg")
    #创建图像处理对象
    img_object=maskdet.MaskDet()
    img_object.init(c_dir+'/models/mask')
    result=img_object.detect(img)
    #转化为 JSON 格式的字符串
    result=json.loads(result)
    #打印结果
    print(result)
    #获取结果字典中需要标注的边框的位置
    location=result["result"]["obj_list"][0]["location"]
    pos1=(int(location["left"]),int(location["top"]))
    pos2=(int(location["left"]+location["width"]),int(location["top"]+location["height"]))
    name=result["result"]["obj_list"][0]["name"]
    #画矩形框
    cv.rectangle(img,pos1,pos2,(255,0,0),thickness=1)
    #添加文本
    cv.putText(img,name,pos2, cv.FONT_HERSHEY_SIMPLEX,0.5,(255,0,0),thickness=1)
    cv.imshow('result', img)
    key = cv.waitKey(0)
```

3.7.1.2　RKNN 框架模型推理

1）推理框架

RKNN 是 Rockchip 的 NPU 平台使用的模型，模型文件的后缀名为.rknn。Rockchip 提供了完整的用于模型转换的 Python 工具，方便用户将自主研发的算法模型转换成 RKNN 框架模型，同时 Rockchip 也提供了 C/C++和 Python API 接口。

RKNN-Toolkit 是一种用于在 PC、Rockchip NPU 平台上进行模型转换、推理和性能评估的开发套件，用户通过该开发套件提供的 Python 接口可以便捷地完成以下功能：

（1）模型转换：可以将 Caffe、TensorFlow、TensorFlow Lite、ONNX、Darknet、PyTorch、MXNet 框架模型转成 RKNN 框架模型，支持 RKNN 框架模型的导入导出，后续能够在 Rockchip NPU 平台上加载使用。RKNN-Toolkit 从 1.2.0 版本开始支持多输入模型，从 1.3.0 版本开始支持 PyTorch 和 MXNet 框架模型。

（2）量化功能：支持将浮点模型转成量化模型，目前支持的量化方法有非对称量化（asymmetric_quantized-u8）、动态定点量化（dynamic_fixed_point-8 和 dynamic_fixed_point-16）。RKNN-Toolkit 从 1.0.0 版本开始支持混合量化功能。

（3）模型推理：能够在计算机上模拟 Rockchip NPU 平台，运行 RKNN 框架模型并获取推理结果；也可以将 RKNN 框架模型分发到指定的 NPU 设备上进行推理。

（4）性能评估：能够在计算机上模拟 Rockchip NPU 平台，运行 RKNN 框架模型并评估模型性能（包括总耗时和每一层的耗时）；也可以将 RKNN 框架模型分发到指定 NPU 设备上运行，以评估模型在实际设备上运行时的性能。

（5）内存评估：能够对系统和 NPU 内存的消耗情况进行评估，使用该功能时，必须将 RKNN 框架模型分发到 Rockchip NPU 平台上运行，并调用相关接口获取内存使用信息。从 0.9.9 版本开始，Rockchip 支持该功能。

（6）模型预编译：通过预编译技术生成的 RKNN 框架模型可以减少模型在硬件平台上的加载时间。对于部分模型，还可以减小模型尺寸。但预编译后的 RKNN 框架模型只能在 Rockchip NPU 设备上运行。目前只有 x86_64 Ubuntu 操作系统能够直接从原始模型生成 RKNN 框架的预编译模型。RKNN-Toolkit 从 0.9.5 版本开始支持模型预编译功能，并在 1.0.0 版本中对预编译方法进行了升级，升级后的预编译模型无法与旧版本的驱动兼容。从 1.4.0 版本开始，RKNN-Toolkit 也可以通过 Rockchip NPU 平台将普通的 RKNN 框架模型转成 RKNN 框架的预编译模型。

（7）模型分段：在多个模型同时运行时，模型分段可以将单个模型分成多段在 Rockchip NPU 平台上运行，通过调节多个模型占用 Rockchip NPU 平台的运行时间，避免因为一个模型占用太多的运行时间使其他模型得不到及时运行。RKNN-Toolkit 从 1.2.0 版本开始支持该功能，该功能必须在 Rockchip NPU 平台上使用，且 Rockchip NPU 的驱动版本要高于 0.9.8 版本。

2）推理流程

前面的项目完成了口罩检测模型接口库，通过 Python 程序可以调用口罩检测模型进行推理。RKNN 框架模型的推理过程如图 3.46 所示。

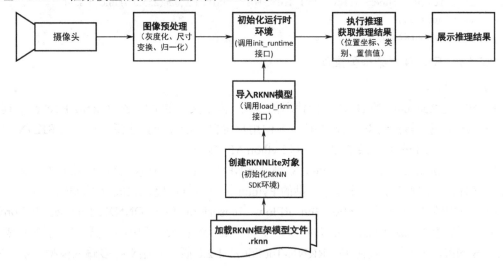

图 3.46　RKNN 框架模型的推理过程

推理流程的描述如下：

（1）获取摄像头的图像数据。

（2）图像预处理：对图像数据进行灰度化处理，并采用双线插值等算法进行图像尺寸变换，最后进行图像数据的归一化处理。

（3）加载 RKNN 框架模型文件：加载 .rknn 模型文件。

（4）创建 RKNNLite 对象：调用 RKNN 框架接口，创建 RKNNLite 对象。

（5）导入 RKNN 模型：使用 RKNNLite 对象加载模型。

（6）初始化运行时环境：调用 init_runtime 接口，初始化运行时环境。

（7）执行推理获取推理结果：调用 RKNNLite 对象相应的推理接口函数 inference 进行模型推理，输出推理预测结果。推理结果包括目标物体的位置坐标、类别和置信度等。

（8）展示推理结果：将推理结果绘制在原始图像上向客户展示，并返回推理结果数据。

3）口罩检测模型的接口设计

AiCam 平台对 RKNN 框架模型接口的调用与返回的数据做了标准化处理，返回的数据采用 JSON 格式。为了在应用层能够更好地分析数据，模型返回的设计如下（以口罩检测模型为例）：

```
//函数: mask_model.predict_resize(image)
//参数: image 表示图像数据
//结果: JSON 格式的字符串
//类别: {"face","face_mask"}表示{"没戴口罩","戴口罩"}
//code: 200 表示执行成功
{
    "code" : 200,                          //返回码
    "msg" : "SUCCESS",                     //返回消息
    "result" : {                           //返回结果
        "obj_list" : [                     //返回内容
        {
            "location" : {                 //目标坐标
                "height" : 400,
                "left" : 1215,
                "top" : 1052,
                "width" : 570
            },
            "name" : "face_mask",          //目标名称
            "score" : 0.9994969367980957   //置信度
        }],
        "obj_num" : 1                      //目标数量
    },
    "time" : 33.180908203125               //推理时间（ms）
}
```

4）口罩检测模型的算法设计

在 yolov5_rknn 模型推理代码中，同样使用_predict 函数进行模型的推理与验证。为了使推理结果的结构更加清晰，在本项目代码中，对这个接口进行了进一步的封装，具体如下代码所示：

```
###############################################################################
#文件: yolov5_rknn_detection.py
#说明: 口罩检测模型
###############################################################################
import cv2
import time
import random
import numpy as np
import json
```

```python
from copy import deepcopy
import base64
from rknnlite.api import RKNNLite

"""
RK3588 yolov5s 口罩检测模型
"""
class AutoScale:
    def __init__(self, img, max_w, max_h):
        self._src_img = img
        self.scale = self.get_max_scale(img, max_w, max_h)
        self._new_size = self.get_new_size(img, self.scale)
        self.__new_img = None

    def get_max_scale(self, img, max_w, max_h):
        h, w = img.shape[:2]
        scale = min(max_w / w, max_h / h, 1)
        return scale

    def get_new_size(self, img, scale):
        return tuple(map(int, np.array(img.shape[:2][::-1]) * scale))

    @property
    def size(self):
        return self._new_size

    @property
    def new_img(self):
        if self.__new_img is None:
            self.__new_img = cv2.resize(self._src_img, self._new_size)
        return self.__new_img

class Yolov5_Rknn_Detection():
    def __init__(self, path, wh, masks, anchors, names):
        model = self.load_rknn_model(path)
        self.wh = wh
        self._masks = masks
        self._anchors = anchors
        self.names = names
        if isinstance(model, str):
            model = self.load_rknn_model(model)
        self._rknn = model
        self.draw_box = False

    def sigmoid(self, x):
        return 1 / (1 + np.exp(-x))

    def filter_boxes(self, boxes, box_confidences, box_class_probs, conf_thres):
```

```python
        #条件概率，在区域存在物体的概率是某个类别的概率
        box_scores = box_confidences * box_class_probs
        box_classes = np.argmax(box_scores, axis=-1)          #找出概率最大的类别索引
        box_class_scores = np.max(box_scores, axis=-1)        #最大类别对应的概率值
        pos = np.where(box_class_scores >= conf_thres)        #找出概率大于阈值的类别
        #pos = box_class_scores >= OBJ_THRESH
        boxes = boxes[pos]
        classes = box_classes[pos]
        scores = box_class_scores[pos]
        return boxes, classes, scores


    def nms_boxes(self,boxes, scores, iou_thres):
        x = boxes[:, 0]
        y = boxes[:, 1]
        w = boxes[:, 2]
        h = boxes[:, 3]

        areas = w * h
        order = scores.argsort()[::-1]

        keep = []
        while order.size > 0:
            i = order[0]
            keep.append(i)

            xx1 = np.maximum(x[i], x[order[1:]])
            yy1 = np.maximum(y[i], y[order[1:]])
            xx2 = np.minimum(x[i] + w[i], x[order[1:]] + w[order[1:]])
            yy2 = np.minimum(y[i] + h[i], y[order[1:]] + h[order[1:]])

            w1 = np.maximum(0.0, xx2 - xx1 + 0.00001)
            h1 = np.maximum(0.0, yy2 - yy1 + 0.00001)
            inter = w1 * h1

            ovr = inter / (areas[i] + areas[order[1:]] - inter)
            inds = np.where(ovr <= iou_thres)[0]
            order = order[inds + 1]
        keep = np.array(keep)
        return keep


    def plot_one_box(self,x, img, color=None, label=None, line_thickness=None, score=None):
        tl = line_thickness or round(0.002 * (img.shape[0] + img.shape[1]) / 2) + 1
        color = color or [random.randint(0, 255) for _ in range(3)]
        c1, c2 = (int(x[0]), int(x[1])), (int(x[2]), int(x[3]))
        cv2.rectangle(img, c1, c2, color, thickness=tl, lineType=cv2.LINE_AA)
        if label:
            tf = max(tl - 1, 1)
            text=label+' score:%.2f% score        #输出文本
```

```python
            t_size = cv2.getTextSize(text, 0, fontScale=tl / 3, thickness=tf)[0]
            c2 = c1[0] + t_size[0], c1[1] - t_size[1] - 3
            cv2.rectangle(img, c1, c2, color, -1, cv2.LINE_AA)
            cv2.putText(img, text, (c1[0], c1[1] - 2), 0, tl / 3, [225, 255, 255],
                        thickness=tf, lineType=cv2.LINE_AA)
        return img

    def letterbox(self,img, new_wh=(416, 416), color=(114, 114, 114)):
        a = AutoScale(img, *new_wh)
        new_img = a.new_img
        h, w = new_img.shape[:2]
        new_img = cv2.copyMakeBorder(new_img, 0, new_wh[1] - h, 0, new_wh[0] -
                                     w, cv2.BORDER_CONSTANT, value=color)
        return new_img, (new_wh[0] / a.scale, new_wh[1] / a.scale)

    def load_model_npu(self,PATH, npu_id):
        rknn = RKNNLite()
        devs = rknn.list_devices()
        device_id_dict = {}
        for index, dev_id in enumerate(devs[-1]):
            if dev_id[:2] != 'TS':
                device_id_dict[0] = dev_id
            if dev_id[:2] == 'TS':
                device_id_dict[1] = dev_id
        print('-->loading model : ' + PATH)
        rknn.load_rknn(PATH)
        print('--> Init runtime environment on: ' + device_id_dict[npu_id])
        ret = rknn.init_runtime(device_id=device_id_dict[npu_id])
        if ret != 0:
            print('Init runtime environment failed')
            exit(ret)
        print('done')
        return rknn

    def load_rknn_model(self,PATH):
        rknn = RKNNLite()
        ret = rknn.load_rknn(PATH)
        if ret != 0:
            print('load rknn model failed')
            exit(ret)
        print('done')
        ret = rknn.init_runtime()
        if ret != 0:
            print('Init runtime environment failed')
            exit(ret)
        print('done')
        return rknn
```

```python
def _predict(self, img_src, _img, gain, conf_thres=0.4, iou_thres=0.45):
    #推理返回的结构
    respond={
    "code" : None,                          #返回码
    "msg" : None,                           #返回消息
    "result" :                              #返回结果
        {
            "obj_list" :
            [
                {"location" : {"left": None,"top": None,"width": None, "height": None},
                "name": None,"score": None }     #目标对应的位置、名称、置信值
            ],
            "obj_num" : 1,
            "time" : None                   #推理时间
        },
    }
    #准备推理
    src_h, src_w = img_src.shape[:2]
    _img = cv2.cvtColor(_img, cv2.COLOR_BGR2RGB)
    t0 = time.time()
    #在 Rockchip NPU 平台上进行推理
    pred_onx = self._rknn.inference(inputs=[_img])
    respond["result"]["time"]=round((time.time() - t0)*1000,2)

    #处理推理结果
    boxes, classes, scores = [], [], []
    for t in range(3):
        input0_data = self.sigmoid(pred_onx[t][0])
        input0_data = np.transpose(input0_data, (1, 2, 0, 3))
        grid_h, grid_w, channel_n, predict_n = input0_data.shape
        anchors = [self._anchors[i] for i in self._masks[t]]
        box_confidence = input0_data[..., 4]
        box_confidence = np.expand_dims(box_confidence, axis=-1)
        box_class_probs = input0_data[..., 5:]
        box_xy = input0_data[..., :2]
        box_wh = input0_data[..., 2:4]
        col = np.tile(np.arange(0, grid_w), grid_h).reshape(-1, grid_w)
        row = np.tile(np.arange(0, grid_h).reshape(-1, 1), grid_w)
        col = col.reshape((grid_h, grid_w, 1, 1)).repeat(3, axis=-2)
        row = row.reshape((grid_h, grid_w, 1, 1)).repeat(3, axis=-2)
        grid = np.concatenate((col, row), axis=-1)
        box_xy = box_xy * 2 - 0.5 + grid
        box_wh = (box_wh * 2) ** 2 * anchors
        box_xy /= (grid_w, grid_h)  #计算原尺寸的中心
        box_wh /= self.wh  #计算原尺寸的宽高
        box_xy -= (box_wh / 2)
        box = np.concatenate((box_xy, box_wh), axis=-1)
        res = self.filter_boxes(box, box_confidence, box_class_probs, conf_thres)
```

```
            boxes.append(res[0])
            classes.append(res[1])
            scores.append(res[2])
        boxes, classes, scores = np.concatenate(boxes), np.concatenate(classes), np.concatenate(scores)
        nboxes, nclasses, nscores = [], [], []
        for c in set(classes):
            inds = np.where(classes == c)
            b = boxes[inds]
            c = classes[inds]
            s = scores[inds]
            keep = self.nms_boxes(b, s, iou_thres)
            nboxes.append(b[keep])
            nclasses.append(c[keep])
            nscores.append(s[keep])
        if len(nboxes) < 1:
            respond["code"]=201
            respond["msg"]="NO_OBJECT"
            respond["result"]["obj_list"]=[]
            respond["result"]["obj_num"]=0
            return respond
        boxes = np.concatenate(nboxes)
        classes = np.concatenate(nclasses)
        scores = np.concatenate(nscores)

        #返回的推理结果
        respond["code"]=200
        respond["msg"]="SUCCESS"
        respond["result"]["obj_list"]=[]
        respond["result"]["obj_num"]=len(nboxes)
        for (x, y, w, h), score, cl in zip(boxes, scores, classes):
            obj={}
            x *= gain[0]
            y *= gain[1]
            w *= gain[0]
            h *= gain[1]
            x1 = max(0, np.floor(x).astype(int))
            y1 = max(0, np.floor(y).astype(int))
            x2 = min(src_w, np.floor(x + w + 0.5).astype(int))
            y2 = min(src_h, np.floor(y + h + 0.5).astype(int))

            obj["location"]={"left":int(x1),"top":int(y1),"width":int(x2-x1),"height":int(y2-y1)}
            obj["name"]=self.names[cl]
            obj["score"]=float(score)
            respond["result"]["obj_list"].append(obj)

            if self.draw_box:
                self.plot_one_box((x1, y1, x2, y2), img_src, label=self.names[cl],score=score)
        return respond
```

```python
    def predict_resize(self, img_src, conf_thres=0.4, iou_thres=0.45):
        """
        预测一幅图像，预处理使用 resize
        return: labels,boxes,scores
        """
        _img = cv2.resize(img_src, self.wh)
        gain = img_src.shape[:2][::-1]
        return self._predict(img_src, _img, gain, conf_thres, iou_thres, )

    def predict(self, img_src, conf_thres=0.4, iou_thres=0.45):
        """
        预测一幅图像，预处理保持宽高比
        return: labels,boxes,scores
        """
        _img, gain = self.letterbox(img_src, self.wh)
        return self._predict(img_src, _img, gain, conf_thres, iou_thres)

    def close(self):
        self._rknn.release()

    def __enter__(self):
        return self

    def __exit__(self, exc_type, exc_val, exc_tb):
        self.close()

    def __del__(self):
        self.close()
```
测试程序

口罩检测模型接口的单元测试程序如下：

```python
if __name__ == '__main__':
    RKNN_MODEL_PATH = r"./yolov5s-mask.rknn"
    SIZE = (640, 640)
    MASKS = [[0, 1, 2], [3, 4, 5], [6, 7, 8]]
    ANCHORS = [[10, 13], [16, 30], [33, 23], [30, 61], [62, 45], [59, 119], [116, 90],
                [156, 198], [373, 326]]
    CLASSES = ('face','face_mask')
    #初始化
    detector = Yolov5_Rknn_Detection(RKNN_MODEL_PATH, SIZE, MASKS, ANCHORS,
                                    CLASSES)

    #读取测试图像
    img = cv2.imread("./test.jpg")
    respond= detector.predict_resize(img)
    print(respond)
```

3.7.2　开发步骤与验证

3.7.2.1　项目部署

1）硬件部署

详见 2.1.2.1 节。

2）工程部署

（1）运行 MobaXterm 工具，通过 SSH 登录到边缘计算网关。

（2）在 SSH 终端中执行以下命令，创建项目工程目录。

```
$ mkdir -p ~/aiedge-exp
```

（3）通过 SSH 将本项目工程代码上传到~/aicam-exp 目录下，并采用 unzip 命令进行解压缩。

```
$ unzip mask_detection_interface_ncnn.zip
$ unzip mask_detection_interface_rknn.zip
```

3.7.2.2　NCNN 框架模型接口开发验证

1）参数配置

（1）打开 mask_detection_interface_ncnn/cpp/mask_detection.cpp 文件，修改 198、199 行的代码，将需要加载的 bin 和 param 文件名称修改为转换好的 NCNN 框架模型文件名称。

```
#修改的内容
std::string mask_det_param = model_path + "/yolov5s-mask.ncnn.param";
std::string mask_det_bin= model_path + "/yolov5s-mask.ncnn.bin";
```

（2）若模型类别不同，则需要修改 mask_detection_interface_ncnn/cpp/mask_detection. cpp 文件中的其他类别名称（对应于程序代码的 211 行），即：

```
static const char* class_names[] = {"face","face_mask"};
```

2）编译 SO 库文件

通过 cmake 工具直接进行编译，如果已经存在 build 目录，则需要删除该目录后重新创建 build 目录，否则会无法生成 so 文件（这是因为无法替换已经存在的 so 文件）。编译完成后生成的 so 文件为 build/maskdet.cpython-38-aarch64-linux-gnu.so，将其复制到 build 的上一级目录。

```
$ cd ~/aiedge-exp/mask_detection_interface_ncnn
$ mkdir build && cd build
$ cmake ..
$ make -j4
Scanning dependencies of target maskdet
[ 50%] Building CXX object CMakeFiles/maskdet.dir/cpp/mask_detection.cpp.o
[100%] Linking CXX shared module maskdet.cpython-38-aarch64-linux-gnu.so
[100%] Built target maskdet
$ cp maskdet.cpython-38-aarch64-linux-gnu.so ../
```

3）接口测试

（1）运行 MobaXterm 工具，通过 SSH 登录到 GW3588 边缘计算网关。

（2）在 SSH 终端输入以下命令，测试口罩检测模型。

```
$ cd ~/aiedge-exp/mask_detection_interface_ncnn
$ python3 mask_detection.py
{
    "code" : 200,
    "msg" : "SUCCESS",
    "result" : {
        "obj_list" : [
        {
            "location" : {
                "height" : 317.11355590820312,
                "left" : 390.5355224609375,
                "top" : 112.06796264648438,
                "width" : 209.1123046875
            },
            "name" : "face_mask",
            "score" : 0.90283530950546265
        }],
        "obj_num" : 1
    },
    "time" : 88.098876953125
}
```

从测试结果可以看出，mask_detection.py 加载了 maskdet.cpython-38-aarch64-linux-gnu.so 文件，并对本地图像 test.jpg 进行了检测。口罩检测结果如图 3.47 所示。

图 3.47　口罩检测结果

3.7.2.3　RKNN 框架模型测试

在 GW3588 边缘计算网关的 SSH 终端输入以下命令，测试口罩检测模型接口，程序将打开测试图像进行口罩检测并将返回检测结果。

```
$ cd ~/aiedge-exp/mask_detection_interface_rknn/
$ python3 yolov5_rknn_detection.py
{'code': 200, 'msg': 'SUCCESS', 'result': {'obj_list': [{'location': {'left': 449, 'top': 0,
    'width': 142, 'height': 84}, 'name': 'face', 'score': 0.8385043144226074},
    {'location': {'left': 804, 'top': 181, 'width': 130, 'height': 175},
    'name': 'face', 'score': 0.8091291785240173}, {'location': {'left': 348, 'top': 76,
    'width': 148, 'height': 168}, 'name': 'face_mask', 'score': 0.7066819071769714}],
    'obj_num': 2, 'time': 46.52}}
```

3.7.3 本节小结

本节以口罩检测模型为例，介绍了 RKNN 框架模型的接口设计与算法设计，以及基于 YOLOv5 的 RKNN 框架模型的接口设计过程。

3.7.4 思考与拓展

如何在 SSH 终端进行 yolov5_rknn 模型的推理？

3.8 YOLOv3 模型的算法设计

在计算机和深度学习领域中，模型通常用来解决特定的问题，一般是数学方程、规则和计算步骤的组合。模型可以使得计算机执行某些任务或预测某些结果。以下是一些常见的模型算法类型：

（1）线性回归（Linear Regression）：用于构建输入特征与输出标签之间的线性关系，如预测房价等。

（2）逻辑回归（Logistic Regression）：用于解决二分类问题，通过将输入映射到一个概率范围内，从而预测某个样本属于哪一类。

（3）决策树（Decision Trees）：使用树状结构进行决策，每个节点代表一个特征，每个分支代表一个可能的决策，用于分类和回归。

（4）支持向量机（Support Vector Machines，SVM）：用于分类，通过在特征空间中找到一个最优超平面来进行分类。

（5）神经网络（Neural Networks）：由神经元和层组成的模型，用于处理复杂的非线性关系，广泛用于深度学习领域。

（6）K 近邻算法（K-Nearest Neighbors，KNN）：通过查找最接近输入样本的 k 个邻居来进行分类或回归。

（7）聚类算法（Clustering Algorithms）：用于将数据分为不同的簇，如 K 均值聚类（K-Means Clustering）。

（8）朴素贝叶斯（Naive Bayes）：在贝叶斯定理的基础上处理分类问题。

（9）随机森林（Random Forest）：由多个决策树组成的集成模型，用于提高预测的准确性和鲁棒性。

（10）强化学习算法（Reinforcement Learning Algorithms）：用于训练智能体进行决策，以最大化累积奖励，如 Q 学习、深度强化学习算法。

本节的知识点如下：

- 掌握基于 AiCam 平台的机器视觉应用框架。
- 基于 YOLOv3 和 AiCam 平台，掌握交通标志识别模型的算法设计过程。

3.8.1　原理分析与开发设计

3.8.1.1　基于 AiCam 平台的机器视觉应用框架

AiCam 平台采用 RESTful 接口，以 Flask 服务的方式为应用层提供算法服务。根据实际的 AI 应用逻辑，AiCam 平台的算法提供两种交互接口，分别用于处理实时推理和单次推理的应用场景。AiCam 平台的开发框架见图 2.4 所示。

3.8.1.2　基于 YOLOv3 和 AiCam 平台的交通标志识别模型的算法设计

1）模型推理

通过前面的项目我们完成了交通标志识别模型的接口库，通过 Python 程序可以调用模型进行推理：

```
#实时视频接口：@__app.route('/stream/<action>')
#image：摄像头实时传递过来的图像
#param_data：必须为 None
result = self.traffic_model.detect(image)
```

返回的结果如下：

```
//函数：TrafficDet.detect(image)
//参数：image 表示图像数据
//结果：JSON 格式的字符串
//code：200 表示执行成功，301 表示执行失败
{
    "code" : 200,                              //返回码
    "msg" : "SUCCESS",                         //返回消息
    "result" : {                               //返回结果
        "obj_list" : [                         //返回内容
        {
            "location" : {                     //目标坐标
                "height" : 400,
                "left" : 1215,
                "top" : 1052,
                "width" : 570
            },
            "name" : "right",                  //目标名称
            "score" : 0.9994969367980957       //置信度
        }],
        "obj_num" : 1                          //目标数量
    },
```

```
    "time" : 33.180908203125                              //推理时间（ms）
}
```

2）接口设计

交通标志识别模型算法通过 AiCam 平台的实时推理接口对视频流内的图像进行实时计算和识别，摄像头采集到的视频图像通过交通标志识别模型算法进行实时计算，返回标注了识别框和识别内容的结果图像，并实时推流到应用端以视频的方式显示，同时将计算的结果数据（交通标志坐标、关键点、名称、推理时间、置信度等）返回到应用端，用于业务的处理。交通标志识别模型算法的详细逻辑如下：

（1）打开边缘计算网关的摄像头，获取实时的视频图像。

（2）将实时视频图像推送给算法接口的 inference 方法。

（3）调用算法接口的 inference 方法进行图像处理。

（4）算法接口的 inference 方法返回 base64 编码的结果图像、结果数据。

（5）AiCam 平台将返回的结果图像和结果数据拼接为 text/event-stream 数据流，供应用层调用。

（6）应用层通过 EventSource 接口获取实时推送的算法数据流（结果图像和结果数据）。

（7）应用层解析数据流，提取出结果图像和结果数据进行应用展示。

3）交通标志识别模型算法设计

交通标志识别模型算法通过 AiCam 平台的实时推理接口对视频流内的图像进行实时计算和识别，算法文件（traffic_detection\traffic_detection.py）的相关代码如下：

```
########################################################################
#文件：traffic_detection.py
#说明：交通标志识别模型
########################################################################
from PIL import Image,ImageDraw,ImageFont
import numpy as np
import cv2 as cv
import os
import json
import base64
c_dir = os.path.split(os.path.realpath(__file__))[0]

class TrafficDetection(object):
    def __init__(self, model_path="models/traffic_detection"):
        self.model_path = model_path
        self.traffic_model = TrafficDet()
        self.traffic_model.init(self.model_path)

    def image_to_base64(self, img):
        image = cv.imencode('.jpg', img, [cv.IMWRITE_JPEG_QUALITY, 60])[1]
        image_encode = base64.b64encode(image).decode()
        return image_encode

    def base64_to_image(self, b64):
```

```
        img = base64.b64decode(b64.encode('utf-8'))
        img = np.asarray(bytearray(img), dtype="uint8")
        img = cv.imdecode(img, cv.IMREAD_COLOR)
        return img

    def draw_pos(self, img, objs):
        img_rgb = cv.cvtColor(img, cv.COLOR_BGR2RGB)
        pilimg = Image.fromarray(img_rgb)
        #创建 ImageDraw 绘图类
        draw = ImageDraw.Draw(pilimg)
        #设置字体
        font_size = 20
        font_path = c_dir+"/font/wqy-microhei.ttc"
        font_hei = ImageFont.truetype(font_path, font_size, encoding="utf-8")

        for obj in objs:
            loc = obj["location"]
            draw.rectangle((loc["left"], loc["top"], loc["left"]+loc["width"],
                            loc["top"]+loc["height"]), outline='green',width=2)
            msg =   obj["name"]+": %.2f"%obj["score"]
            draw.text((loc["left"], loc["top"]-font_size*1), msg, (0, 255, 0), font=font_hei)
        result = cv.cvtColor(np.array(pilimg), cv.COLOR_RGB2BGR)
        return result
    def inference(self, image, param_data):
        #code：识别成功返回 200
        #msg：相关提示信息
        #origin_image：原始图像
        #result_image：处理之后的图像
        #result_data：结果数据
        return_result = {'code': 200, 'msg': None, 'origin_image': None, 'result_image': None,
                         'result_data': None}

        #实时视频接口：@__app.route('/stream/<action>')
        #image：摄像头实时传递过来的图像
        #param_data：必须为 None
        result = self.traffic_model.detect(image)
        result = json.loads(result)
        if result["code"] == 200 and result["result"]["obj_num"] > 0:
            r_image = self.draw_pos(image, result["result"]["obj_list"])
        else:
            r_image = image
        return_result["code"] = result["code"]
        return_result["msg"] = result["msg"]
        return_result["result_image"] = self.image_to_base64(r_image)
        return_result["result_data"] = result["result"]
        return return_result
```

4）单元测试

交通标志识别模型算法文件提供了单元测试代码，相关代码如下：

```
#单元测试，如果处理类中引用了文件，则在单元测试中要修改文件路径
if __name__=='__main__':

    from trafficdet import TrafficDet
    #创建视频捕获对象
    cap=cv.VideoCapture(0)
    if cap.isOpened()!=1:
        pass
    #循环获取图像、处理图像、显示图像
    while True:
        ret,img=cap.read()
        if ret==False:
            break
        #创建图像处理对象
        img_object=TrafficDetection(c_dir+'/models/traffic_detection')
        #调用图像处理函数对图像进行加工处理
        result=img_object.inference(img,None)
        frame = img_objcct.basc64_to_image(result["result_image"])
        #图像显示
        cv.imshow('frame',frame)
        key=cv.waitKey(1)
        if key==ord('q'):
            break
    cap.release()
    cv.destroyAllWindows()
else :
    from .trafficdet import TrafficDet
```

3.8.2　开发步骤与验证

3.8.2.1　项目部署

1）硬件部署

详见 2.1.2.1 节。

2）工程部署

（1）运行 MobaXterm 工具，通过 SSH 登录到边缘计算网关。

（2）在 SSH 终端执行以下命令，创建项目工程目录。

```
$ mkdir -p ~/aiedge-exp
```

（3）通过 SSH 将本项目工程代码上传到~/aicam-exp 目录下，并采用 unzip 命令进行解压缩。

3.8.2.2　算法测试

在 SSH 终端输入以下命令运行交通标志识别算法，对交通标志识别算法进行测试。本

项目将读取测试图像，提交给交通标志识别算法接口进行识别，完成后将结果图像在视窗显示（见图 3.48），并返回对比结果信息。对比结果信息如下：

```
$ cd ~/aiedge-exp/traffic_detection
$ conda activate py36_tf114_torch15_cpu_cv345        //Ubuntu 20.04 操作系统下需要切换环境
$ python3 traffic_detection.py
{'obj_list': [{'location': {'height': 98, 'top': 151, 'left': 142, 'width': 121},
         'name': 'left', 'score': 0.9995859265327454}, {'location': {'height': 99,
         'top': 154, 'left': 424, 'width': 112}, 'name': 'right', 'score': 0.9991812109947205},
         {'location': {'height': 93, 'top': 155, 'left': 283, 'width': 110},
         'name': 'straight', 'score': 0.9880151152610779}, {'location': {'height': 65,
         'top': 154, 'left': -4, 'width': 123}, 'name': 'green', 'score': 0.9801796674728394}],
         'obj_num': 4}
```

图 3.48　交通标志识别结果

3.8.3　本节小结

本节介绍了基于 AiCam 平台的机器视觉应用框架，并基于 YOLOv3 和 AiCam 平台详细剖析了交通标志识别模型的算法设计。

3.8.4　思考与拓展

请阐述通过 AiCam 平台的实时推理接口对视频流内的交通标志进行实时计算和识别的算法逻辑。

3.9 YOLOv5 模型的算法设计

本节的知识点如下：

➲ 掌握基于 AiCam 平台的机器视觉应用框架。

- 结合 AiCam 平台，掌握利用 NCNN 框架实现基于 YOLOv5 的口罩检测模型算法的设计过程。
- 结合 AiCam 平台，掌握利用 RKNN 框架实现基于 YOLOv5 的口罩检测模型算法的设计过程。

3.9.1 原理分析与开发设计

3.9.1.1 基于 AiCam 平台的机器视觉应用框架

详见 3.8.1.1 节。

3.9.1.2 基于 YOLOv5 和 AiCam 平台的口罩检测模型的算法设计

1）模型推理

本节以基于 NCNN 框架的口罩检测模型为例进行介绍。通过前面的项目我们完成了口罩检测模型的接口库，通过 Python 程序可以调用 so 文件进行推理，代码如下：

```
#实时视频接口：@__app.route('/stream/<action>')
#image：摄像头实时传递过来的图像
#param_data：必须为 None
result = self.mask_model.detect(image)
返回的结果如下：
//函数：MaskDet.detect(image)
//参数：image 表示图像数据
//结果：JSON 格式的字符串
//code：200 表示执行成功，301 表示执行失败
{
    "code" : 200,
    "msg" : "SUCCESS",
    "result" : {
        "obj_list" : [
        {
            "location" : {
                "height" : 341.3070068359375,
                "left" : 149.92092895507812,
                "top" : 0,
                "width" : 252.85385131835938
            },
            "name" : "face_mask",
            "score" : 0.9254075288772583
        }],
        "obj_num" : 1
    },
    "time" : 88.807861328125
}
```

2）接口设计

口罩检测模型算法通过 AiCam 平台的实时推理接口对视频流内的图像进行实时计算和

识别，摄像头采集到的视频图像通过口罩检测模型算法进行实时计算，返回标注了识别框和识别内容的结果图像，并实时推流到应用端以视频的方式显示，同时将计算的结果数据（口罩坐标、关键点、名称、推理时间、置信度等）返回到应用端，用于业务的处理。口罩检测模型算法的详细逻辑和交通标志识别模型算法相同，详见 3.8.1.2 节。

3.9.1.3　基于 NCNN 框架与 RKNN 框架的口罩检测模型算法设计

1）基于 NCNN 框架的口罩检测模型算法设计

通过 AiCam 平台的实时推理接口对视频流内的图像进行实时计算和检测，算法文件（mask_detection_yolov5_ncnn\algorithm\mask_detection_yolov5_ncnn\mask_detection_yolov5_ncnn.py）的相关代码如下：

```python
################################################################################
#文件：mask_detection.py
#说明：口罩检测模型
################################################################################
from PIL import Image,ImageDraw,ImageFont
import numpy as np
import cv2 as cv
import os
import json
import base64
c_dir = os.path.split(os.path.realpath(__file__))[0]

class MaskDetection(object):
    def __init__(self, model_path="models/mask_detection"):
        self.model_path = model_path
        self.mask_model = MaskDet()
        self.mask_model.init(self.model_path)

    def image_to_base64(self, img):
        image = cv.imencode('.jpg', img, [cv.IMWRITE_JPEG_QUALITY, 60])[1]
        image_encode = base64.b64encode(image).decode()
        return image_encode

    def base64_to_image(self, b64):
        img = base64.b64decode(b64.encode('utf-8'))
        img = np.asarray(bytearray(img), dtype="uint8")
        img = cv.imdecode(img, cv.IMREAD_COLOR)
        return img

    def draw_pos(self, img, objs):
        img_rgb = cv.cvtColor(img, cv.COLOR_BGR2RGB)
        pilimg = Image.fromarray(img_rgb)
        #创建 ImageDraw 绘图类
        draw = ImageDraw.Draw(pilimg)
        #设置字体
        font_size = 20
```

```
        font_path = c_dir+"/../../font/wqy-microhei.ttc"
        font_hei = ImageFont.truetype(font_path, font_size, encoding="utf-8")

        for obj in objs:
            if obj["name"] == 'face':
                loc = obj["location"]
                draw.rectangle((loc["left"], loc["top"], loc["left"]+loc["width"],
                               loc["top"]+loc["height"]), outline='green',width=2)
                msg =   obj["name"]+": %.2f"%obj["score"]
                draw.text((loc["left"], loc["top"]-font_size*1), msg, (0, 255, 0), font=font_hei)
            else:
                loc = obj["location"]
                draw.rectangle((loc["left"], loc["top"], loc["left"]+loc["width"],
                               loc["top"]+loc["height"]), outline='green',width=2)
                msg =   obj["name"]+": %.2f"%obj["score"]
                draw.text((loc["left"], loc["top"]-font_size*1), msg, (255, 0, 255), font=font_hei)
        result = cv.cvtColor(np.array(pilimg), cv.COLOR_RGB2BGR)
        return result
    def inference(self, image, param_data):
        #code：检测成功返回 200
        #msg：相关提示信息
        #origin_image：原始图像
        #result_image：处理之后的图像
        #result_data：结果数据
        return_result = {'code': 200, 'msg': None, 'origin_image': None,
                         'result_image': None, 'result_data': None}

        #实时视频接口：@__app.route('/stream/<action>')
        #image：摄像头实时传递过来的图像
        #param_data：必须为 None
        result = self.mask_model.detect(image)
        result = json.loads(result)
        if result["code"] == 200 and result["result"]["obj_num"] > 0:
                        r_image = self.draw_pos(image, result["result"]["obj_list"])
        else:
            r_image = image
        return_result["code"] = result["code"]
        return_result["msg"] = result["msg"]
        return_result["result_image"] = self.image_to_base64(r_image)
        return_result["result_data"] = result["result"]
        return return_result
#单元测试，如果处理类中引用了文件，则在单元测试中要修改文件路径
if __name__=='__main__':
    import time
    from maskdet import MaskDet
    #创建视频捕获对象
    cap=cv.VideoCapture("rtsp://admin:zonesion123@192.168.1.64/h265/ch1/sub/av_stream")
    cap.set(cv.CAP_PROP_FPS, 10)    #帧率，单位为帧/秒
```

```
            if cap.isOpened()!=1:
                pass
        #创建图像处理对象
        img_object=MaskDetection(c_dir+'/../../models/mask_detection')
        #循环获取图像、处理图像、显示图像
        while True:
            ret,img=cap.read()
            #判断读取到图像
            if ret is None or np.size(img)==0:
                continue

            img = cv.resize(img,    (640, 480))
            if ret==False:
                break
            #调用图像处理函数对图像进行加工处理
            result=img_object.inference(img,None)
            frame = img_object.base64_to_image(result["result_image"])
            if len(frame) != 0:
                #图像显示
                cv.imshow('frame',frame)
            else:
                cv.imshow('frame',img)
            key=cv.waitKey(1)
            if key==ord('q'):
                break
        cap.release()
        cv.destroyAllWindows()
    else :
        from .maskdet import MaskDet
```

2）基于 RKNN 框架的口罩检测模型算法设计

口罩检测模型算法通过 AiCam 框架的实时推理接口对视频流内的图像进行实时计算和检测，算法文件（mask_detection_yolov5_rknn\algorithm\mask_detection_rk3588\mask_detection_rk3588.py）的相关代码如下：

```
################################################################################
#文件：mask_detection_rk3588.py
#说明：口罩检测
################################################################################
from PIL import Image,ImageDraw,ImageFont
import numpy as np
import cv2 as cv
import os
import json
import base64
c_dir = os.path.split(os.path.realpath(__file__))[0]


class MaskDetectionRk3588(object):
```

```python
def __init__(self,  model_path="models/mask_detection"):
    #加载口罩检测模型
    self.mask_model = Yolov5_Rknn_Detection(model_path+'/yolov5s-mask.rknn',
                    wh=(640, 640), masks=[[0, 1, 2], [3, 4, 5], [6, 7, 8]],
                    anchors=[[10, 13], [16, 30], [33, 23], [30, 61], [62, 45], [59, 119],
                    [116, 90], [156, 198], [373, 326]], names =('face','face_mask'))
#对图像进行 base64 编码
def image_to_base64(self, img):
    image = cv.imencode('.jpg', img, [cv.IMWRITE_JPEG_QUALITY, 100])[1]
    image_encode = base64.b64encode(image).decode()
    return image_encode


def base64_to_image(self, b64):
    img = base64.b64decode(b64.encode('utf-8'))
    img = np.asarray(bytearray(img), dtype="uint8")
    img = cv.imdecode(img, cv.IMREAD_COLOR)
    return img


def draw_pos(self, img, objs):
    img_rgb = cv.cvtColor(img, cv.COLOR_BGR2RGB)
    pilimg = Image.fromarray(img_rgb)
    #创建 ImageDraw 绘图类
    draw = ImageDraw.Draw(pilimg)
    #设置字体
    font_size = 20
    font_path = c_dir+"/../../font/wqy-microhei.ttc"
    font_hei = ImageFont.truetype(font_path, font_size, encoding="utf-8")
    #遍历对象
    for obj in objs:
        #判断检测对象是否为 mask
        if obj["name"] == 'face_mask':
            #获取对象图中坐标
            loc = obj["location"]
            #根据坐标对图像进行绘矩形框
            draw.rectangle((loc["left"], loc["top"], loc["left"]+loc["width"],
                        loc["top"]+loc["height"]), outline='green',width=2)
            #msg 表示在图中展示的文本内容
            msg = obj["name"]+": %.2f"%obj["score"]
            #将展示的文本内容显示在图像中
            draw.text((loc["left"], loc["top"]-font_size*1), msg, (0, 255, 0), font=font_hei)
    #对图像进行 RGB 至 BGR 的转换
    result = cv.cvtColor(np.array(pilimg), cv.COLOR_RGB2BGR)
    #返回结果图像
    return result


def inference(self, image, param_data):
    #code：识别成功返回 200
    #msg：相关提示信息
```

```
#origin_image：原始图像
#result_image：处理之后的图像
#result_data：结果数据
return_result = {'code': 200, 'msg': None, 'origin_image': None,
                 'result_image': None, 'result_data': None}

#实时视频接口：@__app.route('/stream/<action>')
#image：摄像头实时传递过来的图像
#param_data：必须为None
result = self.mask_model.predict_resize(image)
#当推理结果不为空且推理成功时，对检测目标画矩形框
if result["code"] == 200 and result["result"]["obj_num"] > 0:
    #调用绘图函数对图像进行画图
    r_image = self.draw_pos(image, result["result"]["obj_list"])
else:
    #返回原图像
    r_image = image

return_result["code"] = result["code"]
return_result["msg"] = result["msg"]
return_result["result_image"] = self.image_to_base64(r_image)
return_result["result_data"] = result["result"]
return return_result
#单元测试，如果处理类中引用了文件，则在单元测试中要修改文件路径
if __name__ == '__main__':
    from yolov5_rknn_detection import Yolov5_Rknn_Detection

    #创建视频捕获对象
    cap=cv.VideoCapture(1)
    if cap.isOpened()!=1:
        pass
    #循环获取图像、处理图像、显示图像
    while True:
        ret,img=cap.read()
        if ret==False:
            break
        #创建图像处理对象
        img_object=MaskDetectionRk3588(c_dir+'/../../models/mask_detection')
        #调用图像处理函数对图像进行加工处理
        result=img_object.inference(img,None)
        frame = img_object.base64_to_image(result["result_image"])

        #图像显示
        cv.imshow('frame',frame)
        key=cv.waitKey(1)
        if key==ord('q'):
            break
    cap.release()
```

```
        cv.destroyAllWindows()

else :
        from .yolov5_rknn_detection import Yolov5_Rknn_Detection
```

3.9.2　开发步骤与验证

3.9.2.1　项目部署

1）硬件部署

详见 2.1.2.1 节。

2）工程部署

（1）运行 MobaXterm 工具，通过 SSH 登录到边缘计算网关。

（2）在 SSH 终端执行以下命令，创建项目工程目录。

```
$ mkdir -p ~/aiedge-exp
```

（3）通过 SSH 将本项目工程代码上传到~/aicam-exp 目录下，并采用 unzip 命令进行解压缩。

```
$ unzip mask_detection_yolov5_ncnn.zip
$ unzip mask_detection_yolov5_rknn.zip
```

3.9.2.2　算法测试

1）基于 NCNN 框架的口罩检测模型算法测试

在 SSH 终端输入以下命令，运行口罩检测模型算法进行 yolov5_ncnn 模型的推理，并对推理的结果进行统一的接口封装，封装后的信息如下：

```
$ cd ~/aiedge-exp/mask_detection_yolov5_ncnn/algorithm/mask_detection_yolov5_ncnn
$ python3 mask_detection_yolov5_ncnn.py
```

基于 NCNN 框架的口罩检测模型算法测试画面如图 3.49 所示。

图 3.49　基于 NCNN 框架的口罩检测模型算法测试画面

2）基于 RKNN 框架的口罩检测模型算法测试

在 SSH 终端输入以下命令，运行口罩检测模型算法进行 yolov5_rknn 模型的推理，并对推理的结果进行统一的接口封装，封装后的信息如下：

```
$ cd ~/aiedge-exp/mask_detection_yolov5_rknn/algorithm/mask_detection_rk3588
$ python3 mask_detection_rk3588.py
```

基于 RKNN 框架的口罩检测模型算法测试画面如图 3.50 所示。

图 3.50　基于 RKNN 框架的口罩检测模型算法测试画面

3.9.3　本节小结

本节介绍了基于 AiCam 平台的机器视觉应用框架，并基于 YOLOv5 和 AiCam 平台详细剖析了口罩检测模型的算法设计。

3.9.4　思考与拓展

请阐述通过 AiCam 平台的实时推理接口对视频流内的口罩进行实时计算和检测的算法逻辑。

第 4 章
边缘计算与人工智能基础应用开发

本章学习边缘计算算法与人工智能基础应用开发，共 8 个开发案例：

（1）人脸开闸机应用开发：掌握基于深度学习 MobileFaceNet 模型实现人脸识别的基本原理，结合模型算法和 AiCam 平台进行人脸开闸机系统的开发。

（2）人体入侵监测应用开发：掌握基于深度学习 YOLOv3 模型实现人体检测的基本原理，结合模型算法和 AiCam 平台进行人体入侵监测系统的开发。

（3）手势开关风扇应用开发：掌握基于深度学习 NanoDet 模型实现手势识别的基本原理，结合模型算法和 AiCam 平台进行手势开关风扇系统的开发。

（4）视觉火情监测应用开发：掌握基于深度学习 YOLOv3 模型实现火焰识别的基本原理，结合模型算法和 AiCam 框平台进行视觉火情监测系统的开发。

（5）视觉车牌识别应用开发：掌握基于深度学习 LPRNet 模型实现车牌识别的基本原理，结合模型算法和 AiCam 平台进行视觉车牌识别系统的开发。

（6）视觉智能抄表应用开发：掌握基于百度数字识别算法实现数字识别的基本原理，结合算法和 AiCam 平台进行视觉智能抄表系统的开发。

（7）语音窗帘控制应用开发：掌握基于百度语音识别接口实现语音识别的基本原理，结合接口算法和 AiCam 平台进行语音窗帘控制系统的开发。

（8）语音环境播报应用开发：掌握基于百度语言合成接口实现语音合成的基本原理，结合接口算法和 AiCam 平台进行语音环境播报系统的开发。

4.1 人脸开闸机应用开发

人脸开闸机是一种结合了人脸识别技术和闸机系统的设备或系统，通常用于安全门、入口控制或身份验证，通过扫描个体的脸部特征来验证其身份，根据验证结果控制闸机的开启或关闭。

人脸开闸机主要用于增强安全性、提高便利性和进行身份验证。人脸开闸机在多个领域中有着广泛的用途，例如：

- ⮕ 在建筑物入口，如公司大楼、政府办公楼、学校和其他建筑物的入口，使用人脸开闸机控制人员进出，可确保只有授权人员能够进入；
- ⮕ 在公共交通站点，如地铁站、火车站和公交车站等公共交通站点，使用人脸开闸机来控制乘客的进出，可确保只有购票或授权的乘客可以使用交通服务；

⮑ 在机场和港口，使用人脸开闸机来管理旅客的进出，可提高安全性和便捷性，同时
监测潜在的安全威胁；

⮑ 在体育场馆和娱乐场所，如体育场馆、演唱会场地和娱乐场所，使用人脸开闸机来
控制观众的进出，可确保只有购票或授权的人员可以进入场馆；

⮑ 在酒店和度假胜地，使用人脸开闸机来管理客人的入住和退房，可提供更高级别的
安全和便利性；

⮑ 在医疗机构，使用人脸开闸机可确保只有授权的人员能够进入敏感区域，如手术室
或病房；

⮑ 在教育机构，使用人脸开闸机管理校园的入口，可保护学生和教职员工的安全；

⮑ 在商业和零售业，使用人脸开闸机来控制员工和访客的进出，可防止未经授权的人
员进出。

人脸开闸机的主要作用是在需要对进入特定区域或建筑物的人员进行身份验证和访问
控制的场合提高安全性和便捷性，有助于减少未经授权人员的进出，提高了安全性，减少了
依赖于传统身份验证方法的复杂性。

本节的知识点如下：

⮑ 了解人脸识别技术在闸机系统中的应用。

⮑ 掌握深度学习 MobileFaceNet 模型实现人脸识别的基本原理。

⮑ 结合模型算法和 AiCam 平台进行人脸开闸机应用开发。

4.1.1　原理分析与开发设计

4.1.1.1　总体框架

人脸识别是一种生物识别技术，它通过分析和识别人脸上的特征来确认个体的身份。该
技术是基于人脸的生物特征（如脸部轮廓、眼睛、鼻子、嘴巴、眉毛等），以及这些特征之
间的相对位置和比例来识别人脸的。

人脸识别技术的发展历史可以追溯到几十年前，但真正的进展主要发生在近年来，特别
是在计算机视觉和深度学习领域取得重大突破之后。人脸识别技术的发展历史如下：

（1）20 世纪 60 年代到 70 年代：早期的人脸识别技术主要依赖于手工制作的特征模板
匹配方法，需要人工选择和标注脸部特征点，并计算特征之间的距离和比例。

（2）20 世纪 80 年代到 90 年代：随着计算机技术的发展，基于计算机的自动人脸识别
研究开始兴起，这些研究主要依赖于传统的图像处理和模式识别技术，如主成分分析（PCA）
和线性判别分析（LDA）。

（3）21 世纪初：人脸识别技术取得了显著进展，特别是在深度学习和计算机视觉领域。
支持向量机（SVM）等深度学习算法的引入，极大地提高了人脸识别的性能；3D 人脸识别
和红外人脸识别等新技术也开始出现，提高了在不同光照和姿势条件下的识别准确性。

（4）2010 年后：深度学习的兴起改变了人脸识别技术的格局，深度卷积神经网络（CNN）
被广泛用于人脸检测和识别，大大提高了人脸识别的准确性。2014 年，Facebook 的 DeepFace
系统首次实现了与人眼相媲美的人脸识别性能；2015 年，Google 发布的 FaceNet 系统引入
了三元损失函数，进一步提高了人脸识别的准确性。2018 年以来，人脸识别技术被广泛用
于安全领域、手机解锁、社交媒体标注照片等。

人脸识别技术的发展经历了从基础的手工方法到深度学习的演进。随着技术的不断进步，人脸识别在安全、身份验证、访问控制、社交媒体等领域中得到广泛应用。人脸识别示例如图 4.1 所示。

图 4.1　人脸识别示例

本项目采用两种算法实现人脸开闸机。

（1）深度学习算法：基于 MobileFaceNet 的人脸识别模型实现人脸的实时、精准识别。由于 MobileFaceNet 是开源框架、数据集受限等因素，识别准确性不高，特别是非正脸状态下识别准确性较低。

（2）百度人脸算法：基于百度云端接口调用实现人脸识别，准确性高，但只支持图像的识别，且需要联网云端计算，有一定的时延。

1）基于 MobileFaceNet 的人脸识别模型

MobileFaceNet 是一种用于人脸识别的轻量级深度神经网络框架，旨在移动端上实现高效的人脸识别。MobileFaceNet 是专门针对资源受限的设备（如智能手机、平板电脑和嵌入式设备）设计的，用于在这些设备上执行人脸识别任务。MobileFaceNet 的目标是在保持高准确性的同时，减小网络的模型大小和计算复杂度，以适应这些资源受限的设备。

MobileFaceNet 在 MobileNet V2 的基础上，使用可分离卷积替代平均池化层，即使用一个 7×7×512（512 表示输入特征图通道数目）的可分离卷积层替代了全局的平均池化层，这样可以让 MobileFaceNet 为不同点赋予不同的学习权重。MobileFaceNet 将一般人脸识别模型中的全局平均池化层替换成全局深度卷积层，让网络自动学习不同点的权重，以此提高模型的准确率。MobileFaceNet 的工作流程如图 4.2 所示。

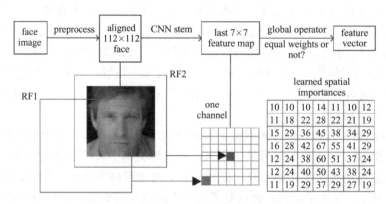

图 4.2　MobileFaceNet 的工作流程

MobileFaceNet 的结构如图 4.3 所示，采用了 MobileNet V2 中的 Bottleneck 作为构建模型的主要模块，但 MobileFaceNet 中 Bottlenecks 的扩展因子更小一点，并采用 PReLU 作为

激活函数，在开始阶段使用快速下采样策略，在后面几层卷积层采用早期降维策略，在最后的线性全局深度卷积层后加入一个 1×1 的线性卷积层作为特征输出，损失函数采用的是 Insightface Loss。

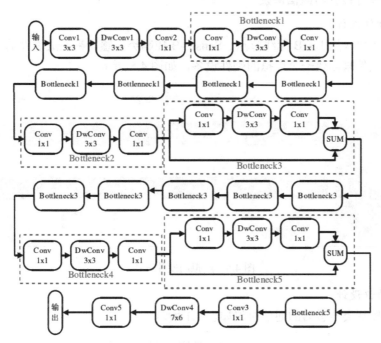

图 4.3　MobileFaceNet 的结构

2）系统框架

从边缘计算的角度看，人脸开闸机系统可分为硬件层、边缘层、应用层，如图 4.4 所示。

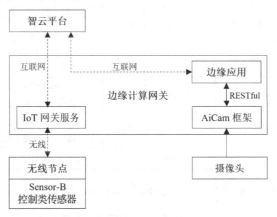

图 4.4　人脸开闸机系统的结构

（1）硬件层：无线节点和 Sensor-B 控制类传感器构成了人脸开闸机系统的硬件层，通过 Sensor-B 控制类传感器的继电器 K1 来控制闸机的开关。

（2）边缘层：包括边缘计算网关内置 IoT 网关服务和 AiCam 框架。IoT 网关服务负责接收和下发无线节点的数据，发送给应用端或者将数据发给云端的智云平台。AiCam 框架内置了算法、模型、视频推流等服务，支持应用层的边缘计算推理任务。

（3）应用层：通过智云接口与 IoT 的硬件层交互（默认与云端的智云平台的接口交互），通过 AiCam 的 RESTful 接口与算法层交互。

4.1.1.2　硬件设计与通信协议

1）系统硬件设计

本项目既可以采用 LiteB 无线节点、Sensor-B 控制类传感器来完成硬件的搭建，也可以通过虚拟仿真软件来创建一个虚拟的硬件设备，如图 4.5 所示。

图 4.5　虚拟的硬件设备

2）通信协议设计

Sensor-B 控制类传感器的通信协议如表 4.1 所示。

表 4.1　Sensor-B 控制类传感器的通信协议

名　称	TYPE	参　数	含　义	权限	说　明
Sensor-B 控制类传感器	602	D1(OD1/CD1)	RGB	R/W	D1 的 Bit0～Bit1 代表 RGB 三色灯的颜色状态，00 表示关、01 表示红色、10 表示绿色、11 表示蓝色
		D1(OD1/CD1)	步进电机	R/W	D1 的 Bit2 表示步进电机的正反转动状态，0 表示正转、1 表示反转
		D1(OD1/CD1)	风扇/蜂鸣器	R/W	D1 的 Bit3 表示风扇/蜂鸣器的开关状态，0 表示关闭，1 表示打开
		D1(OD1/CD1)	LED	R/W	D1 的 Bit4～Bit5 表示 LED1、LED2 的开关状态，0 表示关闭，1 表示打开
		D1(OD1/CD1)	继电器	R/W	D1 的 Bit6～Bit7 表示继电器 K1、K2 的开关状态，0 表示断开，1 表示吸合
		V0	上报间隔	R/W	A0～A7 和 D1 的循环上报时间间隔

继电器 K1 用来模拟闸机的开关，相关命令如表 4.2 所示。

表 4.2　继电器 K1 模拟闸机的开关命令

发 送 命 令	接 收 结 果	含　义
{D1=?}	{D1=XX}	查询闸机的当前开关状态
{OD1=64,D1=?}	{D1=XX}	打开闸机（Bit6 为 1 表示打开闸机）
{CD1=64,D1=?}	{D1=XX}	关闭闸机（Bit6 为 0 标志关闭闸机）

4.1.1.3　功能设计与开发

1）系统框架设计

AiCam 平台采用统一模型调用、统一硬件接口、统一算法封装和统一应用模板的设计模式,可以在嵌入式边缘计算环境下进行快速的应用开发和项目实施。AiCam 平台通过 RESTful 接口调用模型的算法,实时返回视频图像的分析结果,通过物联网云平台的应用接口与硬件连接和互动,最终实现各种应用。AiCam 平台的开发框架请参考图 2.4。

2）接口描述

本项目基于 AiCam 平台开发,开发流程如下:

（1）项目配置。在 aicam 工程的配置文件（config\app.json）中添加摄像头。

```
{
    "max_load_algorithm_num":16,
    "cameras": {
        #摄像头 0: 边缘计算网关自带的 USB 摄像头/dev/video0
        "0": "wc://0",
        #摄像头 1: 海康威视录像机通道 1 子码流（从 33 开始）
        "1": "hk://admin:zonesion123@192.168.20.5/33/1",
        #摄像头 2: 海康威视录像机 RTSP 通道 1 子码流（从 1 开始）
        "2": "rtsp://admin:zonesion123@192.168.20.5/Streaming/Channels/102"
        #摄像头 3: 海康威视摄像头子码流
        "3": "hk://admin:zonesion123@192.168.20.14/1/1",
        #摄像头 4: 海康威视摄像头 RTSP 子码流
        "4": "rtsp://admin:zonesion123@192.168.20.14/h264/ch1/sub/av_stream"
    }
}
```

（2）添加模型。在 aicam 工程中添加模型文件 models/face_recognition、人脸检测模型文件 face_det.bin/face_det.param、人脸识别模型文件 face_rec.bin/face_rec.param。

（3）添加算法。在 aicam 工程中添加深度学习人脸识别算法 algorithm/face_recognition/face_recognition.py 、 百 度 人 脸 识 别 算 法 algorithm/baidu_face_recognition/baidu_face_recognition.py。

（4）添加应用。在 aicam 工程中添加前端应用 static/edge_door。

3）硬件通信设计

前端应用中的硬件控制部分通过智云 ZCloud API 连接到硬件系统,前端应用处理示例如下:

```
getConnect()
//连接智云服务
function getConnect(){                          //建立连接服务的函数
    rtc = new WSNRTConnect(config.user.id, config.user.key)
    rtc.setServerAddr(config.user.addr);
    rtc.connect();
    rtc.onConnect = () => {                      //连接成功回调函数
        online = true
        setTimeout(() => {
```

```
            if(online){
                    cocoMessage.success(`数据服务连接成功！查询数据中...`)
                    //发起数据查询
                    rtc.sendMessage(config.macList.mac_602,config.sensor.mac_602.query);
            }
        }, 200);
    }
    rtc.onConnectLost = () => {                          //数据服务掉线回调函数
        online = false
        cocoMessage.error(`数据服务连接失败!请检查网络或 IDKEY...`)
    };

    rtc.onmessageArrive = (mac, dat) => {                //消息处理回调函数
        if (dat[0] == '{' && dat[dat.length - 1] == '}') {
            //截取后台返回的 JSON 对象（去掉{}符号）后，以 "," 分割为数组
            let its = dat.slice(1,-1).split(',')
            for (let i = 0; i < its.length; i++) {       //循环遍历数组的每一个值
                let t = its[i].split("=");               //将每个值以 "=" 分割为数组，
                if (t.length != 2) continue;
                //mac_602 控制类传感器
                if (mac == config.macList.mac_602) {
                    console.log('门锁开关：',t);
                    if(t[0] == 'D1'){                     //开关控制
                        if (t[1] & 64) {
                            //判断接收到的命令是否跟上次的命令一样
                            //通过当前显示的图标可以得到上次命令的结果
                            if($('#icon').attr('src').indexOf('icon-off') > -1){
                                $('#icon').attr('src','./img/icon-on.gif')
                                setTimeout(() => {
                                    rtc.sendMessage(mac,config.sensor.mac_602.doorClose);
                                }, 5000);
                            }
                        }else{
                            //判断接收到的命令是否跟上次的命令一样
                            //通过当前显示的图标可以得到上次命令的结果
                            if($('#icon').attr('src').indexOf('icon-on') > -1){
                                $('#icon').attr('src','./img/icon-off.gif')
                            }
                        }
                    }
                }
            }
        }
    }
```

4）人脸识别算法的交互

前端应用的算法采用 RESTful 接口获取处理后的视频流，返回 base64 编码的结果图像

和结果数据。当检测到注册的人脸时将会执行打开闸机命令。访问 URL 地址的格式如下（IP 地址为边缘计算网关的地址）：

```
http://192.168.100.200:4001/stream/[algorithm_name]?camera_id=0
```

前端应用处理示例如下：

```javascript
let linkData = [
    '/stream/index?camera_id=0',
    '/stream/face_recognition?camera_id=0'
]

//请求图像流资源
let imgData = new EventSource(linkData[1])
//对图像流返回的数据进行处理
imgData.onmessage = function (res) {
    let {result_image} = JSON.parse(res.data)
    $('#img_box>img').attr('src', `data:image/jpeg;base64,${result_image}`)

    if (interactionThrottle) {
        interactionThrottle = false
        let {result_data} = JSON.parse(res.data)
        let html = `<div>${new Date().toLocaleTimeString()}————${JSON.stringify(result_data)}</div>`
        $('#text-list').prepend(html);
        console.log(result_data);
        //只有成功连接智云服务（online），且不处于节流（throttle）状态，才能进行判断
        if (result_data.obj_num > 0 && throttle && online) {
            throttle = false
            //识别到人脸且 name 不为 unknown，表示已注册用户，发送开启闸门命令
            if(result_data.obj_list[0].name != 'unknow'){
                cocoMessage.success(`用户：${result_data.obj_list[0].name}!,门锁开启中、请稍等...`)
                rtc.sendMessage(config.macList.mac_602, config.sensor.mac_602.doorOpen);
            }else{
                //识别到人脸且 name 为 unknow，表示未注册用户,
                //弹窗提示并截图当前图像显示到右侧图像列表
                cocoMessage.error(`非法用户！请进行注册...`)
                $('#result1').click()
            }
            setTimeout(() => {
                throttle = true
            }, 10000);
        }
        setTimeout(() => {
            interactionThrottle = true
        }, 1000);
    }
}
```

5）百度人脸识别算法交互

前端应用截取图像后，通过 Ajax 接口将图像以及包含百度账号信息的数据传递给算法进行人脸识别。百度人脸识别算法的交互参数如表 4.3 所示。

表 4.3　百度人脸识别算法的交互参数

参　　数	说　　明
url	"/file/baidu_face_recognition?camera_id=0"
method	'POST'
processData	false
contentType	false
dataType	'json'

data	let img = $('.camera>img').attr('src')
	let blob = dataURItoBlob(img)
	var formData = new FormData();
	formData.append('file_name',blob,'image.png');
	//type=1 表示人脸识别
	formData.append('param_data', JSON.stringify({"APP_ID":config.user.baidu_id,
	　　　"API_KEY":config.user.baidu_apikey, "SECRET_KEY":config.user.baidu_secretkey,"type":1}));

success	function(res){}内容： return result = {'code': 200, 'msg': None, 'origin_image': None, 'result_image': None, 'result_data': None} 示例： code/msg：200 表示人脸注册成功，404 表示没有检测到人脸，500 表示人脸识别接口调用失败。 origin_image/result_image：表示原始图像和结果图像。result_data：算法返回的人脸信息

前端应用拍照并上传含有待识别的人脸图像，算法进行人脸识别，当识别到注册的人脸后，将会执行开启闸门的命令：

```
$('#result2').click(function () {
    let img = $('#img_box>img').attr('src')
    let blob = dataURItoBlob(img)
    cocoMessage.info('正在识别中，请稍等...')
    var formData = new FormData();
    formData.append('file_name',blob,'image.png');
    //type=1 表示人脸识别
    formData.append('param_data', JSON.stringify({"APP_ID":config.user.baidu_id,
                "API_KEY":config.user.baidu_apikey,
                "SECRET_KEY":config.user.baidu_secretkey,"type":1}));
    $.ajax({
        url: '/file/baidu_face_recognition',
        method: 'POST',
        processData: false,              //必需的
        contentType: false,              //必需的
        dataType: 'json',
        data: formData,
        success: function(result) {
            console.log(result);
```

```
if(result.code==200) {
    let img = 'data:image/jpeg;base64,' + result.origin_image;
    let html = `<div class="img-li">
        <div   class="img-box">
            <img src="${img}" alt=""   data-toggle="modal" data-target="#myModal">
        </div>
        <div class="time">原始图像<span></span><span>${new
                            Date().toLocaleString()}</span></div>
        </div>`
        $('.list-box').prepend(html);

        let img1 = 'data:image/jpeg;base64,' + result.result_image;
        let html1 = `<div class="img-li">
        <div   class="img-box">
        <img src="${img1}" alt="" data-toggle="modal" data-target="#myModal">
        </div>
        <div class="time">识别结果<span></span><span>${new
                        Date().toLocaleString()}</span></div>
        </div>`
        $('.list-box').prepend(html1);
        //将识别到的人脸文本信息渲染到页面上
        let text = result.result_data.result.face_list[0].user_list[0].user_id
        let html2 = `<div>${new Date().toLocaleTimeString()}——
                    识别结果：${text}</div>`
        $('#text-list').prepend(html2);
        //返回成功的识别结果则开启闸门
        if(result.result_image && online){
        cocoMessage.success(`用户：${text}!,门锁开启中、请稍等...`)
        rtc.sendMessage(config.macList.mac_602, config.sensor.mac_602.doorOpen);
    }
}else if(result.code==404){
    cocoMessage.error('用户识别失败，请重新尝试...')
    let img = 'data:image/jpeg;base64,' + result.origin_image;
    let html = `<div class="img-li">
    <div   class="img-box">
        <img src="${img}" alt=""   data-toggle="modal" data-target="#myModal">
    </div>
    <div class="time">原始图像<span></span><span>${new
                        Date().toLocaleString()}</span></div>
    </div>`
    $('.list-box').prepend(html);
}else{
    cocoMessage.error('用户识别失败，请重新尝试...')
}
//请求图像流资源
imgData.close()
imgData = new EventSource(linkData[0])
//对图像流返回的数据进行处理
```

```
                    imgData.onmessage = function (res) {
                        let {result_image} = JSON.parse(res.data)
                        $('#img_box>img').attr('src', `data:image/jpeg;base64,${result_image}`)
                    }
            }, error: function(error){
                console.log(error);
                cocoMessage.error('接口调用失败，请重新尝试...')
                //请求图像流资源
                imgData.close()
                imgData = new EventSource(linkData[0])
                //对图像流返回的数据进行处理
                imgData.onmessage = function (res) {
                    let {result_image} = JSON.parse(res.data)
                    $('#img_box>img').attr('src', `data:image/jpeg;base64,${result_image}`)
                }
            }
        });
})
```

6）人脸识别算法接口设计

人脸识别算法接口设计的代码如下：

```
##############################################################################
#文件：face_recognition.py
#说明：人脸识别
##############################################################################
import numpy as np
import cv2 as cv
import os
import json
import base64
import copy
import math
import time
from PIL import Image, ImageDraw, ImageFont

c_dir = os.path.split(os.path.realpath(__file__))[0]

def load_json_file(name):
    jo = {}
    if os.path.exists(name):
        with open(name,"r") as f:jo = json.loads(f.read())
    return jo

def save_json_file(name, jo):
    with open(name,"w") as f:f.write(json.dumps(jo))

def image_to_base64(img):
```

```
        image = cv.imencode('.jpg', img, [cv.IMWRITE_JPEG_QUALITY, 60])[1]
        image_encode = base64.b64encode(image).decode()
        return image_encode


def base64_to_image(b64):
        img = base64.b64decode(b64.encode('utf-8'))
        img = np.asarray(bytearray(img), dtype="uint8")
        img = cv.imdecode(img, cv.IMREAD_COLOR)
        return img


class FaceRecognition(object):
        def __init__(self, model_path="models/face_recognition"):
                self.facerec_model = Facerec()
                self.facerec_model.init(model_path)

                self.__features_file_name = c_dir+"/features.txt"
                self.name_feature =   load_json_file(self.__features_file_name)


        def __calculate_similarity(self, feature1, feature2):
                '''人脸相似度计算'''
                inner_product = 0.0
                feature_norm1 = 0.0
                feature_norm2 = 0.0
                for i in range(len(feature1)):
                        inner_product += feature1[i] * feature2[i]
                        feature_norm1 += feature1[i] * feature1[i]
                        feature_norm2 += feature2[i] * feature2[i]

                return inner_product / math.sqrt(feature_norm1) / math.sqrt(feature_norm2);

        def __find_name(self, feature):
                '''根据特征码匹配人名'''
                mp = 0
                rname = "unknow"
                for name in self.name_feature.keys():
                        f = self.name_feature[name]
                        p = self.__calculate_similarity(f, feature)
                        if p>0.5 and p > mp :
                                rname = name
                                mp = p
                return rname, mp

        def __draw_info(self, image, loc, msg):
                img_rgb = cv.cvtColor(image, cv.COLOR_BGR2RGB)
                pilimg = Image.fromarray(img_rgb)
                #创建 ImageDraw 绘图类
                draw = ImageDraw.Draw(pilimg)
```

```
            #设置字体
            font_size = 20
            font_path = c_dir+"/../../font/wqy-microhei.ttc"
            font_hei = ImageFont.truetype(font_path, font_size, encoding="utf-8")
            draw.rectangle((loc["left"], loc["top"], loc["left"]+loc["width"], loc["top"]+loc["height"]),
                        outline='green',width=2)
            draw.text((loc["left"], loc["top"]-font_size*1), msg, (0, 255, 0), font=font_hei)
            result = cv.cvtColor(np.array(pilimg), cv.COLOR_RGB2BGR)
            return result


    def inference(self, image, param_data):
        #code：识别成功返回 200
        #msg：相关提示信息
        #origin_image：原始图像
        #result_image：处理之后的图像
        #result_data：结果数据
        st = time.time()
        return_result = {'code': 200, 'msg': None, 'origin_image': None,
                        'result_image': None, 'result_data': None}
        #应用请求接口：@__app.route('/file/<action>', methods=["POST"])
        #image：应用传递过来的数据（根据实际应用可能为图像、音频、视频、文本）
        #param_data：应用传递过来的参数，不能为空
        if param_data != None:
            #人脸注册
            if param_data["type"]==0 and "reg_name" in param_data:
                if param_data["reg_name"] in self.name_feature:
                    #已经注册
                    return_result["code"] = 202
                    return_result["msg"] = '%s 用户已经注册！ '%param_data["reg_name"]
                else:
                    image = np.asarray(bytearray(image), dtype="uint8")
                    image = cv.imdecode(image, cv.IMREAD_COLOR)
                    ret = self.facerec_model.feature(image)
                    jret = json.loads(ret)
                    if jret["code"] == 200:
                        if jret["result"]["obj_num"] > 0:
                            #检测到人脸
                            if jret["result"]["obj_num"] > 1:
                                #检测到多个人脸
                                return_result["code"] = 204
                                return_result["msg"] = "找到多个人脸！ "
                            else:
                                feature = jret["result"]["obj_list"][0]["feature"] #特征码
                                self.name_feature[param_data["reg_name"]] = feature
                                save_json_file(self.__features_file_name, self.name_feature)
                                return_result["code"] = 200
                                return_result["msg"] = "注册成功！ "
                                #框出人脸位置
```

```
                                            obj = jret["result"]["obj_list"][0]
                                            result_img = self.__draw_info(image,obj["location"],
                                                        param_data["reg_name"])
                                            return_result["result_image"] = image_to_base64(result_img)
                                            return_result["origin_image"] = image_to_base64(image)
                                    else:
                                        #没有检测到人脸
                                        return_result["code"] = 404
                                        return_result["msg"] = "没有找到人脸！"
                                else:
                                    #c++接口调用错误
                                    return_result["code"] = jret["code"]
                                    return_result["msg"] = jret["msg"]
            #人脸删除
            elif param_data["type"]==1 and "del_name" in param_data:
                if param_data["del_name"] in self.name_feature:
                    del self.name_feature[param_data["del_name"]]
                    return_result["code"] = 200
                    return_result["msg"] = '删除成功！'
                    save_json_file(self.__features_file_name, self.name_feature)
                else:
                    #删除不存在的用户，失败
                    return_result["code"] = 205
                    return_result["msg"] = '未注册，删除失败！'
            #人脸查询
            elif param_data["type"]==2 and "find_name" in param_data:

                if param_data["find_name"] in self.name_feature:
                    return_result["code"] = 200
                    return_result["msg"] = '查询'+param_data["find_name"]+'成功，已注册'
                else:
                    return_result["code"] = 205
                    return_result["msg"] = '查询'+param_data["find_name"]+'失败，请先注册'
            else:
                #参数错误
                return_result["code"] = 201
                return_result["msg"] = '参数错误！'


        #实时视频接口：@__app.route('/stream/<action>')
        #image：摄像头实时传递过来的图像
        #param_data：必须为 None
        else:
            result = self.facerec_model.feature(image)
            jret = json.loads(result)
            result_img = image
            if jret['code'] == 200:
                face_list = [] #保存识别到已注册的人脸信息
                if jret["result"]["obj_num"] > 0:
```

```
                    for obj in jret["result"]["obj_list"]:
                        name, pp = self.__find_name(obj["feature"])
                        face = {}
                        face["name"] = name
                        face["score"] = pp
                        face["location"] = obj["location"]
                        face_list.append(face)
                        show_text = name +":%.2f"%pp
                        result_img = self.__draw_info(result_img, obj["location"], show_text)
                r_data = {
                    "obj_num":len(face_list),
                    "obj_list":face_list
                }
                return_result["code"] = 200
                return_result["msg"] = "SUCCESS"
                return_result["result_image"] = image_to_base64(result_img)
                return_result["result_data"] = r_data
            else:
                #C++接口调用错误
                return_result["code"] = jret["code"]
                return_result["msg"] = jrct["msg"]
        et = time.time()
        return_result["time"] = et - st
        return return_result


#单元测试，如果处理类中引用了文件，则在单元测试中要修改文件路径
if __name__=='__main__':
    from facerec import Facerec

    #读取测试图像
    img = cv.imread("./test.jpg")
    with open("./test.jpg", "rb") as f:
        file_image = f.read()

    #创建图像处理对象
    img_object=FaceRecognition(c_dir+'/../../models/face_recognition')
    #调用图像处理函数对图像加工处理
    result=img_object.inference(img,None)
    print("识别 1", result["code"], result["msg"], result["result_data"])
    cv.imshow('frame',base64_to_image(result["result_image"]))
    cv.waitKey(10000)

    result = img_object.inference(file_image, {"type":0, "reg_name":"abc"})
    print("注册", result["code"], result["msg"])
    cv.imshow('frame',base64_to_image(result["result_image"]))
    cv.waitKey(10000)

    result=img_object.inference(img,None)
```

```
        print("识别 2", result["code"], result["msg"], result["result_data"])
        cv.imshow('frame',base64_to_image(result["result_image"]))
        cv.waitKey(10000)

        result = img_object.inference(file_image, {"type":2, "find_name":"abc"})
        print("查找 1", result["code"], result["msg"], result["result_data"])
        result = img_object.inference(file_image, {"type":1, "del_name":"abc"})
        print("删除", result["code"], result["msg"], result["result_data"])
        result = img_object.inference(file_image, {"type":2, "find_name":"abc"})
        print("查找 2", result["code"], result["msg"], result["result_data"])
        result = img_object.inference(img, None)
        print("识别 3", result["code"], result["msg"], result["result_data"])
        #图像显示
        cv.imshow('frame',base64_to_image(result["result_image"]))
        cv.waitKey(10000)
        cv.destroyAllWindows()
else :
    from .facerec import Facerec
```

7）百度人脸识别算法接口设计
百度人脸识别算法接口设计的代码如下：

```
################################################################################
#文件：baidu_face_recognition.py
#说明：人脸注册与人脸对比
################################################################################
from PIL import Image, ImageDraw, ImageFont
import numpy as np
import cv2 as cv
import os,sys,time
import json
import base64
from aip import AipFace

class BaiduFaceRecognition(object):
    def __init__(self, font_path="font/wqy-microhei.ttc"):
        self.font_path = font_path

    def imencode(self, image_np):
        #将 JPG 格式的图像编码为数据流
        data = cv.imencode('.jpg', image_np)[1]
        return data

    def image_to_base64(self, img):
        image = cv.imencode('.jpg', img, [cv.IMWRITE_JPEG_QUALITY, 60])[1]
        image_encode = base64.b64encode(image).decode()
        return image_encode
```

```python
def base64_to_image(self, b64):
    img = base64.b64decode(b64.encode('utf-8'))
    img = np.asarray(bytearray(img), dtype="uint8")
    img = cv.imdecode(img, cv.IMREAD_COLOR)
    return img


def inference(self, image, param_data):
    #code：识别成功返回 200
    #msg：相关提示信息
    #origin_image：原始图像
    #result_image：处理之后的图像
    #result_data：结果数据
    return_result = {'code': 200, 'msg': None, 'origin_image': None,
                     'result_image': None, 'result_data': None}

    #应用请求接口：@__app.route('/file/<action>', methods=["POST"])
    #image：应用传递过来的数据（根据实际应用可能为图像、音频、视频、文本）
    #param_data：应用传递过来的参数，不能为空
    if param_data != None:
        #读取应用传递过来的图像
        image = np.asarray(bytearray(image), dtype="uint8")
        image = cv.imdecode(image, cv.IMREAD_COLOR)
        #对图像数据进行压缩，方便传输
        img=self.image_to_base64(image)

        #type=0 表示注册
        if param_data["type"] == 0:
            #调用百度人脸搜索与库管理接口，通过以下用户密钥连接百度服务器
            #APP_ID：百度应用 ID
            #API_KEY：百度 API_KEY
            #SECRET_KEY：百度用户密钥
            client=AipFace(param_data['APP_ID'],param_data['API_KEY'],
                           param_data['SECRET_KEY'])

            #配置可选参数
            options = {}
            options["user_info"] = param_data["userId"]      #用户信息
            options["quality_control"] = "NORMAL"            #图像质量正常
            options["liveness_control"] = "NONE"             #活体检测
            options["action_type"] = "REPLACE"               #替换之前注册用户的数据
            imageType = "BASE64"

            #组名
            groupId = "zonesion"
            st = time.time()
            #避免注册多个用户时 QPS（每秒查询率）不足
            while True:
                #带参数调用人脸注册
```

```python
            response = client.addUser(img, imageType, groupId, param_data["userId"], options)

            if response['error_msg'] == 'SUCCESS':
                return_result["code"] = 200
                return_result["msg"] = "注册成功，已成功添加至人脸库！"
                return_result["result_data"] = response
                break
            time.sleep(1)
            if time.time() - st > 5:
                return_result["code"] = 408
                return_result["msg"] = "注册超时，请检查网络！"
                return_result["result_data"] = response
                break
            if response['error_msg'] == 'pic not has face':
                return_result["code"] = 404
                return_result["msg"] = "未检测到人脸！"
                return_result["result_data"] = response
                break
else:
    #调用百度人脸搜索与库管理接口，通过以下用户密钥连接百度服务器
    client = AipFace(param_data['APP_ID'], param_data['API_KEY'],
                     param_data['SECRET_KEY'])

    #配置可选参数
    options = {}
    options["max_face_num"] = 10          #检测人脸的最大数量
    #匹配阈值（设置阈值后，score 低于阈值的用户将不会返回信息）
    options["match_threshold"] = 70
    #图像质量控制，NONE 表示不要求图像质量，LOW 表示较低的图像质量要求，
    #NORMAL 表示一般的图像质量要求
    options["quality_control"] = "NORMAL"
    options["liveness_control"] = "NONE"      #活体检测控制 NONE：不进行控制
     #返回相似度最高的几个用户，默认为 1 个，最多返回 50 个
    options["max_user_num"] = 3

    #搜索的组列表，这里只搜索 zonesion 组中的用户
    groupIdList = "zonesion"
    imageType = "BASE64"
    #带参数调用人脸搜索，M:N 识别接口
    response = client.multiSearch(img, imageType, groupIdList, options)

    #应用部分
    if "error_msg" in response:
        if response['error_msg'] == 'pic not has face':
            return_result["code"] = 404
            return_result["msg"] = "未检测到人脸！"
            return_result["result_data"] = response
            return_result["origin_image"] = self.image_to_base64(image)
```

```
            return return_result

    if response['error_msg'] == 'SUCCESS':
        #图像输入
        img_rgb = cv.cvtColor(image, cv.COLOR_BGR2RGB)
        pilimg = Image.fromarray(img_rgb)
        #创建 ImageDraw 绘图类
        draw = ImageDraw.Draw(pilimg)
        #设置字体
        font_size = 20
        font_hei = ImageFont.truetype(self.font_path, font_size, encoding="utf-8")

        #获取数据
        #人脸数据列表
        face_list = response['result']['face_list']
        #人脸数量
        face_num = response['result']['face_num']
        for i in range(face_num):
            loc = face_list[i]['location']
            if len(face_list[i]['user_list'])>0:
                #获取识别分数最高的人脸数据
                user = face_list[i]['user_list'][0]
                score = '%.2f'%user['score']
                user_id = user['user_id']
                group_id = user['group_id']
                user_info = user['user_info']
            else:
                score=user_id=group_id=user_info='none'
            #绘制矩形外框
            draw.rectangle((int(loc["left"]), int(loc["top"])),(int(loc["left"]) +
                        int(loc["width"])), (int(loc["top"]) +
                        int(loc["height"]))), outline='green',width=2)
            #绘制字符
            draw.text((loc["left"], loc["top"]-font_size*4), '用户 ID:'+user_id,
                    (0, 255, 0), font=font_hei)
            draw.text((loc["left"], loc["top"]-font_size*3), '用户组 ID:'+group_id,
                    (0, 255, 0), font=font_hei)
            draw.text((loc["left"], loc["top"]-font_size*2), '用户信息:'+user_info,
                    (0, 255, 0), font=font_hei)
            draw.text((loc["left"], loc["top"]-font_size*1), '置信值:'+score,
                    (0, 255, 0), font=font_hei)

        #输出图像
        result = cv.cvtColor(np.array(pilimg), cv.COLOR_RGB2BGR)
        return_result["code"] = 200
        return_result["msg"] = "人脸识别成功！"
        return_result["origin_image"] = self.image_to_base64(image)
        return_result["result_image"] = self.image_to_base64(result)
```

```
                            return_result["result_data"] = response
                    else:
                        return_result["code"] = 500
                        return_result["msg"] = "人脸接口调用失败！"
                        return_result["result_data"] = response
                else:
                    return_result["code"] = 500
                    return_result["msg"] = "百度接口调用失败！"
                    return_result["result_data"] = response

        #实时视频接口：@__app.route('/stream/<action>')
        #image：摄像头实时传递过来的图像
        #param_data：必须为 None
        else:
            return_result["result_image"] = self.image_to_base64(image)

        return return_result

#单元测试，如果处理类中引用了文件，则在单元测试中要修改文件路径
if __name__ == '__main__':
    #创建图像处理对象
    img_object = BaiduFaceRecognition()

    #读取测试图像
    img = cv.imread("./test.jpg")
    #将图像编码成数据流
    img = img_object.imencode(img)

    #设置参数
    addUser_data = {"APP_ID":"12345678", "API_KEY":"12345678",
                    "SECRET_KEY":"12345678", "type":0, "userId":"lilianjie"}
    searchUser_data = {"APP_ID":"12345678", "API_KEY":"12345678",
                    "SECRET_KEY":"12345678", "type":1}
    img_object.font_path = "../../font/wqy-microhei.ttc"

    #调用接口进行人脸注册
    result = img_object.inference(img, addUser_data)
    #调用接口进行人脸识别
    if result["code"] == 200:
        result = img_object.inference(img, searchUser_data)
        try:
            frame = img_object.base64_to_image(result["result_image"])
            print(result["result_data"])

            #图像显示
            cv.imshow('frame',frame)
            while True:
                key=cv.waitKey(1)
```

```
                              if key==ord('q'):
                                   break
                         cv.destroyAllWindows()

                    except AttributeError:
                         print("识别结果图像为空！，请重新识别！")
               else:
                    print("注册失败！")
```

4.1.2　开发步骤与验证

4.1.2.1　项目部署

1）硬件部署

（1）AiCam 平台的部署。

① 准备 AiCam 平台，并正确连接 Wi-Fi 天线、摄像头。

② 启动 AiCam 平台，启动 Ubuntu 操作系统，连接局域网内的 Wi-Fi 网络，记录 AiCam 平台的 IP 地址，如 192.168.100.200。

（2）项目硬件设备部署。通过以下两种方式可以部署边缘应用所需要的硬件设备

方式 1：利用虚拟仿真进行硬件原型的搭建，Sensor-A、Sensor-C、Sensor-D、Sensor-EII 传感器设备的项目。

方式 2：利用 AiCam 平台的硬件来部署项目硬件设备，并与 AiCam 平台构建一个传感网络。

2）工程部署

（1）运行 MobaXterm 工具，通过 SSH 登录到边缘计算网关。

（2）在 SSH 终端执行以下命令，创建项目工程目录。

```
$ mkdir -p ~/aiedge-exp
```

（3）通过 SSH 将本项目开发工程代码和 aicam 工程包（DISK-AILab/02-软件资料/02-综合应用/aicam.zip）上传到~/aiedge-exp 目录下，并采用 unzip 命令进行解压缩。

```
$ unzip edge_door.zip
$ unzip aicam.zip -d edge_door
```

（4）修改工程配置文件 static/edge_door/js/config.js 内的智云账号、百度账号、硬件地址、边缘服务地址等信息，示例如下：

```
user: {
    id: '12345678',                            //智云账号
    key: '12345678',                           //智云密钥
    addr: 'ws://api.zhiyun360.com:28080',      //智云服务地址
    edge_addr: 'http://192.168.100.200:4001',  //边缘服务地址
    baidu_id: '12345678',                      //百度应用 ID
    baidu_apikey: '12345678',                  //百度应用 APIKEY
    baidu_secretkey: '12345678',               //百度应用 SECREKEY
},
```

```
//定义本地存储参数（MAC 地址）
macList: {
        mac_602: '01:12:4B:00:27:22:AC:4E',          //Sensor-B 控制类传感器的地址
},
```

（5）通过 SSH 将修改后的文件上传到边缘计算网关。

3）工程运行

（1）在 SSH 终端输入以下命令，运行项目工程。

```
$ cd ~/aiedge-exp/edge_door
$ chmod 755 start_aicam.sh
$ conda activate py36_tf114_torch15_cpu_cv345     //Ubuntu 20.04 操作系统下需要切换环境
$ ./start_aicam.sh
```

（2）在客户端或者边缘计算网关端打开 Chrome 浏览器，输入项目页面地址 http://192.168.100.200:4001/static/edge_door/index.html，即可查看项目内容。

4.1.2.2　人脸开闸机系统的验证

本项目通过 AiCam 平台的门锁控制来模拟人脸开闸机的应用场景。

1）使用 AiCam 平台门锁控制的人脸开关门锁

AiCam 平台的门锁控制实现了人脸的注册和识别功能。

（1）运行 AiCam 平台的门锁控制功能，在其界面中选择"人脸开关门锁"，单击"人脸注册"可弹出对话框，将当前视频截图作为需要注册的人脸对象，按照要求填写用户姓名（英文），单击"注册"按钮将发送一次注册请求并返回注册结果。人脸注册如图 4.6 所示。

图 4.6　人脸注册（人脸开关门锁）

（2）当 AiCam 平台识别到已注册用户后可开启门锁，并弹出消息提示用户名（成功样式），同时门锁开启并在 5 s 后关闭。当识别成功开锁后，等待 10 s 后才再次开锁。

成功开锁的 AiCam 平台界面如图 4.7 所示。

图 4.7　成功开锁的 AiCam 平台界面（人脸开关门锁）

成功开锁的虚拟平台界面如图 4.8 所示。

图 4.8　成功开锁虚拟平台

成功开锁的硬件平台如图 4.9 所示。

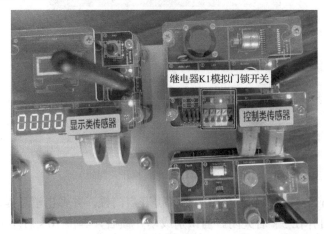

图 4.9　成功开锁的硬件平台

（4）当 AiCam 平台识别到未注册用户时，将弹出消息警告（警告样式），并将当前视频截图显示到右侧列表，如图 4.10 所示，等待 10 s 后才再次进行识别。

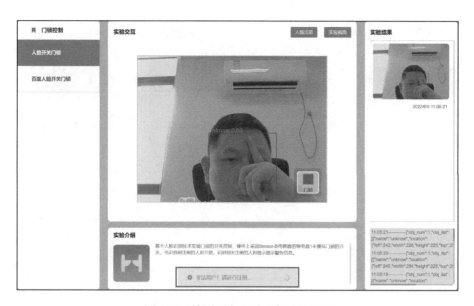

图 4.10　检测到未注册用户时的界面

2）使用 AiCam 平台门锁控制的百度人脸开关门锁

百度人脸开关门锁采用的是百度人脸识别算法，具有人脸注册和识别的功能。

（1）运行 AiCam 平台的门锁控制功能，在其界面中选择"百度人脸开关门锁"，单击"人脸注册"可弹出对话框，将当前视频截图作为需要注册的人脸对象，按照要求填写用户姓名（英文），单击"注册"按钮将发送一次注册请求并返回注册结果。人脸注册如图 4.11 所示。

图 4.11　人脸注册（百度人脸开关门锁）

（2）单击"人脸识别"后将发送前视频截图并进行一次识别，并根据返回结果进行相应的门锁开关操作（将识别到的人脸图像显示到项目结果列表，发送门锁开关命令，门锁开启后在 5 s 后自动关闭），如图 4.12 所示。

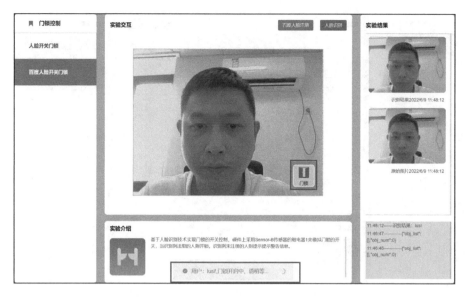

图 4.12   成功开锁的 AiCam 平台界面（百度人脸开关门锁）

4.1.3   本节小结

本节介绍了人脸开闸机系统的总体框架、通信协议、基本工作原理，以及详细的开发步骤和硬件部署。本节通过人脸开关门锁模拟了人脸开闸机的功能。

4.1.4   思考与拓展

（1）基于深度学习人脸识别算法和百度人脸识别算法各有什么优缺点？

（2）基于 MobileFaceNet 的人脸识别模型有哪些主要特点？

（3）请简述百度人脸开关门锁的步骤。

（4）基于 AiCam 平台的开发流程是什么？

4.2 人体入侵监测应用开发

人体入侵监测是一种用于监测未经授权的人员进入特定区域的系统，该系统常用于安全领域和访问控制领域，如住宅安全系统、商业和零售业、工业设施、政府机构、医疗机构和军事基地等，以确保只有被授权的人员才能进入受保护的区域。人体入侵监测系统通常使用各种传感器技术，如红外传感器、超声波传感器、微波传感器和摄像头等，用来检测人体的存在和移动。人体入侵监测系统还需要检测区域内的任何人体运动，常用的方法包括基于规则的方法、机器学习方法和深度学习方法。深度学习技术，尤其是卷积神经网络（CNN）技术，在图像和视频分析中取得了显著的进展。

本节的知识点如下：

◒ 了解基于深度学习的人体检测技术。

- ⮞ 掌握基于 YOLOv3 实现人体检测的基本原理。
- ⮞ 结合 YOLOv3 和 AiCam 平台进行人体入侵监测应用开发。

4.2.1　原理分析与开发设计

深度学习是近年来人工智能领域最为前沿的技术之一，在计算机视觉、语音识别等领域得到了广泛的应用，产生了一系列检测算法，如 R-CNN、Fast R-CNN、Faster R-CNN 和 SSD 等，但这些检测算法或由于精度低，或由于检测耗时长，并不能很好地应用到商业产品中。基于上述考虑，本节使用 YOLOv3 来解决人体检测问题，该算法能够很好地嵌入到人体入侵监测系统中。

YOLO 是在计算机视觉领域中得到了广泛应用的一个对象检测和图像分割模型，在目标检测、物体识别等任务中的表现也非常出色。YOLOv3 支持全方位的视觉 AI 任务，包括检测、分割、姿态估计、跟踪和分类。本项目基于 YOLOv3 实现人体的检测。

人体入侵监测如图 4.13 所示。

图 4.13　人体入侵监测

4.2.1.1　总体框架

从边缘计算的角度看，人体入侵监测系统可分为硬件层、边缘层、应用层，如图 4.14 所示。

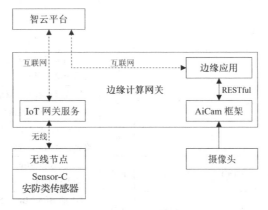

图 4.14　人体入侵监测系统的结构

（1）硬件层：无线节点和 Sensor-C 安防类传感器构成了人体入侵监测系统的硬件层，通过 Sensor-C 安防类传感器的光栅传感器来监测是否有人入侵。

（2）边缘层：包括边缘计算网关内置 IoT 网关服务和 AiCam 框架。IoT 网关服务负责接收和下发无线节点的数据，发送给应用端或者将数据发给云端的智云平台。AiCam 框架内置了算法、模型、视频推流等服务，支持应用层的边缘计算推理任务。

（3）应用层：通过智云接口与 IoT 的硬件层交互（默认与云端的智云平台的接口交互），通过 AiCam 的 RESTful 接口与算法层交互。

4.2.1.2 系统硬件与通信协议设计

1）系统硬件设计

本项目既可以采用 LiteB 无线节点、Sensor-C 安防类传感器来完成硬件的搭建，也可以通过虚拟仿真软件来创建一个虚拟的硬件设备，如图 4.15 所示。

图 4.15 虚拟硬件设备

2）通信协议设计

Sensor-C 安防类传感器的通信协议如表 4.4 所示。

表 4.4 Sensor-C 安防类传感器的通信协议

名　　称	TYPE	参　数	含　　义	权限	说　　明
Sensor-C 安防类传感器	603	A0	人体红外/触摸	R	人体红外/触摸传感器状态，取值为 0 或 1，1 表示有人体活动/触摸动作，0 表示无人体活动/触摸动作
		A1	振动	R	振动状态，取值为 0 或 1，1 表示检测到振动，0 表示未检测到振动
		A2	霍尔	R	霍尔状态，取值为 0 或 1，1 表示检测到磁场，0 表示未检测到磁场
		A3	火焰	R	火焰状态，取值为 0 或 1，1 表示检测到火焰，0 表示未检测到火焰
		A4	燃气	R	燃气泄漏状态，取值为 0 或 1，1 表示检测到燃气泄漏，0 表示未检测到燃气泄漏
		A5	光栅	R	光栅（红外对射）状态值，取值为 0 或 1，1 表示检测到阻挡，0 表示未检测到阻挡
		D0(OD0/CD0)	上报状态	R/W	D0 的 Bit0～Bit7 分别表示 A0～A7 的上报状态，1 表示主动上报，0 表示不上报
		D1(OD1/CD1)	继电器	R/W	D1 的 Bit6～Bit7 分别表示继电器 K1、K2 的开关状态，0 表示断开，1 表示吸合
		V0	上报间隔	R/W	A0～A7 和 D1 的循环上报时间间隔
		V1	语音合成数据	W	文本的 Unicode 编码

本项目使用光栅传感器来监测是否有人入侵。当光栅传感器被遮挡时，节点会每隔 3 s 上传一次光栅传感器的状态（状态为 1）；当光栅传感器未被遮挡时，节点会每隔 30 s 上传

一次光栅传感器的状态（状态为 0）。光栅传感器的命令如表 4.5 所示。

表 4.5　光栅传感器的命令

发 送 命 令	接 收 结 果	含　义
—	{A5=1/0}	光栅（红外对射）传感器状态

4.2.1.3　功能设计与开发

1）系统框架设计

见 4.1.1.3 节。

2）接口描述

本项目基于 AiCam 平台开发，开发流程如下：

（1）项目配置见 4.1.1.3 节。

（2）添加模型。在 aicam 工程添加模型文件 models/person_detection、人体检测模型文件 person_detector.bin\person_detector.param。

（3）添加算法，在 aicam 工程添加人体检测算法文件 algorithm/person_detection/person_detection.py。

（4）添加应用。在 aicam 工程添加算法项目前端应用 static/edge_grating。

3）硬件通信设计

前端应用中的硬件控制部分通过智云 ZCloud API 连接到硬件系统，前端应用处理示例如下：

```
getConnect()
//服务连接
function getConnect(){                          //建立连接服务的函数
    rtc = new WSNRTConnect(config.user.id, config.user.key)
    rtc.setServerAddr(config.user.addr);
    rtc.connect();
    rtc.onConnect = () => {                      //连接成功回调函数
        online = true
        setTimeout(() => {
            if(online){
                cocoMessage.success(`数据服务连接成功！查询数据中...`)
                //发起数据查询
                rtc.sendMessage(config.macList.mac_603,config.sensor.mac_603.query);
            }
        }, 200);
    }
    rtc.onConnectLost = () => {                   //数据服务掉线回调函数
        online = false
        cocoMessage.error(`数据服务连接失败!请检查网络或 IDKEY...`)
    };

    rtc.onmessageArrive = (mac, dat) => {         //消息处理回调函数
        if (dat[0] == '{' && dat[dat.length - 1] == '}') {
            //截取后台返回的 JSON 对象（去掉{}符号）后，以“,”分割为数组
```

```
                        let its = dat.slice(1,-1).split(',')
                        for (let i = 0; i < its.length; i++) {        //循环遍历数组的每一个值
                            let t = its[i].split("=");                //将每个值以"="分割为数组
                            if (t.length != 2) continue;
                            //mac_603 安防类
                            if (mac == config.macList.mac_603) {
                                if(t[0] == 'A5'){                     //光栅传感器的命令
                                    console.log('光栅状态：',t);
                                    //此处调用 AiCam 接口进行人体识别
                                }
                            }
                        }
                    }
                }
            }
```

4）算法交互

前端应用的算法采用 RESTful 接口获取处理后的视频流，返回 base64 编码的结果图像和结果数据。访问 URL 地址的格式如下（IP 地址为边缘计算网关的地址）：

```
http://192.168.100.200:4001/stream/[algorithm_name]?camera_id=0
```

前端应用处理示例如下：

```
/*******************************************************************************
* 文件：index.js
* 说明：主要功能是控制页面视频流显示的链接切换、生成项目截图结果等
*******************************************************************************/
if (window.location.href.indexOf('navigation') > -1) {
    $('#header').addClass('hidden');
    $('.navbar').removeClass('hidden');
}
/*******************************************************************************
* 定义本地存储参数（ID、KEY、服务地址）
*******************************************************************************/
//如果 configData 对象存在则赋值给 config
if (typeof configData != 'undefined') {
    config = configData
}
console.log(config);

let rtc;                         //智云服务实例对象
let online = false;              //智云服务是否在线
let interactionThrottle = true;  //节流，防止视频流推送文本数据过快而频繁触发事件
let throttle = true;             //节流，重复检测到人体后的播报间隔 5 s

let linkData = [
    '/stream/index?camera_id=0',
    '/stream/person_detection?camera_id=0'
```

```
    ]
    //请求图像流资源
    let imgData = new EventSource(linkData[0])
    //对图像流返回的数据进行处理
    imgData.onmessage = function (res) {
        let {result_image} = JSON.parse(res.data)
        $('#img_box>img').attr('src', `data:image/jpeg;base64,${result_image}`)
    }

    //页面弹窗提示使用说明
    swal(
        "使用说明",
        `1、光栅传感器被触发时，右下角光栅图标发生变化，并将初始视频流切换为人体识别视频流。
        2、摄像头监测到人体后触发弹窗警报（警告样式），对当前视频进行截图并显示到右侧列表，
10 s 内不再进行警报截图。
        3、如光栅传感器停止警报，则切换回初始视频流。`,
        "",
        {closeOnClickOutside: false,button: "确定",})

    getConnect()
    //智云服务连接
    function getConnect(){              //建立连接服务的函数
        rtc = new WSNRTConnect(config.user.id, config.user.key)
        rtc.setServerAddr(config.user.addr);
        rtc.connect();
        rtc.onConnect = () => {          //连接成功回调函数
            online = true
            setTimeout(() => {
                if(online){
                    cocoMessage.success(`数据服务连接成功！查询数据中...`)
                    //发起数据查询
                    rtc.sendMessage(config.macList.mac_603,config.sensor.mac_603.query);
                }
            }, 200);
        }
        rtc.onConnectLost = () => {      //数据服务掉线回调函数
            online = false
            cocoMessage.error(`数据服务连接失败!请检查网络或 IDKEY...`)
        };

        rtc.onmessageArrive = (mac, dat) => {      //消息处理回调函数
            if (dat[0] == '{' && dat[dat.length - 1] == '}') {
                let its = dat.slice(1,-1).split(',')
                //截取后台返回的 JSON 对象（去掉{}符号）后，以 "," 分割为数组
                for (let i = 0; i < its.length; i++) {      //循环遍历数组的每一个值
                    let t = its[i].split("=");              //将每个值以 "=" 分割为数组
                    if (t.length != 2) continue;
```

```javascript
//mac_603 安防类传感器
if (mac == config.macList.mac_603) {
    if(t[0] == 'A5'){                                  //光栅传感器
        console.log('光栅状态：',t);
        if (t[1] == '1' && $('#icon').attr('src') == './img/icon-off.gif') {
            $('#icon').attr('src','./img/icon-on.gif')
            //请求图像流资源
            imgData && imgData.close()
            imgData = new EventSource(linkData[1])
            //对图像流返回的数据进行处理
            imgData.onmessage = function (res) {
                let {result_image} = JSON.parse(res.data)
                $('#img_box>img').attr('src', `data:image/jpeg;base64,
                                ${result_image}`)

                if (interactionThrottle) {
                    interactionThrottle = false
                    let {result_data} = JSON.parse(res.data)
                    let html = `<div>${new
                            Date().toLocaleTimeString()}————
                            ${JSON.stringify(result_data)}</div>`
                    $('#text-list').prepend(html);
                    if (throttle && result_data.obj_num > 0) {
                        throttle = false
                        $('#result').click()
                        swal(`非法入侵！`, "监测到非法入侵人员，
                            请马上处理！", "error", {button: false,
                            timer: 2000});
                        setTimeout(() => {
                            throttle = true
                        }, 10000);
                    }
                    setTimeout(() => {
                        interactionThrottle = true
                    }, 1000);
                }
            }
        }else if(t[1] == '0'){
            $('#icon').attr('src','./img/icon-off.gif')
            //请求图像流资源
            imgData && imgData.close()
            imgData = new EventSource(linkData[0])
            //对图像流返回的数据进行处理
            imgData.onmessage = function (res) {
                let {result_image} = JSON.parse(res.data)
                $('#img_box>img').attr('src', `data:image/jpeg;base64,
                                ${result_image}`)
            }
```

```
                }
              }
            }
          }
        }
      }
    }
  }
}
$('.dropdown').hover(function (param) {
    $(this).addClass('open')
},function (param) {
    $(this).removeClass('open')
})
//获取当前视频截图，并显示在项目结果列表中
$('#result').click(function () {
    let img = $('#img_box>img').attr('src');
    let html = `<div class="img-li">
                <div class="img-box">
                <img src="${img}" alt=""    data-toggle="modal" data-target="#myModal">
                </div>
                <div class="time">${new Date().toLocaleString()}</div>
                </div>`
    $('.list-box').prepend(html);
})

//获取触发弹窗的图像，并将其显示在弹窗界面
$('#myModal').on('show.bs.modal', function (event) {
    let img = $(event.relatedTarget).attr('src')
    $('.modal-body img').attr('src',img)
})
```

5）人体入侵监测算法接口设计

```
################################################################################
#文件：person_detection.py
#说明：人体入侵监测
################################################################################
from PIL import Image,ImageDraw,ImageFont
import numpy as np
import cv2 as cv
import os
import json
import base64
c_dir = os.path.split(os.path.realpath(__file__))[0]

class PersonDetection(object):
    def __init__(self, model_path="models/person_detection"):
        self.model_path = model_path
        self.person_model = PersonDet()
        self.person_model.init(self.model_path)
```

```
def image_to_base64(self, img):
    image = cv.imencode('.jpg', img, [cv.IMWRITE_JPEG_QUALITY, 60])[1]
    image_encode = base64.b64encode(image).decode()
    return image_encode


def base64_to_image(self, b64):
    img = base64.b64decode(b64.encode('utf-8'))
    img = np.asarray(bytearray(img), dtype="uint8")
    img = cv.imdecode(img, cv.IMREAD_COLOR)
    return img
def draw_pos(self, img, objs):
    img_rgb = cv.cvtColor(img, cv.COLOR_BGR2RGB)
    pilimg = Image.fromarray(img_rgb)
    #创建 ImageDraw 绘图类
    draw = ImageDraw.Draw(pilimg)
    #设置字体
    font_size = 20
    font_path = c_dir+"/../../font/wqy-microhei.ttc"
    font_hei = ImageFont.truetype(font_path, font_size, encoding="utf-8")

    for obj in objs:
        loc = obj["location"]
        draw.rectangle((loc["left"], loc["top"], loc["left"]+loc["width"], loc["top"]+loc["height"]),
                    outline='green',width=2)
        msg =    "%.2f"%obj["score"]
        draw.text((loc["left"], loc["top"]-font_size*1), msg, (0, 255, 0), font=font_hei)
    result = cv.cvtColor(np.array(pilimg), cv.COLOR_RGB2BGR)
    return result
def inference(self, image, param_data):
    #code: 识别成功返回 200
    #msg: 相关提示信息
    #origin_image: 原始图像
    #result_image: 处理之后的图像
    #result_data: 结果数据
    return_result = {'code': 200, 'msg': None, 'origin_image': None, 'result_image': None,
                'result_data': None}

    #实时视频接口: @__app.route('/stream/<action>')
    #image: 摄像头实时传递过来的图像
    #param_data: 必须为 None
    result = self.person_model.detect(image)
    result = json.loads(result)
    if result["code"] == 200 and result["result"]["obj_num"] > 0:
        r_image = self.draw_pos(image, result["result"]["obj_list"])
    else:
        r_image = image
    return_result["code"] = result["code"]
    return_result["msg"] = result["msg"]
    return_result["result_image"] = self.image_to_base64(r_image)
```

```
                    return_result["result_data"] = result["result"]
                    return return_result

#单元测试，如果处理类中引用了文件，则在单元测试中要修改文件路径
if __name__=='__main__':

    from persondet import PersonDet
    #创建视频捕获对象
    cap=cv.VideoCapture(0)
    if cap.isOpened()!=1:
        pass
    #循环获取图像、处理图像、显示图像
    while True:
        ret,img=cap.read()
        if ret==False:
            break
        #创建图像处理对象
        img_object=PersonDetection(c_dir+'/../../models/person_detection')
        #调用图像处理函数对图像进行加工处理
        result=img_object.inference(img,None)
        frame = img_object.base64_to_image(result["result_image"])

        #图像显示
        cv.imshow('frame',frame)
        key=cv.waitKey(1)
        if key==ord('q'):
            break
    cap.release()
    cv.destroyAllWindows()
else :
    from .persondet import PersonDet
```

4.2.2　开发步骤与验证

4.2.2.1　项目部署

1）硬件部署

见 4.1.2.1 节。

2）工程部署

（1）运行 MobaXterm 工具，通过 SSH 登录到边缘计算网关。

（2）在 SSH 终端执行以下命令，创建项目工程目录。

```
$ mkdir -p ~/aiedge-exp
```

（3）通过 SSH 将本项目的工程代码和 aicam 工程包上传到~/aiedge-exp 目录下，并采用
unzip 命令进行解压缩。

```
$ unzip edge_grating.zip
$ unzip aicam.zip -d edge_grating
```

（4）修改工程配置文件 static/edge_grating/js/config.js 内的智云账号、硬件地址、边缘服务地址等信息，示例如下：

```
user: {
    id: '12345678',                              //智云账号
    key: '12345678',                             //智云密钥
    addr: 'ws://api.zhiyun360.com:28080',        //智云服务地址
    edge_addr: 'http://192.168.100.200:4001',    //边缘服务地址
},

//定义本地存储参数（MAC 地址）
macList: {
    mac_603: '01:12:4B:00:E5:24:1F:F1',          //Sensor-C 安防类传感器
},
```

（5）通过 SSH 将修改后的文件上传到边缘计算网关。

3）工程运行

（1）在 SSH 终端输入以下命令，运行项目工程。

```
$ cd ~/aiedge-exp/edge_grating
$ chmod 755 start_aicam.sh
$ conda activate py36_tf114_torch15_cpu_cv345    //Ubuntu 20.04 操作系统下需要切换环境
$ ./start_aicam.sh
```

（2）在客户端或者边缘计算网关端打开 Chrome 浏览器，输入项目页面地址 http://192.168.100.200:4001/static/edge_grating/index.html，即可查看项目内容。

4.2.2.2　人体入侵监测系统的验证

本项目通过光栅传感器和人体检测算法来判断是否存在非法入侵，用于模拟人体入侵监测应用。

（1）当光栅传感器被遮挡时，其状态为 1，AiCam 平台入侵监测界面右下角"光栅"图标会变亮，并将初始视频流切换为人体检测视频流。

（2）摄像头监测到人体后将触发弹窗警报（警告样式），对当前视频进行截图并显示到右侧列表中，10 s 内不再进行警报截图。

（3）如果光栅传感器没有被遮挡，则其状态为 0，切换回初始视频流。

（4）如果采用虚拟仿真创建的光栅传感器设备，则当设置光栅传感器状态为 1 时表示当前处于光栅报警状态，当摄像头视窗中出现人体时，将发出人体入侵警报并进行截图。虚拟平台的光栅传感器状态如图 4.16 所示。

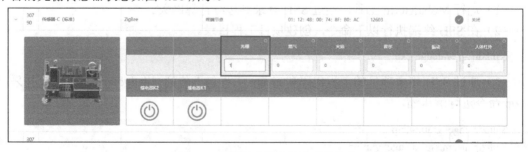

图 4.16　虚拟平台的光栅传感器状态

（5）如果采用硬件设备，当不透光的卡片遮挡光栅传感器时，则光栅传感器会上报报警（状态为 1）。卡片遮挡光栅传感器的硬件状态如图 4.17 所示。

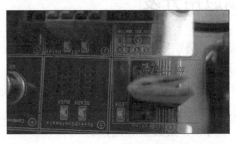

图 4.17　卡片遮挡光栅传感器时的硬件状态

当摄像头视窗中出现人体时，AiCam 平台将发出人体入侵警报，并进行截图，如图 4.18所示。

图 4.18　监测到人体时的 AiCam 平台界面

4.2.3　本节小结

本节首先介绍了 YOLOv3 在人体入侵监测系统中的应用；然后介绍了人体入侵监测系统的结构和通信协议，描述了人体入侵监测系统的开发流程和实现方法；最后对人体入侵监测系统进行了验证。

4.2.4　思考与拓展

（1）深度学习检测技术有哪些？各有什么优缺点？
（2）人体入侵监测系统的通信协议有哪些特点？
（3）简述人体入侵监测系统的开发步骤。

4.3 手势开关风扇应用开发

手势开关风扇是一种基于手势识别的控制系统，主要包括：

- ⮞ 摄像头：用来捕获用户的手势。
- ⮞ 计算机视觉系统：用来处理摄像头捕获的图像或视频流，如 OpenCV 和 TensorFlow 等。
- ⮞ 手势识别算法：使用计算机视觉技术实现手势识别算法，以识别用户的手势，涉及手的位置、动作、方向和手指数量等因素。
- ⮞ 风扇控制系统：用来接收来自计算机视觉系统的命令，并相应地调整风扇的转速或开关状态。

手势开关风扇可以在多种情境下提供便利，可实现节能目标，以下是一些常见的用途：

- ⮞ 家庭：手势开关风扇可以用于家庭，人们可以轻松控制风扇的开关和转速，无须使用遥控器或物理按钮。
- ⮞ 办公室和商业场所：手势开关风扇可以为员工和客户提供更舒适的环境，减少不必要的能耗。
- ⮞ 公共交通：一些公共交通工具（如火车和巴士）中，可以在座位上安装手势开关风扇系统，从而让乘客自主调整风扇的转速，提高乘坐的舒适度。
- ⮞ 医疗和护理设施：手势开关风扇可以让病人轻松控制房间的温度，提高他们的舒适感。

手势开关风扇可以实现节能和环保，当人们离开房间或不需要风扇时，可以轻松关闭风扇，减少能源浪费。手势开关风扇采用的是无接触控制方式，是一种便捷、智能和可持续的风扇控制方式，可以在多种环境中改善用户体验，并降低能耗。

本节的知识点如下：

- ⮞ 了解基于深度学习的手势识别技术。
- ⮞ 掌握基于 NanoDet 模型实现手势识别的基本原理。
- ⮞ 结合 NanoDet 模型和 AiCam 平台进行手势识别应用的开发。

4.3.1　原理分析与开发设计

4.3.1.1　总体框架

1）基本描述

手势开关风扇系统通过识别手势来对风扇进行控制，增加了人们与风扇的交互性，为智能家居研究中的情景化设计提供全新的思路。手势识别如图 4.19 所示。

图 4.19　手势识别示意图

本项目采用深度学习算法实现人手检测和手势识别。

（1）人手检测。YOLO、SSD、Faster R-CNN 等模型或算法在目标检测方面的速度较快、精度较高，但是这些模型或算法比较大，不适合移植到移动端或嵌入式设备。

本项目的人手检测是基于纳米检测网络（Nano Detecting Network，NanoDet）实现的，NanoDet 是一种 FCOS 式的单阶段无锚节点（Anchor-Free）的目标检测模型，它使用 ATSS（Adaptive Training Sample Selection）方法进行目标采样，使用 Generalized Focal Loss 函数执行分类和边框回归（Box Regression），实现了高性能的目标检测，同时保持了模型的小尺度和低计算复杂性，特别适用于嵌入式设备和移动端应用。NanoDet 模型的结构如图 4.20 所示

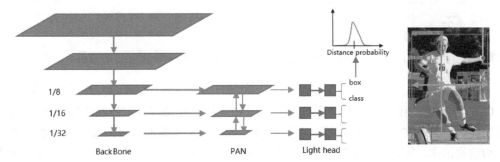

图 4.20　NanoDet 模型的结构

NanoDet 使用了 Generalized Focal Loss 损失函数，该函数能够去掉 FCOS 的 Centerness 分支，省去了这一分支上的大量卷积，从而减少检测头的计算开销，适合移动端的轻量化部署。Generalized Focal Loss 损失函数的结构如图 4.21 所示。

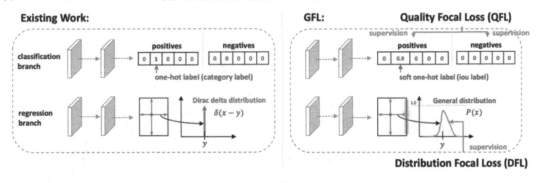

图 4.21　Generalized Focal Loss 损失函数的结构

NanoDet 和 FCOS 目标检测算法系列一样，使用共享权重的检测头，即对 FPN 输出的多尺度特征图使用同一组卷积预测检测框，然后每一层使用一个可学习的 Scale 值作为系数，对预测出来的框进行缩放。FCOS 的特征图如图 4.22 所示。

NanoDet 的特征提取网络选择的是 ShuffleNetV2，并在 ShuffleNetV2 的基础上进行了微调：首先将特征提取网络最后一层的卷积层去掉，其次分别选择下采样倍数为 8、16、32 的 3 种尺度的特征层作为特征融合模块的输入，最后将三种尺度的特征层输入 PAN 特征融合模块得到检测头的输入。

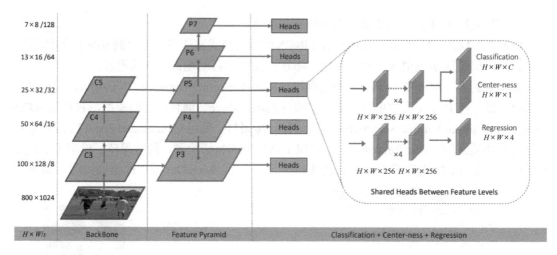

图 4.22　FCOS 的特征图

（2）手势识别。手部姿势估计在计算机视觉和人机交互领域有广泛的应用，如手势识别、虚拟现实、增强现实、手部追踪等。手势检测可将人手的骨骼点检测出来并连成线，将人手的结构绘制出来。从名字的角度来看，手势识别可以理解为对人手姿态（关键点，如大拇指、中指、食指等）的位置估计。

HandPose 是一种用于手部姿势估计的深度学习模型，其结构如图 4.23 所示，主要任务是在图像或视频中检测和估计手部的位置和关键点，通常包括手掌和手指的关节位置。HandPose 模型通过检测图像中所有的人手关键点，将这些关键点对应到不同的人手上。

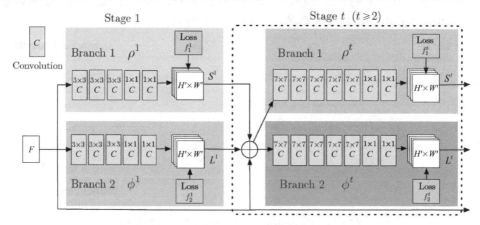

图 4.23　HandPose 模型的结构

HandPose 基于肢体姿态模型 OpenPose 的原理，通过 PAF（Part Affinity Fields）来实现人手姿态的估计。PAF 用来描述像素在骨架中的走向，用 $L(p)$ 表示；关键点的响应用 $S(p)$ 表示。主体网络结构采用 VGG Pre-Train Network 作为框架，由两个分支（Branch）分别回归 $L(p)$ 和 $S(p)$。每一个阶段（Stage）计算一次损失（Loss），之后把 L 和 S 以及原始输入连接起来，继续下一阶段的训练。随着迭代次数的增加，S 能够一定程度上区分结构的左右。损失用的 L2 范数表示，S 和 L 的真实值（Ground-Truth）需要从标注的关键点生成，如果某个关键点在标注中有缺失则不计算该关键点。

2）系统框架

从边缘计算的角度看，手势开关风扇系统可分为硬件层、边缘层、应用层，如图 4.24
所示。

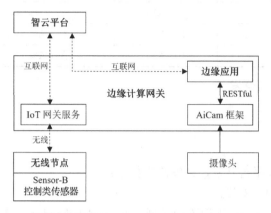

图 4.24　手势开关风扇系统的结构

（1）硬件层：无线节点和 Sensor-B 控制类传感器构成了手势开关风扇系统的硬件层，
通过 Sensor-B 控制类传感器的风扇来模拟实际的风扇。。

（2）边缘层：包括边缘计算网关内置 IoT 网关服务和 AiCam 框架。IoT 网关服务负责接
收和下发无线节点的数据，发送给应用端或者将数据发给云端的智云平台。AiCam 框架内置
了算法、模型、视频推流等服务，支持应用层的边缘计算推理任务。

（3）应用层：通过智云接口与 IoT 的硬件层交互（默认与云端的智云平台的接口交互），
通过 AiCam 的 RESTful 接口与算法层交互。

4.3.1.2　系统硬件与通信协议设计

1）系统硬件设计

本项目既可以采用 LiteB 无线节点、Sensor-B 控制类传感器来完成硬件的搭建，也可以
通过虚拟仿真软件来创建一个虚拟的硬件设备，如图 4.25 所示。

图 4.25　虚拟硬件设备

2）通信协议设计

Sensor-B 控制类传感器的通信协议见表 4.1。

本项目使用的是 Sensor-B 控制类传感器中的风扇，相关命令如表 4.6 所示。

表 4.6　风扇的命令

发 送 命 令	接 收 结 果	含　　义
{D1=?}	{D1=XX}	查询风扇当前的开关状态
{OD1=8,D1=?}	{D1=XX}	打开风扇（Bit3 为 1 表示打开风扇）
{CD1=8,D1=?}	{D1=XX}	关闭风扇（Bit3 为 0 表示关闭风扇）

4.3.1.3　功能设计与开发

1）系统框架设计

见 4.1.1.3 节。

2）接口描述

本项目基于 AiCam 平台开发，开发流程如下：

（1）项目配置见 4.1.1.3 节。

（2）添加模型。在 aicam 工程添加模型文件 models/handpose_detection、人手检测模型文件 handdet.bin/handdet.param、手势识别模型文件 handpose.bin/handpose.param。

（3）添加算法。在 aicam 工程添加手势识别算法文件 algorithm/handpose_detection/handpose_detection.py。

（4）添加应用。在 aicam 工程添加算法项目前端应用 static/edge_fan。

3）硬件通信设计

前端应用中的硬件控制部分通过智云 ZCloud API 连接到硬件系统，前端应用处理示例如下：

```
getConnect()
//智云服务连接
function getConnect(){                    //建立连接服务的函数
    rtc = new WSNRTConnect(config.user.id, config.user.key)
    rtc.setServerAddr(config.user.addr);
    rtc.connect();
    rtc.onConnect = () => {                //连接成功回调函数
        online = true
        setTimeout(() => {
            if(online){
                cocoMessage.success(`数据服务连接成功！查询数据中...`)
                rtc.sendMessage(config.macList.mac_602,config.sensor.mac_602.query);    //数据查询
            }
        }, 200);
    }
    rtc.onConnectLost = () => {                           //数据服务掉线回调函数
        online = false
        cocoMessage.error(`数据服务连接失败!请检查网络或 IDKEY...`)
    };

    rtc.onmessageArrive = (mac, dat) => {                  //消息处理回调函数
        if (dat[0] == '{' && dat[dat.length - 1] == '}') {
            //截取后台返回的 JSON 对象（去掉{}符号）后，以“,”分割为数组
```

```
            let its = dat.slice(1,-1).split(',')
            for (let i = 0; i < its.length; i++) {          //循环遍历数组的每一个值
                let t = its[i].split("=");                   //将每个值以 "=" 分割为数组
                if (t.length != 2) continue;
                //mac_602 控制类传感器
                if (mac == config.macList.mac_602) {
                    console.log('风扇开关：',t);
                    if(t[0] == 'D1'){                         //开关控制
                        if (t[1] & 8) {
                            $('#icon').attr('src','./img/icon-on.gif')
                        }else{
                            $('#icon').attr('src','./img/icon-off.png')
                        }
                    }
                }
            }
        }
    }
}
```

4）算法交互

前端应用的算法采用 RESTful 接口获取处理后的视频流，返回 base64 编码的结果图像和结果数据。访问 URL 地址的格式如下（IP 地址为边缘计算网关的地址）：

```
http://192.168.100.200:4001/stream/[algorithm_name]?camera_id=0
```

前端应用处理示例如下：

```
let linkData = '/stream/handpose_detection?camera_id=0'          //视频资源链接
//请求图像流资源
let imgData = new EventSource(linkData)
//对图像流返回的数据进行处理
imgData.onmessage = function (res) {
    let {result_image} = JSON.parse(res.data)
    $('#img_box>img').attr('src', `data:image/jpeg;base64,${result_image}`)
    if (interactionThrottle) {
        interactionThrottle = false
        let {result_data} = JSON.parse(res.data)
        let html = `<div>${new Date().toLocaleTimeString()}————$
                    {JSON.stringify(result_data)}</div>`
        $('#text-list').prepend(html);
        console.log(result_data);
        //当匹配率（result_data.obj_list[0].score）大于 95%、识别到手势
        //结果（result_data.obj_list[0].name）、当前不处于节流（throttle）状态、
        //智云服务连接成功（online）后，才能进入判断
        if (result_data.obj_num > 0 && throttle && online) {
            //根据手势识别结果判断发送的是开启命令还是关闭命令，从而相应地控制设备
            if (result_data.obj_list[0].name == 'one' && result_data.obj_list[0].score > 0.95
                        && $('#icon').attr('src').indexOf('icon-on') > -1) {
```

```
                        console.log(result_data.obj_list[0].name);
                        throttle = false
                        rtc.sendMessage(config.macList.mac_602, config.sensor.mac_602.fanClose)
                        cocoMessage.success('识别到手势 1，关闭风扇！')
                        setTimeout(() => {
                            throttle = true
                        }, 5000);
                    }
                    if (result_data.obj_list[0].name == 'five' && result_data.obj_list[0].score > 0.95
                                        && $('#icon').attr('src').indexOf('icon-off') > -1) {
                        console.log(result_data.obj_list[0].name);
                        throttle = false
                        rtc.sendMessage(config.macList.mac_602, config.sensor.mac_602.fanOpen)
                        cocoMessage.success('识别到手势 5，开启风扇！')
                        setTimeout(() => {
                            throttle = true
                        }, 5000);
                    }
                }
                setTimeout(() => {
                    interactionThrottle = true
                }, 1000);
            }
        }
```

5）手势开关风扇算法接口设计

```python
###############################################################################
#文件：handpose_detection.py
#说明：手势识别
###############################################################################
from PIL import Image,ImageDraw,ImageFont
import numpy as np
import cv2 as cv
import os
import json
import base64
c_dir = os.path.split(os.path.realpath(__file__))[0]

class HandposeDetection(object):
    def __init__(self, model_path="models/handpose_detection"):
        self.model_path = model_path
        self.handpose_model = HandDetector()
        self.handpose_model.init(self.model_path)

    def image_to_base64(self, img):
        image = cv.imencode('.jpg', img, [cv.IMWRITE_JPEG_QUALITY, 60])[1]
        image_encode = base64.b64encode(image).decode()
        return image_encode
```

```python
def base64_to_image(self, b64):
    img = base64.b64decode(b64.encode('utf-8'))
    img = np.asarray(bytearray(img), dtype="uint8")
    img = cv.imdecode(img, cv.IMREAD_COLOR)
    return img


def draw_pos(self, img, objs):
    img_rgb = cv.cvtColor(img, cv.COLOR_BGR2RGB)
    pilimg = Image.fromarray(img_rgb)
    #创建 ImageDraw 绘图类
    draw = ImageDraw.Draw(pilimg)
    #设置字体
    font_size = 20
    font_path = c_dir+"/../../font/wqy-microhei.ttc"
    font_hei = ImageFont.truetype(font_path, font_size, encoding="utf-8")

    for obj in objs:
        loc = obj["location"]
        draw.rectangle((loc["left"], loc["top"], loc["left"]+loc["width"], loc["top"]+loc["height"]),
                    outline='green',width=2)
        msg = obj["name"]+": %.2f"%obj["score"]
        draw.text((loc["left"], loc["top"]-font_size*1), msg, (0, 255, 0), font=font_hei)

        color1 = (10, 215, 255)
        color2 = (255, 115, 55)
        color3 = (5, 255, 55)
        color4 = (25, 15, 255)
        color5 = (225, 15, 55)
        marks = obj["mark"]
        for j in range(len(marks)):
            kp = obj["mark"][j]
            draw.ellipse(((kp["x"]-4, kp["y"]-4), (kp["x"]+4,kp["y"]+4)),
                        fill=None,outline=(255,0,0),width=2)
            color = (color1,color2,color3,color4,color5)
            ii = j //4
            if  j==0 or j / 4 != ii:
                draw.line(((marks[j]["x"],marks[j]["y"]),(marks[j+1]["x"],marks[j+1]["y"])),
                        fill=color[ii],width=2)
                draw.line(((marks[0]["x"],marks[0]["y"]),(marks[5]["x"],marks[5]["y"])),
                        fill=color[1],width=2)
                draw.line(((marks[0]["x"],marks[0]["y"]),(marks[9]["x"],marks[9]["y"])),
                        fill=color[2],width=2)
                draw.line(((marks[0]["x"],marks[0]["y"]),(marks[13]["x"],marks[13]["y"])),
                        fill=color[3],width=2)
                draw.line(((marks[0]["x"],marks[0]["y"]),(marks[17]["x"],marks[17]["y"])),
                        fill=color[4],width=2)
    result = cv.cvtColor(np.array(pilimg), cv.COLOR_RGB2BGR)
```

```
                    return result
            def inference(self, image, param_data):
                #code：识别成功返回 200
                #msg：相关提示信息
                #origin_image：原始图像
                #result_image：处理之后的图像
                #result_data：结果数据
                return_result = {'code': 200, 'msg': None, 'origin_image': None,
                                'result_image': None, 'result_data': None}

                #实时视频接口：@__app.route('/stream/<action>')
                #image：摄像头实时传递过来的图像
                #param_data：必须为 None
                result = self.handpose_model.detect(image)
                result = json.loads(result)
                if result["code"] == 200 and result["result"]["obj_num"] > 0:
                    r_image = self.draw_pos(image, result["result"]["obj_list"])
                else:
                    r_image = image
                return_result["code"] = result["code"]
                return_result["msg"] = result["msg"]
                return_result["result_image"] = self.image_to_base64(r_image)
                return_result["result_data"] = result["result"]
                return return_result

        #单元测试，如果处理类中引用了文件，则在单元测试中要修改文件路径
        if __name__=='__main__':
            from handpose import HandDetector
            #创建视频捕获对象
            cap=cv.VideoCapture(0)
            if cap.isOpened()!=1:
                pass
            #循环获取图像、处理图像、显示图像
            while True:
                ret,img=cap.read()
                if ret==False:
                    break
                #创建图像处理对象
                img_object=HandposeDetection(c_dir+'/../../models/handpose_detection')
                #调用图像处理函数对图像进行加工处理
                result=img_object.inference(img,None)
                frame = img_object.base64_to_image(result["result_image"])

                #图像显示
                cv.imshow('frame',frame)
                key=cv.waitKey(1)
                if key==ord('q'):
                    break
```

```
        cap.release()
        cv.destroyAllWindows()
else :
        from .handpose import HandDetector
```

4.3.2　开发步骤与验证

4.3.2.1　项目部署

1）硬件部署

见 4.1.2.1 节。

2）工程部署

（1）运行 MobaXterm 工具，通过 SSH 登录到边缘计算网关。

（2）在 SSH 终端执行以下命令，创建项目工程目录。

```
$ mkdir -p ~/aiedge-exp
```

（3）通过 SSH 将本项目开发工程代码和 aicam 工程包上传到~/aiedge-exp 目录下，并采用 unzip 命令进行解压缩。

```
$ unzip edge_fan.zip
$ unzip aicam.zip -d edge_fan
```

（4）参考 4.1.2.1 节的内容，修改工程配置文件 static/edge_fan/js/config.js 内的智云账号、硬件地址、边缘服务地址等信息。

（5）通过 SSH 将修改后的文件上传到边缘计算网关。

3）工程运行

（1）在 SSH 终端输入以下命令运行项目工程。

```
$ cd ~/aiedge-exp/edge_fan
$ chmod 755 start_aicam.sh
$ conda activate py36_tf114_torch15_cpu_cv345        //Ubuntu 20.04 操作系统下需要切换环境
$ ./start_aicam.sh
```

（2）在客户端或者边缘计算网关端打开 Chrome 浏览器，输入项目页面地址 http://192.168.100.200:4001/static/edge_fan/index.html，即可查看项目内容。

4.3.2.2　手势开关风扇系统的验证

本项目实现了手势开关风扇系统，用于模拟智能家居手势交互的应用场景。

（1）手势开关风扇系统具有手势识别功能，手势 5 表示发送开启风扇命令，手势 1 表示发送关闭风扇命令，并伴有弹窗提示，5 s 内不再进行手势识别。

（2）AiCam 平台中的风扇控制功能会对前视频进行截图并进行手势识别，当识别到的手势是 5 时打开风扇，如图 4.26 所示。

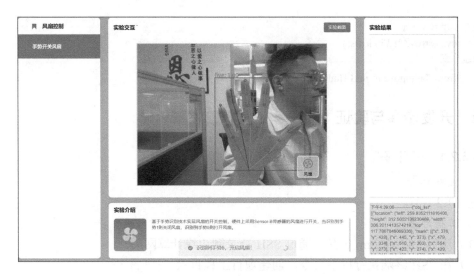

图 4.26　开启风扇的 AiCam 平台界面

硬件平台上的风扇转动效果如图 4.27 所示。

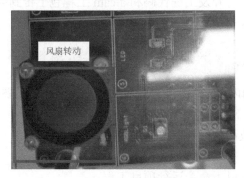

图 4.27　硬件平台上的风扇转动效果

（3）当识别到的手势是 1 时关闭风扇，如图 4.28 所示。

图 4.28　关闭风扇的 AiCam 平台界面

硬件平台上的风扇停止效果如图 4.29 所示。

图 4.29　硬件平台上的风扇停止效果

4.3.3　本节小结

本节通过手势开关风扇系统介绍了人手检测和手势识别的常用模型，以及手势开关风扇系统的框架、通信协议，然后借助 AiCam 平台介绍了手势开关风扇的硬件部署、软件开发等开发流程。

4.3.4　思考与拓展

（1）手势开关风扇系统可用于哪些场景？
（2）NanoDet 模型具备哪些优点？
（3）请通过具体实例说明手势开关风扇的过程。

4.4　视觉火情监测应用开发

视觉火情监测是一种利用计算机视觉和图像处理技术来监测火灾或火情的系统。该系统使用摄像头捕获实时图像，通过计算机视觉和深度学习算法分析捕获到的实时图像，以监测火源、火势和火情的变化。视觉火情监测系统一般包括：

- 火源检测：系统可通过分析图像中的像素和颜色信息来检测潜在的火源。
- 火势估计：一旦火源被检测到，系统可通过比较连续图像帧之间的差异来监测火势的变化，以估计火势发展。
- 烟雾检测：系统不仅可以检测火源，还可以检测烟雾，这对于及早发现火情并采取适当措施而言是非常重要的。
- 警报和通知：一旦系统检测到火情或火源，它可以触发警报并通知相关人员，如消防部门、安全人员或建筑物的管理者。
- 监控和追踪：系统可以实时监视火情并追踪火势的变化，这对于指导灭火工作和人员疏散而言是非常重要的。

随着计算机视觉和深度学习技术的进步，视觉火情监测系统的准确性和性能得到了显著提高，被广泛应用于多种场合，如森林、工业设施、建筑物、交通隧道、油田和自然保护区等。视觉火情监测系统有助于减少火灾带来的损失，提高响应速度和效率。

本节的知识点如下：

- ➲ 了解基于深度学习的火焰识别技术。
- ➲ 掌握基于 YOLOv3 实现火焰识别的基本原理。
- ➲ 结合 YOLOv3 和 AiCam 平台进行火焰识别应用的开发。

4.4.1　原理分析与开发设计

4.4.1.1　总体框架

基于大规模火焰数据的识别训练，视觉火情监测系统可实时识别监测火情，并在识别到火情后发出火情警报，提醒相关部门及时查看和止损，适用于室内外多种复杂环境。火焰实况监测如图 4.30 所示。

图 4.30　火情实况监测

本项目采用 YOLOv3 识别火焰，YOLOv3 是一个在计算机视觉领域得到了广泛应用的深度学习模型，在目标检测、物体识别等任务中表现非常出色。

从边缘计算的角度看，视觉火情监测系统可分为硬件层、边缘层、应用层，如图 4.31 所示。

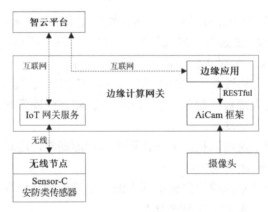

图 4.31　视觉火情监测系统的结构

（1）硬件层：无线节点和 Sensor-C 安防类传感器构成了视觉火焰监测系统的硬件层，通过 Sensor-C 安防类传感器的火焰传感器来感应火焰状态。

（2）边缘层：包括边缘计算网关内置 IoT 网关服务和 AiCam 框架。IoT 网关服务负责接收和下发无线节点的数据，发送给应用端或者将数据发给云端的智云平台。AiCam 框架内置了算法、模型、视频推流等服务，支持应用层的边缘计算推理任务。

（3）应用层：通过智云接口与 IoT 的硬件层交互（默认与云端的智云平台的接口交互），通过 AiCam 的 RESTful 接口与算法层交互。

4.4.1.2　系统硬件与通信协议设计

1）系统硬件设计

本项目既可以采用 LiteB 无线节点、Sensor-C 安防类传感器来完成硬件的搭建，也可以通过虚拟仿真软件来创建一个虚拟的硬件设备，如图 4.32 所示。

图 4.32　虚拟硬件设备平台

2）通信协议设计

Sensor-C 安防类传感器的通信协议如表 4.4 所示。本项目使用火焰传感器来检测火焰，当火焰传感器识别到火焰时，会每隔 3 s 上传一次火焰传感器的状态（状态为 1）；当火焰传感器未识别到火焰时，会每隔 30 s 上传一次火焰传感器的状态（状态为 0）。火焰传感器的命令如表 4.7 所示。

表 4.7　火焰传感器的命令

发 送 命 令	接 收 结 果	含　义
-	{A3=1/0}	火焰传感器状态

4.4.1.3　功能设计与开发

1）系统框架设计

见 4.1.1.3 节。

2）接口描述

本项目基于 AiCam 平台开发，开发流程如下：

（1）项目配置见 4.1.1.3 节。

（2）添加模型。在 aicam 工程添加模型文件 models/fire_detection、火焰识别模型文件 yolov3-tiny-fire-opt.bin/yolov3-tiny-fire-opt.param。

（3）添加算法。在 aicam 工程添加火焰识别算法文件 algorithm/fire_detection/fire_detection.py。

（4）添加应用。在 aicam 工程添加算法项目前端应用 static/edge_fire。

3）硬件通信设计

前端应用中的硬件控制部分通过智云 ZCloud API 连接到硬件系统，前端应用处理示例如下：

```
getConnect()
//智云服务连接
function getConnect(){                    //建立连接服务的函数
    rtc = new WSNRTConnect(config.user.id, config.user.key)
    rtc.setServerAddr(config.user.addr);
    rtc.connect();
    rtc.onConnect = () => {                //连接成功回调函数
        online = true
        setTimeout(() => {
            if(online){
                cocoMessage.success(`数据服务连接成功！查询数据中...`)
                //发起数据查询
                rtc.sendMessage(config.macList.mac_603,config.sensor.mac_603.query);
            }
        }, 200);
    }
    rtc.onConnectLost = () => {                    //数据服务掉线回调函数
        online = false
        cocoMessage.error(`数据服务连接失败!请检查网络或 IDKEY...`)
    };

    rtc.onmessageArrive = (mac, dat) => {          //消息处理回调函数
        if (dat[0] == '{' && dat[dat.length - 1] == '}') {
            //截取后台返回的 JSON 对象（去掉{}符号）后，以 "," 分割为数组
            let its = dat.slice(1,-1).split(',')
            for (let i = 0; i < its.length; i++) {     //循环遍历数组的每一个值
                let t = its[i].split("=");             //将每个值以 "=" 分割为数组
                if (t.length != 2) continue;
                //mac_603 安防类传感器
                if (mac == config.macList.mac_603) {
                    if(t[0] == 'A3'){                  //火焰传感器
                        console.log('火焰状态：',t);
                        //此处调用 AiCam 平台的接口进行火焰识别
                    }
                }
            }
        }
    }
}
```

4）算法交互

前端应用的算法采用 RESTful 接口获取处理后的视频流，返回 base64 编码的结果图像和结果数据。访问 URL 地址的格式如下（IP 地址为边缘计算网关的地址）：

```
http://192.168.100.200:4001/stream/[algorithm_name]?camera_id=0
```

前端应用处理示例如下：

```
let linkData = [
    '/stream/index?camera_id=0',
    '/stream/fire_detection?camera_id=0'
]
//请求图像流资源
let imgData = new EventSource(linkData[0])
//对图像流返回的数据进行处理
imgData.onmessage = function (res) {
    let {result_image} = JSON.parse(res.data)
    $('#img_box>img').attr('src', `data:image/jpeg;base64,${result_image}`)
}
……
#function getConnect()函数里面接收到火焰报警后，调用火焰监测算法
rtc.onmessageArrive = (mac, dat) => {              //消息处理回调函数
    if (dat[0] == '{' && dat[dat.length - 1] == '}') {
        //截取后台返回的 JSON 对象（去掉{}符号）后，以 "," 分割为数组
        let its = dat.slice(1,-1).split(',')
        for (let i = 0; i < its.length; i++) {    //循环遍历数组的每一个值
            let t = its[i].split("=");            //将每个值以 "=" 分割为数组
            if (t.length != 2) continue;
            //mac_603 安防类传感器
            if (mac == config.macList.mac_603) {
                if(t[0] == 'A3'){                 //火焰传感器
                    console.log('火焰状态：',t);
                    //如果当前传感器的状态为 1，且上次为 0 则进行下一步
                    if (t[1] == '1' && $('#icon').attr('src') == './img/icon-off.png') {
                        clearInterval(Timer)
                        $('#icon').attr('src','./img/icon-on.gif')

                        //请求图像流资源
                        imgData && imgData.close()
                        imgData = new EventSource(linkData[1])
                        //对图像流返回的数据进行处理
                        imgData.onmessage = function (res) {
                            let {result_image} = JSON.parse(res.data)
                            $('#img_box>img').attr('src', `data:image/jpeg;base64,${result_image}`)

                            if (interactionThrottle) {
                                interactionThrottle = false
                                let {result_data} = JSON.parse(res.data)
                                let html = `<div>${new
                                        Date().toLocaleTimeString()}————
                                        ${JSON.stringify(result_data)}</div>`
                                console.log(result_data);
                                $('#text-list').prepend(html);
```

```
                            //当识别到火焰，且识别率大于50%时，
                            //进行一次截图+弹窗提示，10 s 后方可进行下一次识别
                            if (throttle && result_data.obj_num > 0 &&
                                            result_data.obj_list[0].score > 0.5) {
                                throttle = false
                                $('#result').click()
                                swal(`火焰警报！`, "监测到火情，请马上处理！",
                                    "error", {button: false,timer: 2000});
                                setTimeout(() => {
                                    throttle = true
                                }, 10000);
                            }
                            setTimeout(() => {
                                interactionThrottle = true
                            }, 1000);
                        }
                    }
                    //每 10 s 检测一次火焰传感器的状态是否为 0，若为 0，
                    //则切换为普通视频流
                    Timer = setInterval(() => {
                        if ($('#icon').attr('src') == './img/icon-off.png') {
                        //请求图像流资源
                        imgData && imgData.close()
                        imgData = new EventSource(linkData[0])
                        //对图像流返回的数据进行处理
                        imgData.onmessage = function (res) {
                            let {result_image} = JSON.parse(res.data)
                            $('#img_box>img').attr('src', `data:image/jpeg;
                                                base64,${result_image}`)
                        }
                        }
                    }, 10000);
                    }
                    //如果当前传感器的状态为 0，且上次为 1 则进行下一步
                    if (t[1] == '0' && $('#icon').attr('src') == './img/icon-on.gif'){
                        $('#icon').attr('src','./img/icon-off.png')
                    }
                    }
                }
            }
        }
    }
}
```

5）火情识别算法接口设计

```
###############################################################################
#文件：fire_detection.py
#说明：火焰识别
###############################################################################
```

```python
from PIL import Image,ImageDraw,ImageFont
import numpy as np
import cv2 as cv
import os
import json
import base64
c_dir = os.path.split(os.path.realpath(__file__))[0]


class FireDetection(object):
    def __init__(self, model_path="models/fire_detection"):
        self.model_path = model_path
        self.fire_model = FireDet()
        self.fire_model.init(self.model_path)

    def image_to_base64(self, img):
        image = cv.imencode('.jpg', img, [cv.IMWRITE_JPEG_QUALITY, 60])[1]
        image_encode = base64.b64encode(image).decode()
        return image_encode

    def base64_to_image(self, b64):
        img = base64.b64decode(b64.encode('utf-8'))
        img = np.asarray(bytearray(img), dtype="uint8")
        img = cv.imdecode(img, cv.IMREAD_COLOR)
        return img

    def draw_pos(self, img, objs):
        img_rgb = cv.cvtColor(img, cv.COLOR_BGR2RGB)
        pilimg = Image.fromarray(img_rgb)
        #创建 ImageDraw 绘图类
        draw = ImageDraw.Draw(pilimg)
        #设置字体
        font_size = 20
        font_path = c_dir+"/../../font/wqy-microhei.ttc"
        font_hei = ImageFont.truetype(font_path, font_size, encoding="utf-8")

        for obj in objs:
            loc = obj["location"]
            draw.rectangle((loc["left"], loc["top"], loc["left"]+loc["width"],
                            loc["top"]+loc["height"]), outline='green',width=2)
            msg =  "%.2f"%obj["score"]
            draw.text((loc["left"], loc["top"]-font_size*1), msg, (0, 255, 0), font=font_hei)
        result = cv.cvtColor(np.array(pilimg), cv.COLOR_RGB2BGR)
        return result

    def inference(self, image, param_data):
        #code：识别成功返回 200
        #msg：相关提示信息
        #origin_image：原始图像
```

```
        #result_image：处理之后的图像
        #result_data：结果数据
        return_result = {'code': 200, 'msg': None, 'origin_image': None,
                         'result_image': None, 'result_data': None}


        #实时视频接口：@__app.route('/stream/<action>')
        #image：摄像头实时传递过来的图像
        #param_data：必须为 None
        result = self.fire_model.detect(image)
        result = json.loads(result)
        r_image = image
        if result["code"] == 200 and result["result"]["obj_num"] > 0:
            r_image = self.draw_pos(r_image, result["result"]["obj_list"])
        return_result["code"] = result["code"]
        return_result["msg"] = result["msg"]
        return_result["result_image"] = self.image_to_base64(r_image)
        return_result["result_data"] = result["result"]
        return return_result


#单元测试，如果处理类中引用了文件，则在单元测试中要修改文件路径
if __name__ == '__main__':

    from firedet import FireDet
    #创建视频捕获对象
    cap=cv.VideoCapture(0)
    if cap.isOpened()!=1:
        pass
    #循环获取图像、处理图像、显示图像
    while True:
        ret,img=cap.read()
        if ret==False:
            break
        #创建图像处理对象
        img_object=FireDetection(c_dir+'/../../models/fire_detection')
        #调用图像处理函数对图像进行加工处理
        result=img_object.inference(img,None)
        frame = img_object.base64_to_image(result["result_image"])
        #图像显示
        cv.imshow('frame',frame)
        key=cv.waitKey(1)
        if key==ord('q'):
            break
    cap.release()
    cv.destroyAllWindows()
else :
    from .firedet import FireDet
```

4.4.2　开发步骤与验证

4.4.2.1　项目部署

1）硬件部署

见 4.1.2.1 节。

2）工程部署

（1）运行 MobaXterm 工具，通过 SSH 登录到边缘计算网关。

（2）在 SSH 终端执行以下命令，创建项目工程目录。

```
$ mkdir -p ~/aiedge-exp
```

（3）通过 SSH 将本项目开发工程代码和 aicam 工程包上传到~/aiedge-exp 目录下，并采用 unzip 命令进行解压缩。

```
$ unzip edge_fire.zip
$ unzip aicam.zip -d edge_fire
```

（4）参考 4.1.2.1 节的内容，修改工程配置文件 static/edge_fan/js\config.js 内的智云账号、硬件地址、边缘服务地址等信息。

（5）通过 SSH 将修改后的文件上传到边缘计算网关。

3）工程运行

（1）在 SSH 终端输入以下命令运行项目工程：

```
$ cd ~/aiedge-exp/edge_fire
$ chmod 755 start_aicam.sh
$ conda activate py36_tf114_torch15_cpu_cv345        //Ubuntu 20.04 操作系统下需要切换环境
$ ./start_aicam.sh
```

（2）在客户端或者边缘计算网关端打开 Chrome 浏览器，输入项目页面地址 http://192.168.100.200:4001/static/edge_fire/index.html，即可查看项目内容。

4.4.2.2　视觉火情监测系统的验证

本项目通过火焰传感器和火焰识别算法实现了对火情的监测，用于模拟视觉火情监测的应用场景。

（1）火焰传感器的状态为 1（识别到火焰）时报警被触发，AiCam 平台火情监测界面右下角火焰图标会变亮，并将初始视频流切换为火焰监测视频流。

（2）当摄像头监测到火焰（可通过手机打开火灾图像来模拟）时将触发弹窗警报（警告样式），并对当前视频进行截图显示到右侧列表，10 s 内不再进行警报截图。摄像头监测到火焰时的 AiCam 平台界面如图 4.33 所示。

（3）在火焰监测视频流状态下，AiCam 平台每 10 s 判断一次火焰传感器是否处于触发状态，如果传感器火焰报警停止（状态为 0），则切换回初始视频流。

（4）如果采用虚拟仿真创建的火焰传感器设备，则先将火焰传感器的状态设置为 1，表示当前处于火焰报警状态；再将火灾图像放置到摄像头视窗内，当监测到火焰且置信度大于或等于 0.5 时，将发出火焰警报并截图。虚拟平台的火焰传感器状态如图 4.34 所示。

图 4.33　摄像头监测到火焰时的 AiCam 平台界面

图 4.34　虚拟平台的火焰传感器状态

如果采用真实的硬件设备，将打火机打着火靠近火焰传感器时，当火焰传感器监测到火焰后会上报火焰传感器报警（状态为 1），如图 4.35 所示。

图 4.35　监测到火焰时的硬件平台状态

4.4.3　本节小结

本节采用火焰传感器和火焰识别算法实现了视觉火情监测系统，详细描述了系统框架、通信协议，并进行了验证。

4.4.4　思考与拓展

（1）视觉火情监测系统与人脸开闸机系统有哪些共同之处？

（2）视觉火情监测系统需要的硬件设备有哪些？

（3）当火焰传感器的状态为 1 时表示其处于什么状态？

4.5 视觉车牌识别应用开发

车牌识别是一种计算机视觉技术，用于自动识别和提取车辆上的车牌号码，其步骤是图像采集→图像预处理→车牌定位→字符分割→字符识别。车牌识别技术可以应用于多种场景，如交通管理、停车场管理、安全监控、物流和运输、道路收费系统、停车追踪、智能交通灯控制、犯罪调查、社区门禁系统和停车限时监控。车牌识别如图 4.36 所示。

图 4.36　CNN 车牌识别现场

车牌识别技术经历了几十年的发展，从最早的基于规则的方法到现在的基于深度学习和人工智能的方法。以下是车牌识别技术的主要发展历程：

早期的车牌识别技术（1970 年代到 1990 年代）：早期的车牌识别技术主要依赖于规则和传统的计算机视觉技术，包括字符模板匹配、边缘检测、颜色分割和形状分析等。

基于模板匹配的车牌识别技术（1990 年代到 2000 年代）：这个时期的车牌识别技术逐渐采用了模板匹配和特征提取的方法，模板匹配方法是通过比较图像中的字符与预定义的字符模板来识别车牌的。

基于机器学习的车牌识别技术（2000 年代到 2010 年代）：随着机器学习技术的发展，车牌识别开始采用基于机器学习的方法，如支持向量机（SVM）和随机森林等。

深度学习时代（2010 年代至今）：深度学习技术的崛起彻底改变了车牌识别技术，卷积神经网络（CNN）和循环神经网络（RNN）等深度学习框架被广泛用于车牌识别技术。

车牌识别技术经历了长期的发展过程，从最初的基本方法到现在的基于深度学习和多模态融合的技术，不断提高了准确性、速度和鲁棒性，使其在多种应用场景中得到广泛应用。

本节的知识点如下：

❍ 了解基于深度学习的车牌识别技术。

❍ 掌握基于 LPRNet 模型实现车牌识别的基本原理。

❍ 结合 LPRNet 模型和 AiCam 平台进行车牌识别应用的开发。

4.5.1　原理分析与开发设计

4.5.1.1　总体框架

1）车牌识别概述

车牌识别系统是指能够检测受控路面的车辆并自动提取车辆牌照信息进行处理的技术，是现代智能交通系统中的重要组成部分之一。车牌识别技术以数字图像处理、模式识别、计算机视觉等技术为基础，首先通过摄像头提取车牌视频图像，对提取的每一帧图像，利用高效视频检测技术对车牌进行定位和跟踪，从中自动提取车牌图像；然后经过车牌精确定位、切分和识别等模块准确地自动分割和识别字符，得到车牌的全部字符信息和颜色信息。通过一些后续处理手段可以实现停车场收费管理、交通流量控制。视觉车牌识别系统的框架如图 4.37 所示。

图 4.37　视觉车牌识别系统的框架

车牌识别中常用的深度学习算法或模型如下：

（1）卷积神经网络（CNN）模型：CNN 是车牌识别中常用的深度学习模型，该模型可用于车牌检测和字符识别。通常，CNN 用于提取车牌图像中的特征，后续使用其他方法来识别车牌中的字符。CNN 模型的结构如图 4.38 所示。

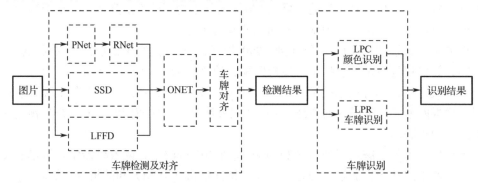

图 4.38　CNN 模型的结构

（2）YOLO（You Only Look Once）系列模型：YOLO 是目标检测的系列模型，常用于车牌检测。YOLO 系列模型可以同时识别多个目标，并且速度很快，适用于实时车牌识别。

（3）R-CNN 模型（如 Faster R-CNN 和 Mask R-CNN）：这些模型是用于目标检测的深度学习模型，可用于车牌检测，不仅能提供较高的检测精度，还可以识别车牌的位置。

（4）CRNN（Convolutional Recurrent Neural Network）模型：是一种将卷积神经网络和循环神经网络结合起来的模型，用于端到端的车牌字符识别。该模型可以接收整个车牌图像并输出字符序列。

（5）CTC（Connectionist Temporal Classification，连接时序分类）模型：CTC 是一种用于序列识别任务的深度学习模型，常用于车牌字符识别。该模型可以将输入图像映射到字符序列，无须明确的字符定位信息。

（6）自注意力模型（如 Transformer）：自注意力模型已经被应用于车牌字符识别，该模型可以在识别字符时关注输入图像的不同部分，具有较高的车牌识别性能。

（7）深度生成对抗网络（GAN）模型：GAN 模型可用于生成车牌图像，以扩充训练数据，改善了车牌识别的性能。

（8）卷积循环神经网络（CRNN）模型：CRNN 模型结合了卷积层和循环层，用于端到端的车牌识别，可以同时检测车牌位置和识别字符。

本项目基于 LPRNet 模型实现车牌的识别。LPRNet 模型是一个面向移动端的准商业级车牌识别库，以 NCNN 为推理后端，以 DNN 模型为核心，支持多种车牌检测算法，可识别车牌信息和车牌颜色。LPRNet 模型的特点如下：

- 超轻量：核心库只依赖 NCNN，支持模型量化。
- 多检测：支持 SSD、MTCNN、LFFD 等目标检测算法。
- 精度高：LFFD 目标检测算法在 CCPD 中的检测精度可达到 98.9%，车牌识别率达到 99.95%，综合识别率超过 99%。
- 易使用：只需要 10 行代码即可完成车牌识别。
- 易扩展：可快速扩展各类检测算法。

LPRNet（License Plate Recognition Network）是一个用于车牌识别的深度学习模型，主要用于识别和提取车牌上的字符。在特征提取网络方面，LPRNet 模型使用轻量化的卷积神经网络，训练集阶段的损失函数是 CTC Loss，对中文车牌的识别准确率达到了 95%。LPRNet 模型在识别中文车牌时有以下几大优点：

（1）LPRNet 模型不需要预先对字符进行分割，可识别可变长度的车牌，特别是对于字符差异性比较大的车牌，可以实现端到端的检测识别。

（2）LPRNet 模型以卷积神经网络为基础，没有采用循环卷积神经网络，使得网络结构更加轻量化，并且能够在各种嵌入式设备上。

（3））LPRNet 模型可在光照条件恶劣、拍摄视角畸变等环境下对车牌进行识别，具有优良的鲁棒性与泛化性。

LPRNet 模型的结构如图 4.39 所示，包含输入图像、CBR（Convolution, Batch Normalization, Rectified Linear Unit）、MaxPool、AvgPool、Small basic block、concat 和 container。其中，输入图像的尺寸为 94×24×3；CBR 由一个卷积层、批量归一化层和激活函数 ReLU 组成；MaxPool 是 3 维最大池化操作，三维核尺寸分别为 1、3 和 3，步长均为 1；AvgPool 是二维平均池化操作；Small basic block 由 4 个卷积层和 3 个激活函数 ReLU 组成；concat 以通道维度拼接多个特征图；container 包含 1 个卷积核为 1×1 的卷积层。

LPRNet 采用堆叠的卷积层作为特征提取网络，以原始的 RGB 图像作为输入。为了更好地融合多层特征信息，LPRNet 模型对 4 个不同尺度的特征图进行融合，进而在利用高层次的细粒度特征信息的同时与浅层的全局图像信息相结合。浅层特征图包含更多的图像全局特征信息且有较高的分辨率。

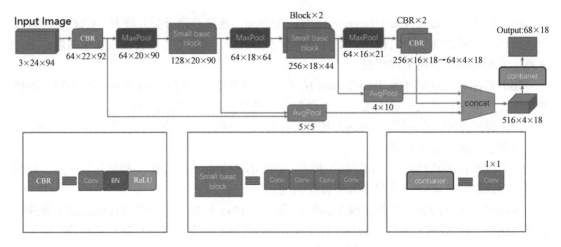

图 4.39　LPRNet 模型框架

1）系统框架

从边缘计算的角度看，视觉车牌识别系统可分为硬件层、边缘层、应用层，如图 4.40 所示。

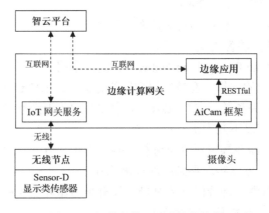

图 4.40　视觉车牌识别系统的结构

（1）硬件层：无线节点和 Sensor-D 显示类传感器构成了视觉车牌识别系统的硬件层，通过 Sensor-D 显示类传感器显示检测到的车牌号。

（2）边缘层：包括边缘计算网关内置 IoT 网关服务和 AiCam 框架。IoT 网关服务负责接收和下发无线节点的数据，发送给应用端或者将数据发给云端的智云平台。AiCam 框架内置了算法、模型、视频推流等服务，支持应用层的边缘计算推理任务。

（3）应用层：通过智云接口与 IoT 的硬件层交互（默认与云端的智云平台的接口交互），通过 AiCam 的 RESTful 接口与算法层交互。

4.5.1.2　系统硬件与通信协议设计

1）系统硬件设计

本项目可以采用 LiteB 无线节点、Sensor-D 显示类传感器来完成硬件的搭建。

2）通信协议设计

Sensor-D 显示类传感器的通信协议如表 4.8 所示。

表 4.8　Sensor-D 显示类传感器的通信协议

名　称	TYPE	参　数	含　义	权限	说　明
Sensor-D 显示类传感器	604	五向开关状态	A0	R	触发上报，1 表示上（UP）、2 表示左（LEFT）、3 表示下（DOWN）、4 表示右（RIGHT）、5 表示中心（CENTER）
		OLED 背光开关	D1(OD1/CD1)	R/W	D1 的 Bit0 代表 LCD 的背光开关状态，1 表示打开背光开关，0 表示关闭背光开关
		数码管背光开关	D1(OD1/CD1)	R/W	D1 的 Bit1 代表数码管的背光开关状态，1 表示打开背光开关，0 表示关闭背光开关
		上报间隔	V0	R/W	A0 值的循环上报时间间隔
		车牌/仪表	V1	R/W	车牌号/仪表值
		车位数	V2	R/W	停车场空闲车位数
		模式设置	V3	R/W	1 表示停车模式，2 表示抄表模式

本项目使用 Sensor-D 显示类传感器来显示车牌号，当 Sensor-D 显示类传感器处于停车模式时，等待应用层传输过来的车牌图像，当接收到车牌图像后，可显示车牌号并维持 5 s。

4.5.1.3　功能设计与开发

1）系统框架设计

见 4.1.1.3 节。

2）接口描述

本项目基于 AiCam 平台开发，开发流程如下：

（1）项目配置见 4.1.1.3 节。

（2）添加模型。在 aicam 工程添加模型文件 models/plate_recognition、车牌检测模型文件 det3.bin/det3.param、车牌对齐模型文件 lffd.bin/lffd.param、颜色识别模型文件 lpc.bin/lpc.param、车牌识别模型文件 lpr.bin/lpr.param。

（3）添加算法。在 aicam 工程添加基于深度学习的车牌识别算法 algorithm/plate_recognition/plate_recognition.py。

（4）添加应用。在 aicam 工程添加算法项目前端应用 static/edge_plate。

3）硬件通信设计

前端应用中的硬件控制部分通过智云 ZCloud API 连接到硬件系统，前端应用处理示例如下：

```
getConnect()
//智云服务连接
function getConnect(){                          //建立连接服务的函数
    rtc = new WSNRTConnect(config.user.id, config.user.key)
    rtc.setServerAddr(config.user.addr);
    rtc.connect();
    rtc.onConnect = () => {                      //连接成功回调函数
        online = true
        setTimeout(() => {
            if(online){
                cocoMessage.success(`数据服务连接成功！查询数据中...`)
```

```
                    rtc.sendMessage(config.macList.mac_604, '{V3=1,V3=?}');      //发起数据查询
            }
        }, 200);
    }
    rtc.onConnectLost = () => {                              //数据服务掉线回调函数
        online = false
        cocoMessage.error(`数据服务连接失败!请检查网络或 IDKEY...`)
    };
}
```

4）算法交互

前端应用的算法采用 RESTful 接口获取处理后的视频流，返回 base64 编码的结果图像和结果数据。访问 URL 地址的格式如下（IP 地址为边缘计算网关的地址）：

```
http://192.168.100.200:4001/stream/[algorithm_name]?camera_id=0
```

前端应用处理示例如下：

```
let linkData = '/stream/plate_recognition?camera_id=0'              //视频资源链接
//请求图像流资源
let imgData = new EventSource(linkData)
//对图像流返回的数据进行处理
imgData.onmessage = function (res) {
    let {result_image} = JSON.parse(res.data)
    $('#img_box>img').attr('src', `data:image/jpeg;base64,${result_image}`)


    let {result_data} = JSON.parse(res.data)
    //将识别到的车牌信息显示到文本项目结果显示框（设置添加间隔不得小于 1 s）
    if (result_data && interactionThrottle) {
        interactionThrottle = false
        let html = `<div>${new Date().toLocaleTimeString()}————
                    ${JSON.stringify(result_data)}</div>`
                    $('#text-list').prepend(html);
    //result_data.obj_list[0].plate_no 表示车牌, throttle 表示命令发送暂停时间（如 8 s),
    //online 表示智云服务连接成功后才能进入判断
    console.log(result_data,count);
    if(result_data.obj_num > 0 && throttle && online){
        //设置每个识别到的车牌为对象属性名，初始值为 1。当识别次数累计达到 5 次后，
        //发送更新车牌显示命令，并清空计数
        if(count[result_data.obj_list[0].plate_no]){
            count[result_data.obj_list[0].plate_no] += 1
            if(count[result_data.obj_list[0].plate_no] == 5){
                throttle = false
                console.log('车牌为>>>>>>', result_data.obj_list[0].plate_no);
                swal(`识别到车牌：${result_data.obj_list[0].plate_no}`, " ",
                                "success", {button: false,timer: 3000});
                //对识别到的车牌首位汉字进行编码
                for (let index in provice_dict) {
                    if(result_data.obj_list[0].plate_no[0] == index){
```

```
                        result_data.obj_list[0].plate_no = result_data.obj_list[0].plate_no.
                            replace(result_data.obj_list[0].plate_no[0],provice_dict[index])
                }
            }
            rtc.sendMessage(config.macList.mac_604,
                    `{V1=${result_data.obj_list[0].plate_no},V1=?}`)
            console.log(config.macList.mac_604,
                    `{V1=${result_data.obj_list[0].plate_no},V1=?}`);
            count = {}
            setTimeout(() => {
                throttle = true
            }, 8000);
        }
    }else{
        count[result_data.obj_list[0].plate_no] = 1
    }
}
setTimeout(() => {
    interactionThrottle = true
}, 1000);
}
}
```

5）车牌识别算法接口设计

```python
###################################################################################
#文件：plate_recognition.py
#说明：车牌识别
###################################################################################
from PIL import Image,ImageDraw,ImageFont
import numpy as np
import cv2 as cv
import os
import json
import base64
c_dir = os.path.split(os.path.realpath(__file__))[0]


load = False
class PlateRecognition(object):
    def __init__(self, model_path="models/plate_recognition/"):
        global load
        if load:
            model_path="./"
        self.plate_model = PlateRecognizer()
        self.plate_model.init(model_path)
        load = True

    def image_to_base64(self, img):
        image = cv.imencode('.jpg', img, [cv.IMWRITE_JPEG_QUALITY, 60])[1]
        image_encode = base64.b64encode(image).decode()
```

```python
        return image_encode

    def base64_to_image(self, b64):
        img = base64.b64decode(b64.encode('utf-8'))
        img = np.asarray(bytearray(img), dtype="uint8")
        img = cv.imdecode(img, cv.IMREAD_COLOR)
        return img

    def draw_pos(self, img, objs):
        img_rgb = cv.cvtColor(img, cv.COLOR_BGR2RGB)
        pilimg = Image.fromarray(img_rgb)
        #创建 ImageDraw 绘图类
        draw = ImageDraw.Draw(pilimg)
        #设置字体
        font_size = 20
        font_path = c_dir+"/../../font/wqy-microhei.ttc"
        font_hei = ImageFont.truetype(font_path, font_size, encoding="utf-8")

        for obj in objs:
            loc = obj["location"]
            draw.rectangle((loc["left"], loc["top"], loc["left"]+loc["width"],
                            loc["top"]+loc["height"]), outline='green',width=2)
            msg = obj["plate_no"]+" : %.2f"%obj["score"]
            draw.text((loc["left"], loc["top"]-font_size*1), msg, (0, 255, 0), font=font_hei)
        result = cv.cvtColor(np.array(pilimg), cv.COLOR_RGB2BGR)
        return result

    def inference(self, image, param_data):
        #code：识别成功返回 200
        #msg：相关提示信息
        #origin_image：原始图像
        #result_image：处理之后的图像
        #result_data：结果数据
        return_result = {'code': 200, 'msg': None, 'origin_image': None,
                         'result_image': None, 'result_data': None}

        #实时视频接口：@__app.route('/stream/<action>')
        #image：摄像头实时传递过来的图像
        #param_data：必须为 None
        result = self.plate_model.plate_recognize(image)
        result = json.loads(result)
        r_image = image

        if result["code"] == 200 and result["result"]["obj_num"] > 0:
            r_image = self.draw_pos(r_image, result["result"]["obj_list"])

        return_result["code"] = result["code"]
        return_result["msg"] = result["msg"]
        return_result["result_image"] = self.image_to_base64(r_image)
        return_result["result_data"] = result["result"]
```

```
            return return_result

#单元测试，如果处理类中引用了文件，则在单元测试中要修改文件路径
if __name__=='__main__':

    from plateRecognize import PlateRecognizer
    #创建图像处理对象
    img_object=PlateRecognition(c_dir+'/../../models/plate_recognition')

    cap=cv.VideoCapture(0)
    if cap.isOpened()!=1:
        pass
    #循环获取图像、处理图像、显示图像
    while True:
        ret,img=cap.read()
        if ret==False:
            break
        #调用图像处理函数对图像进行加工处理
        result=img_object.inference(img,None)
        frame = img_object.base64_to_image(result["result_image"])

        #图像显示
        cv.imshow('frame',frame)

        key=cv.waitKey(1)
        if key==ord('q'):
            break
    cv.destroyAllWindows()
else :
    from .plateRecognize import PlateRecognizer
```

4.5.2　开发步骤与验证

4.5.2.1　项目部署

1）硬件部署

见 4.1.2.1 节。

2）工程部署

（1）运行 MobaXterm 工具，通过 SSH 登录到边缘计算网关。

（2）在 SSH 终端执行以下命令，创建项目工程目录。

```
$ mkdir -p ~/aiedge-exp
```

（3）通过 SSH 将本项目开发工程代码和 aicam 工程包上传到~/aiedge-exp 目录下，并采用 unzip 命令进行解压缩。

```
$ unzip edge_plate.zip
$ unzip aicam.zip -d edge_plate
```

（4）参考 4.1.2.1 节的内容，修改工程配置文件 static/edge_fan/js/config.js 内的智云账号、

硬件地址、边缘服务地址等信息。

（5）通过 SSH 将修改后的文件上传到边缘计算网关。

3）工程运行

（1）在 SSH 终端输入以下命令运行项目工程：

```
$ cd ~/aiedge-exp/edge_plate
$ chmod 755 start_aicam.sh
$ conda activate py36_tf114_torch15_cpu_cv345        //Ubuntu 20.04 操作系统下需要切换环境
$ ./start_aicam.sh
//开始运行脚本
* Serving Flask app "start_aicam" (lazy loading)
* Environment: production
      WARNING: Do not use the development server in a production environment.
      Use a production WSGI server instead.
* Debug mode: off
* Running on http://0.0.0.0:4001/ (Press CTRL+C to quit)
```

（2）在客户端或者边缘计算网关端打开 Chrome 浏览器，输入项目页面地址 http://192.168.100.200:4001/static/edge_plate/index.html，即可查看项目内容。

4.5.2.2　视觉车牌识别系统的验证

本项目实现了车牌识别功能，并将识别到的车牌号显示在 LCD 屏幕上，用于模拟停车场的应用场景。

（1）视觉车牌识别系统可以实时监测车牌，并将识别到的车牌信息显示在 LCD 上。

（2）为了提高识别的准确度，视觉车牌识别系统将对所有识别到的车牌进行统计，单个车牌识别次数达到 5 次后将该车牌号发往 Sensor-D 显示类传感器进行更新，并重置所有的车牌计数，在 8 s 内不再进行车牌识别。

（3）将测试样图放置在摄像头的视窗内，视觉车牌识别系统会在实时视频流中将车牌框出来，并且将识别的车牌内容显示出来，在成功识别 5 次后会弹窗提示识别到的车牌信息。车牌识别成功时的 AiCam 平台界面如图 4.41 所示。

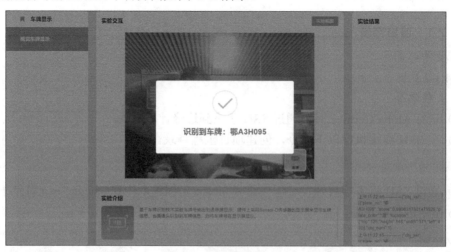

图 4.41　车牌识别成功时的 AiCam 平台界面

（4）识别到的车牌号将会显示在 LCD，如图 4.42 所示。

图 4.42　LCD 上显示的车牌

4.5.3　本节小结

本节基于 LPRNet 模型和 AiCam 平台实现了视觉车牌识别系统，首先介绍了车牌识别技术的相关知识和 LPRNet 模型；然后详细介绍了视觉车牌识别系统的系统框架和通信协议，并基于 AiCam 平台完成了车牌识别算法的接口，最后对视觉车牌识别系统进行了验证。

4.5.4　思考与拓展

（1）LPRNet 模型支持哪几种目标检测算法？
（2）Sensor-D 显示类传感器的通信协议包含哪些内容？
（3）简述视觉车牌识别系统的开发步骤。

4.6 视觉智能抄表应用开发

智能抄表是一种利用先进的技术和设备来实时监测和记录各种仪器（如电表、水表、天然气表），在多个领域中都有广泛的应用，其主要目的是实时监测和管理资源的使用情况，提高效率、降低成本、减少浪费，并提供更好的数据分析和决策支持。

智能抄表的主要用途如下：

（1）电力抄表：监测电能的消耗，帮助电力公司更准确地计费，减少电力盗用。

（2）水表和燃气表：实时监测水和天然气的用量，减少浪费，提高用水和用气效率。

（3）楼宇自动化：智能抄表可以与楼宇管理系统集成，实现对照明、空调、供暖等能源的智能控制，提高能源利用率。

（4）漏水检测：通过实时监测水表数据，能够迅速监测到漏水事件并减少损失。

（5）能源管理：在工厂和生产环境中，智能抄表可用于监测设备的能源消耗，优化生产过程，降低能源成本。

本节的知识点如下：

- 了解数字识别技术在智能抄表中的应用。
- 掌握基于百度数字识别算法实现数字识别的基本原理。

⊃ 结合百度数字识别算法和 AiCam 平台进行视觉智能抄表的应用开发。

4.6.1　原理分析与开发设计

4.6.1.1　总体框架

视觉智能抄表系统通常由多个组件构成，这些组件协同工作以实现远程抄表、数据管理和监控。例如，智能水表远程抄表系统如图 4.43 所示。

图 4.43　智能水表远程抄表系统

智能水表远程抄表系统的一般包括：

（1）智能水表：智能水表是智能水表远程抄表系统的核心组件。智能水表配备了数字电子计量技术，能够实时记录用水数据，并与通信模块连接，将数据传输到远程服务器。

（2）通信模块：智能水表远程抄表系统配备了通信模块，通常是无线通信模块，如 GSM、3G、4G、LoRaWAN 或 NB-IoT 等模块。通信模块可将智能水表的数据传输到远程服务器。

（3）数据采集器：用于收集来自多个智能水表的数据。数据采集器可以是现场设备或云端设备，负责接收、存储和处理来自智能水表的数据。

（4）远程服务器：远程服务器是智能水表远程抄表系统的核心后台，接收从数据采集器传输的数据，并提供存储、处理和分析功能。远程服务器还负责与用户界面和其他系统进行集成通信。

上述组件共同构成了智能水表远程抄表系统的框架，使系统能够实现远程监控、管理和优化用水情况，提高效率并降低资源浪费。智能水表远程抄表系统的具体设计和功能可以根据需求和应用场景进行定制。

本节采用百度数字识别算法实现仪表数字的读取。百度数字识别算法可对图像中的数字进行提取和识别，自动过滤非数字内容，仅返回数字内容及其位置信息，识别准确率超过 99%。

通过百度数字识别算法，还可以对快递面单、物流单据、外卖小票中的电话号码进行识别和提取，大幅提升收货人信息的录入效率，方便进行收件通知，同时还可识别纯数字形式的快递三段码，有效提升快件的分拣速度。

从边缘计算的角度看，视觉智能抄表系统可分为硬件层、边缘层、应用层，如图 4.44 所示。

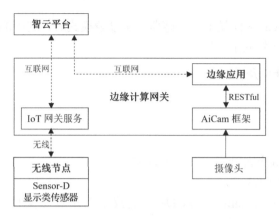

图 4.44　智能水电抄表系统边缘应用结构图

（1）硬件层：无线节点和 Sensor-D 显示类传感器构成了视觉智能抄表系统的硬件层，通过 Sensor-D 显示类传感器的抄表模式显示仪表的数字，在截取图像中的数字部分后调用百度数字识别算法进行识别，并将识别的结果返回到应用端。

（2）边缘层：包括边缘计算网关内置 IoT 网关服务和 AiCam 框架。IoT 网关服务负责接收和下发无线节点的数据，发送给应用端或者将数据发给云端的智云平台。AiCam 框架内置了算法、模型、视频推流等服务，支持应用层的边缘计算推理任务。

（3）应用层：通过智云接口与 IoT 的硬件层交互（默认与云端的智云平台的接口交互），通过 AiCam 的 RESTful 接口与算法层交互。

4.6.1.2　系统硬件与通信协议设计

1）系统硬件设计

本项目可以采用 LiteB 无线节点（见图 4.45）和 Sensor-D 显示类传感器（见图 2.16）完成硬件的搭建。

图 4.45　LiteB 无线节点

2）通信协议设计

Sensor-D 显示类传感器的通信协议可参考表 4.8。本项目使用 Sensor-D 显示类传感器来模拟仪表的显示，当 Sensor-D 显示类传感器处于抄表模式时，其中的 LCD 会显示仪表的数据，并每隔 30 s 更新一次并进行上报。

4.6.1.3　功能设计与开发

1）系统框架设计

见 4.1.1.3 节。

2）接口描述

本项目基于 AiCam 平台开发，开发流程如下：

（1）项目配置见 4.1.1.3 节。

（2）添加算法。在 aicam 工程添加百度数字识别算法文件 algorithm/baidu_meter_recognition/baidu_meter_recognition.py。

（3）添加应用。在 aicam 工程添加算法项目前端应用 static/edge_meter。

3）硬件通信设计

前端应用中的硬件控制部分通过智云 ZCloud API 连接到硬件系统，前端应用处理示例如下：

```
getConnect()
//智云服务连接
function getConnect(){                           //建立连接服务的函数
    rtc = new WSNRTConnect(config.user.id, config.user.key)
    rtc.setServerAddr(config.user.addr);
    rtc.connect();
    rtc.onConnect = () => {                       //连接成功回调函数
        online = true
        setTimeout(() => {
            if(online){
                cocoMessage.success(`数据服务连接成功！查询数据中...`)
                rtc.sendMessage(config.macList.mac_604, '{V3=2,V3=?}');   //设置为抄表模式
            }
        }, 200);
    }
    rtc.onConnectLost = () => {                    //数据服务掉线回调函数
        online = false
        cocoMessage.error(`数据服务连接失败!请检查网络或 IDKEY...`)
    };
    rtc.onmessageArrive = (mac, dat) => {          //消息处理回调函数
        if (dat[0] == '{' && dat[dat.length - 1] == '}') {
            //截取后台返回的 JSON 对象（去掉{}符号）后，以 "," 分割为数组
            let its = dat.slice(1,-1).split(',')
            for (let i = 0; i < its.length; i++) {      //循环遍历数组的每一个值
                let t = its[i].split("=");              //将每个值以 "=" 分割为数组
                if (t.length != 2) continue;
                //mac_604 显示类传感器
                if (mac == config.macList.mac_604) {
                    console.log('抄表：',t);
                    if(t[0] == 'V1'){                   //抄表
```

```
                    $('.label').text(t[1])
                  }
                }
              }
            }
          }
        }
```

4）算法交互

通过 Ajax 接口将前端应用中截取的图像，以及包含百度账号信息的数据传递给百度数字识别算法进行数字识别。Ajax 接口的参数如表 4.9 所示。

表 4.9　Ajax 接口的参数

参　数	示　例
url	"/file/baidu_meter_recognition?camera_id=0"
method	'POST'
processData	false
contentType	false
dataType	'json'

data	let img = $('.camera>img').attr('src')
	let blob = dataURItoBlob(img)
	var formData = new FormData();
	formData.append('file_name',blob,'image.png');
	formData.append('param_data', JSON.stringify({"APP_ID":config.user.baidu_id,
	　　"API_KEY":config.user.baidu_apikey, "SECRET_KEY":config.user.baidu_secretkey}));

success	function(res){}内容： return_result = {'code': 200, 'msg': None, 'origin_image': None, 'result_image': None, 'result_data': None} 示例： code/msg：200 表示识别成功、404 表示识别失败、500 表示接口调用失败。 origin_image/result_image：原始图像/结果图像。 result_data：算法返回的仪表数字信息

前端应用将待识别的仪表图像传递给百度数字识别算法进行数字识别，并返回原始图像、结果图像、结果数据，相关代码如下：

```
setInterval(() => {
    getMeter()
}, 15000);

//单击发起项目结果请求、并对返回的结果进行相应的处理
function    getMeter() {
    let img = $('#img_box>img').attr('src')
    let blob = dataURItoBlob(img)
    swal('识别数据中，请稍等...',' ',"success",{button: false,timer: 2000});
    var formData = new FormData();
    formData.append('file_name',blob,'image.png');
    formData.append('param_data', JSON.stringify({"APP_ID":config.user.baidu_id,
```

```
                    "API_KEY":config.user.baidu_apikey,
                    "SECRET_KEY":config.user.baidu_secretkey}));
        $.ajax({
            url: '/file/baidu_meter_recognition',
            method: 'POST',
            processData: false,        //必需的
            contentType: false,        //必需的
            dataType: 'json',
            data: formData,
            success: function(result) {
                console.log(result);
                if(result.code==200) {
                    swal({
                        icon: "success",
                        title: "识别成功",
                        text: "已成功识别！",
                        button: false,
                        timer: 2000
                    });
                    let img = 'data:image/jpeg;base64,' + result.origin_image;
                    let html = `<div class="img-li">
                                    <div    class="img-box">
                                    <img src="${img}" alt=""    data-toggle="modal" data-target="#myModal">
                                    </div>
                                    <div class="time">原始图像<span></span><span>${new
                                            Date().toLocaleString()}</span></div>
                                    </div>`
                    $('.list-box').prepend(html);

                    let img1 = 'data:image/jpeg;base64,' + result.result_image;
                    let html1 = `<div class="img-li">
                                    <div    class="img-box">
                                    <img src="${img1}" alt=""    data-toggle="modal"
                                                    data-target="#myModal">
                                    </div>
                                    <div class="time">识别结果<span></span><span>${new
                                            Date().toLocaleString()}</span></div>
                                    </div>`
                    $('.list-box').prepend(html1);
                    //将识别到的仪表信息渲染到页面上
                    let text = result.result_data.words_result[0].words
                    let html2 = `<div>${new Date().toLocaleTimeString()}——识别结果：${text}</div>`
                                    $('#text-list').prepend(html2);
                    swal(`识别到抄表数据:${text}`,' ',"success",{button: false,timer: 2000});
                }else if(result.code==404){
                    swal({
                        icon: "error",
                        title: "识别失败",
```

```
                        text: result.msg,
                        button: false,
                        timer: 2000
                    });
                    let img = 'data:image/jpeg;base64,' + result.origin_image;
                    let html = `<div class="img-li">
                            <div    class="img-box">
                            <img src="${img}" alt=""    data-toggle="modal" data-target="#myModal">
                            </div>
                            <div class="time">原始图像<span></span><span>${new
                                    Date().toLocaleString()}</span></div>
                            </div>`
                    $('.list-box').prepend(html);
                }else{
                    swal({
                        icon: "error",
                          title: "识别失败",
                        text: result.msg,
                        button: false,
                        timer: 2000
                    });
                }
                //请求图像流资源
                imgData.close()
                imgData = new EventSource(linkData)
                //对图像流返回的数据进行处理
                imgData.onmessage = function (res) {
                    let {result_image} = JSON.parse(res.data)
                    $('#img_box>img').attr('src', `data:image/jpeg;base64,${result_image}`)
                }
        }, error: function(error){
            console.log(error);
            swal('调用接口失败',' ',"error",{button: false,timer: 2000});
            //请求图像流资源
            imgData.close()
            imgData = new EventSource(linkData)
            //对图像流返回的数据进行处理
            imgData.onmessage = function (res) {
                let {result_image} = JSON.parse(res.data)
                $('#img_box>img').attr('src', `data:image/jpeg;base64,${result_image}`)
            }
        }
    });
}
```

5）视觉智能抄表算法接口设计

```
##############################################################################
#文件：baidu_numbers_detect.py
```

```python
#说明：调用百度数字识别算法
####################################################################################
from PIL import Image, ImageDraw, ImageFont
import numpy as np
import cv2 as cv
import os,sys,time
import json
import base64
from aip import AipOcr

class BaiduMeterRecognition(object):
    def __init__(self, font_path="font/wqy-microhei.ttc"):
        self.font_path = font_path
        self.lower_blue = np.array([80,89,218])          #显示屏蓝色范围低阈值
        self.upper_blue = np.array([96,255,255])         #显示屏蓝色范围高阈值
        self.x = 0
        self.y = 0
    def imencode(self,image_np):
        #将 JPG 格式的图像编码为数据流
        data = cv.imencode('.jpg', image_np)[1]
        return data

    def image_to_base64(self, img):
        image = cv.imencode('.jpg', img, [cv.IMWRITE_JPEG_QUALITY, 60])[1]
        image_encode = base64.b64encode(image).decode()
        return image_encode

    def base64_to_image(self, b64):
        img = base64.b64decode(b64.encode('utf-8'))
        img = np.asarray(bytearray(img), dtype="uint8")
        img = cv.imdecode(img, cv.IMREAD_COLOR)
        return img

    def contours_area(cnt):
        #计算 countour 的面积
        (x, y, w, h) = cv.boundingRect(cnt)
        return w * h

    def cropGreenImg(self, image):
        #获取显示屏蓝色字符区域并返回截图
        hsv_img = cv.cvtColor(image, cv.COLOR_BGR2HSV)
        mask_green = cv.inRange(hsv_img, self.lower_blue, self.upper_blue)   #根据蓝色范围筛选
        mask_green = cv.medianBlur(mask_green, 7)                           #中值滤波
        mask_green, contours, hierarchy = cv.findContours(mask_green, cv.RETR_EXTERNAL,
                                  cv.CHAIN_APPROX_NONE)          #获取轮廓
        if len(contours) == 1:
            (x, y, w, h) = cv.boundingRect(contours[0])
            self.x = x
```

```
            self.y=y
            return image[y:y+h, x:x+w]
        elif len(contours) > 1:        #如果轮廓数大于 1 个，则获取最大面积的轮廓
            max_cnt = max(contours, key=lambda cnt: self.contours_area(cnt))
            (x, y, w, h) = cv.boundingRect(max_cnt)
            self.x = x
            self.y = y
            return image[y:y+h, x:x+w]
        else:
            #没有找到显示屏蓝色区域，返回空对象
            print('No blue rectangle found on LED display.')
            return []


    def inference(self, image, param_data):
        #code：识别成功返回 200
        #msg：相关提示信息
        #origin_image：原始图像
        #result_image：处理之后的图像
        #result_data：结果数据
        return_result = {'code': 200, 'msg': None, 'origin_image': None,
                    'result_image': None, 'result_data': None}

        #应用请求接口：@__app.route('/file/<action>', methods=["POST"])
        #image：应用传递过来的数据（根据实际应用可能为图像、音频、视频、文本）
        #param_data：应用传递过来的参数，不能为空
        if param_data != None:
            #读取应用传递过来的图像
            image = np.asarray(bytearray(image), dtype="uint8")
            image = cv.imdecode(image, cv.IMREAD_COLOR)
            #获取显示屏蓝色字符区域
            cropImg = self.cropGreenImg(image)
            #判断是否找到显示屏，如果没有找到，则直接返回错误信息
            if len(cropImg)==0:
                return_result['code'] = 500
                return_result['msg'] = "没有检测到显示屏！"
                return return_result

            #图像数据格式的压缩，方便网络传输。
            img = self.imencode(cropImg)

            #调用百度数字识别算法，通过下面的用户密钥连接百度服务器
            #APP_ID：百度应用 ID
            #API_KEY：百度 API_KEY
            #SECRET_KEY：百度用户密钥
            client = AipOcr(param_data['APP_ID'], param_data['API_KEY'],
                        param_data['SECRET_KEY'])

            #配置可选参数
```

```
options={}
#small：定位单字符位置
options['recognize_granularity']='small'

#带参数进行数字识别
response=client.numbers(img, options)

#应用部分
if "error_msg" in response:
    if response['error_msg']!='SUCCESS':
        return_result["code"] = 500
        return_result["msg"] = "数字识别接口调用失败！"
        return_result["result_data"] = response
        return return_result
if response['words_result_num'] == 0:
    return_result["code"] = 404
    return_result["msg"] = "没有检测到数字！"
    return_result["origin_image"] = self.image_to_base64(image)
    return_result["result_data"] = response
    return return_result
if response['words_result_num']>0:
    #图像输入
    img_rgb = cv.cvtColor(image, cv.COLOR_BGR2RGB)      #图像色彩格式转换
    pilimg = Image.fromarray(img_rgb)       #使用 PIL 读取图像像素数组
    draw = ImageDraw.Draw(pilimg)
    #设置字体
    font_size = 20
    font_hei = ImageFont.truetype(self.font_path, font_size, encoding="utf-8")
    #取数据
    words_result=response['words_result']
    for m in words_result:
        loc=m['location']                   #文本位置
        words=m['words']                    #文本数据
        #使用红色字体和方框标注文本信息
        draw.rectangle((int(loc["left"]) + self.x, int(loc["top"]) + self.y,
                        (int(loc["left"]) + self.x + int(loc["width"])),
                        (int(loc["top"]) + self.y + int(loc["height"]))),
            outline='red',width=1)
        chars=m['chars']
        for n in chars:
            loc=n['location']               #字符位置
            char=n['char']                  #字符数据
            #使用红色字体和方框标注字符信息
            draw.rectangle((int(loc["left"])+self.x, int(loc["top"])+self.y,
                            (int(loc["left"])+self.x + int(loc["width"])),
                            (int(loc["top"])+self.y + int(loc["height"]))),
                outline='red',width=1)
            draw.text((loc["left"]+self.x, loc["top"]+self.y-font_size-2),
                    char,fill= 'red', font=font_hei)
```

```
                        #输出图像
                        result = cv.cvtColor(np.array(pilimg), cv.COLOR_RGB2BGR)
                        return_result["code"] = 200
                        return_result["msg"] = "数字识别成功！"
                        return_result["origin_image"] = self.image_to_base64(image)
                        return_result["result_image"] = self.image_to_base64(result)
                        return_result["result_data"] = response
                else:
                        return_result["code"] = 500
                        return_result["msg"] = "百度接口调用失败！"
                        return_result["result_data"] = response

            #实时视频接口：@__app.route('/stream/<action>')
            #image：摄像头实时传递过来的图像
            #param_data：必须为 None
            else:
                    return_result["result_image"] = self.image_to_base64(image)

            return return_result
#单元测试，如果处理类中引用了文件，则在单元测试中要修改文件路径
if __name__ =='__main__':
    #创建图像处理对象
    img_object = BaiduMeterRecognition()

    #读取测试图像
    img = cv.imread("./test.jpg")
    #将图像编码成数据流
    img = img_object.imencode(img)

    #设置参数
    param_data = {"APP_ID":"123456", "API_KEY":"123456", "SECRET_KEY":"123456"}
    img_object.font_path = "../../font/wqy-microhei.ttc"

    #调用百度数字识别算法接口处理图像并返回结果
    result = img_object.inference(img, param_data)
    if result["code"] == 200:
        frame = img_object.base64_to_image(result["result_image"])
        print(result["result_data"])

        #图像显示
        cv.imshow('frame',frame)
        while True:
            key=cv.waitKey(1)
            if key==ord('q'):
                break
        cv.destroyAllWindows()
    else:
        print("识别失败！")
```

4.6.2 开发步骤与验证

4.6.2.1 项目部署

1）硬件部署

见 4.1.2.1 节。

2）工程部署

（1）运行 MobaXterm 工具，通过 SSH 登录到边缘计算网关。

（2）在 SSH 终端执行以下命令，创建项目工程目录。

```
$ mkdir -p ~/aiedge-exp
```

（3）通过 SSH 将本项目开发工程代码和 aicam 工程包上传到~/aiedge-exp 目录下，并采用 unzip 命令进行解压缩。

```
$ unzip edge_meter.zip
$ unzip aicam.zip -d edge_meter
```

（4）参考 4.1.2.1 节的内容，修改工程配置文件 static/edge_fan/js/config.js 内的智云账号、硬件地址、边缘服务地址等信息。

（5）通过 SSH 将修改后的文件上传到边缘计算网关。

3）工程运行

（1）在 SSH 终端输入以下命令运行项目工程。

```
$ cd ~/aiedge-exp/edge_meter
$ chmod 755 start_aicam.sh
$ conda activate py36_tf114_torch15_cpu_cv345        //Ubuntu 20.04 操作系统下需要切换环境
$ ./start_aicam.sh
```

（2）在客户端或者边缘计算网关端打开 Chrome 浏览器，输入项目页面地址 http://192.168.100.200:4001/static/edge_meter/index.html，即可查看项目内容。

4.6.2.2 视觉智能抄表系统的验证

本项目实现了仪表数字识别功能，通过读取 Sensor-D 显示类传感器显示的仪表数字，调用百度数字识别算法进行仪表数字的识别并进行记录，用于模拟视觉智能抄表系统的应用。

（1）将摄像头对准 Sensor-D 显示类传感器中的显示屏，如图 4.46 所示。

图 4.46   Sensor-D 显示类传感器显示屏

（2）AiCam 平台每隔 15 s 抓取一次摄像头拍摄的图像并进行检测识别，通过弹窗显示识别到的文本结果，并将图像结果显示到右侧的列表中。成功识别仪表数字时的 AiCam 平台界面如图 4.47 所示。

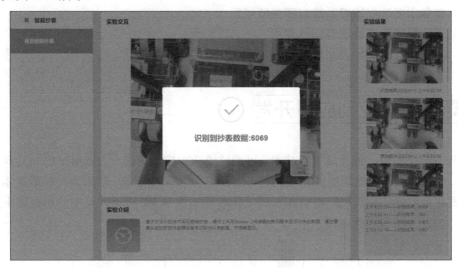

图 4.47　成功识别仪表数字时的 AiCam 平台界面

（3）在 AiCam 平台智能抄表界面的右下角图标中会显示 Sensor-D 显示类传感器上传的仪表数字。

（4）视觉智能抄表系统将识别到的仪表数字实时传递到应用端并进行显示，如图 4.48 所示。

图 4.48　应用端显示的仪表数字

4.6.3　本节小结

本节基于百度数字识别算法和 AiCam 平台实现了视觉智能抄表系统，首先介绍了智能水表远程抄表系统和百度数字识别算法的相关内容；然后介绍了视觉智能抄表系统的系统框架、通信协议，并完成了接口设计；接着借助 AiCam 平台进行了硬件部署、工程部署、工程运行等开发流程；最后，通过具体案例对图像中的数字进行提取和识别，自动过滤非数字内容，实现了仪表数字的实时识别，并在 AiCam 平台界面和应用端对识别结果进行了显示。

4.6.4　思考与拓展

（1）智能水表远程抄表系统有哪些特点？

（2）百度数字识别算法有哪些优点？

（3）简述视觉智能抄表系统的开发流程。

4.7 语音窗帘控制应用开发

语音窗帘控制是一种智能家居技术，可通过语音来控制窗帘。语音窗帘控制具有多种实用用途，可以增强家居的智能性和便利性。语音识别的目的是将一段语音转换成文本，其过程蕴含着复杂的算法和逻辑。语音识别的工作原理如图 4.49 所示，其中的预处理主要包括预加重、加窗分帧和端点检测。

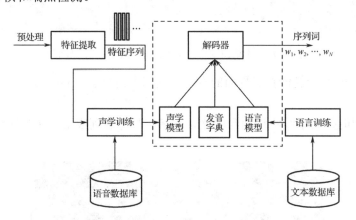

图 4.49　语音识别的工作原理

本节的知识点如下：

⏺ 了解语音识别技术在智能家居系统中的应用。

⏺ 掌握基于百度语音识别接口进行语音识别的基本原理。

⏺ 结合百度语音识别接口和 AiCam 平台进行语音窗帘控制系统的开发。

4.7.1　原理分析与开发设计

4.7.1.1　总体框架

1）语音识别技术概述

语音识别技术（也称为语音识别或自动语音识别，ASR）是一种能够将语音转化为文本或命令的技术，该技术在医疗保健、客户服务、智能家居、汽车、教育、娱乐、残疾人辅助工具等多个领域都有广泛的应用。语音识别技术的关键技术如下：

（1）音频信号处理：语音识别系统首先接收音频信号，然后对其进行处理，包括去除噪声、分割音频流、提取声音特征等。

（2）声学模型：声学模型是语音识别系统的核心组成部分，用于识别语音中的不同音素和语音单元。声学模型通常基于大量的训练数据来进行训练，以便准确地识别不同说话者的语音。

（3）语言模型：语音识别系统使用语言模型来根据上下文确定最可能的文本输出，语言模型考虑了语言的结构、词汇、语法和语境，以提高识别的准确性。

（4）声学特征提取：语音信号通常需要转化为声学特征，如梅尔频率倒谱系数（MFCC）或声谱图，以便进行分析和识别。

语音识别技术中的常用深度学习模型包括：

（1）深度神经网络（DNN）模型：常用于声学建模，将声学特征（如梅尔频率倒谱系数）映射到音素或音素状态。DNN 模型在提高语音识别性能方面取得了显著的进展。

（2）卷积神经网络（CNN）模型：CNN 模型可用于处理声学特征的卷积层，以捕捉时间和频率上的局部特征。CNN 模型通常与其他深度学习模型结合使用，用于提取声学特征。

（3）循环神经网络（RNN）模型：RNN 模型在语音识别中用于建模时间序列特征，RNN 模型的变体［如长短时记忆网络（LSTM）和门控循环单元（GRU）等］特别适合处理变长序列数据（如语音）。

（4）CTC（Connectionist Temporal Classification，连接时序分类）模型：CTC 是一种深度学习模型，可将语音信号映射到文本序列，且不需要对齐信息，常用于语音识别的端到端建模。

（5）深度转换器（Deep Transform）模型：这是一种深度学习模型，用于语音特征的转换，以改善语音识别性能。Deep Transform 模型可将声学特征映射到更有助于识别的表示。

（6）注意力机制（Attention Mechanism）：注意力机制被广泛用于语音识别性能的改进，特别是在端到端模型中，它能够使模型在识别时关注输入的不同部分，以提高性能。

（7）自注意力机制（Self-Attention Mechanism）：Transformer 模型中使用的自注意力机制已经在语音识别中取得了显著的成功，该机制允许模型考虑输入序列的不同部分，从而提高性能。

（8）深度生成对抗网络（GAN）：GAN 模型可用于生成更真实的语音数据，这对于数据增强和域适应在语音识别中的应用非常有用。

本项目采用百度语音识别接口实现语音窗帘控制系统。百度语音识别（标准版）接口可以将 60 s 内的语音精准地识别为文本（Android、iOS、Linux SDK 支持超过 60 s 的语音识别），可用于手机语音输入、智能语音交互、语音指令、语音搜索等语音交互场景。语音识别技术在智能家居中的应用场景如图 4.50 所示。

图 4.50　语音识别技术在智能家居中的应用场景

2）语音窗帘控制系统的结构

从边缘计算的角度看，语音窗帘控制系统可分为硬件层、边缘层、应用层，如图 4.51 所示。

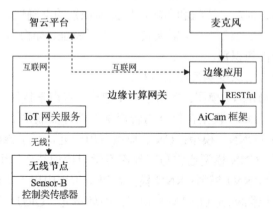

图 4.51　语音窗帘控制系统的结构

（1）硬件层：无线节点和 Sensor-B 控制类传感器构成了语音窗帘控制系统的硬件层，通过 Sensor-B 控制类传感器的步进电机来模拟窗帘的开和关。

（2）边缘层：包括边缘计算网关内置 IoT 网关服务和 AiCam 框架。IoT 网关服务负责接收和下发无线节点的数据，发送给应用端或者将数据发给云端的智云平台。AiCam 框架内置了算法、模型、视频推流等服务，支持应用层的边缘计算推理任务。

（3）应用层：通过智云接口与 IoT 的硬件层交互（默认与云端的智云平台的接口交互），通过 AiCam 的 RESTful 接口与算法层交互。

4.7.1.2　系统硬件与通信协议设计

1）系统硬件设计

本项目可以采用 LiteB 无线节点、Sensor-B 控制类传感器来完成硬件的搭建，也可以通过虚拟仿真软件来创建一个虚拟的硬件设备，如图 4.52 所示。

图 4.52　虚拟硬件平台

2）通信协议设计

Sensor-B 控制类传感器的通信协议如表 4.1 所示。本项目使用步进电机来模拟窗帘的开和关，步进电机的命令如表 4.10 所示。

表 4.10　步进电机的命令

发送命令	接收结果	含义
{D1=?}	{D1=XX}	查询步进窗帘（步进电机转动）状态
{OD1=4,D1=?}	{D1=XX}	打开窗帘（Bit2 为 1 表示步进电机反转）
{CD1=4,D1=?}	{D1=XX}	关闭窗帘（Bit2 为 0 表示步进电机正转）

4.7.1.3　功能设计与开发

1）系统框架设计

见 4.1.1.3 节。

2）接口描述

本项目基于 AiCam 平台开发，开发流程如下：

（1）项目配置见 4.1.1.3 节。

（2）添加算法。在 aicam 工程添加百度语音识别接口文件 algorithm/baidu_speech_recognition/baidu_speech_recognition.py。

（3）添加应用。在 aicam 工程添加算法项目前端应用 static/edge_curtain。

3）硬件通信设计

前端应用中的硬件控制部分通过智云 ZCloud API 连接到硬件系统，前端应用处理示例如下：

```
getConnect()
//智云服务连接
function getConnect(){                      //建立连接服务的函数
    rtc = new WSNRTConnect(config.user.id, config.user.key)
    rtc.setServerAddr(config.user.addr);
    rtc.connect();
    rtc.onConnect = () => {                  //连接成功回调函数
        online = true
        setTimeout(() => {
            if(online){
                cocoMessage.success(`数据服务连接成功！查询数据中...`)
                rtc.sendMessage(config.macList.mac_602,config.sensor.mac_602.query); //发起数据查询
            }
        }, 200);
    }
    rtc.onConnectLost = () => {              //数据服务掉线回调函数
        online = false
        cocoMessage.error(`数据服务连接失败!请检查网络或 IDKEY...`)
    };

    rtc.onmessageArrive = (mac, dat) => {                     //消息处理回调函数
        if (dat[0] == '{' && dat[dat.length - 1] == '}') {
            //截取后台返回的 JSON 对象（去掉{}符号）后，以 "," 分割为数组
            let its = dat.slice(1,-1).split(',')
            for (let i = 0; i < its.length; i++) {           //循环遍历数组的每一个值
                let t = its[i].split("=");                   //将每个值以 "=" 分割为数组
                if (t.length != 2) continue;
```

```
//mac_602 控制类传感器
if (mac == config.macList.mac_602) {
    if (t[0] == 'D1') {                              //开关控制
        console.log('窗帘开关：', t);
        if (t[1] & 4) {
            //判断接收到的命令后是否跟上次一样，若是则不做任何操作，
            //否则执行动画效果
            //通过当前显示的图标可得到上次命令结果
            if ($('#icon1').attr('src').indexOf('curtain-off') > -1) {
                $('#icon1').attr('src', './img/curtain-on.gif')
            }
        } else {
            //判断接收到的命令后是否跟上次一样，是则不做任何操作，
            //否则执行动画效果
            //通过当前显示的图标可得到上次命令结果
            if ($('#icon1').attr('src').indexOf('curtain-on') > -1) {
                $('#icon1').attr('src', './img/curtain-off.gif')
            }
        }
    }
}
```

4）算法交互

前端应用通过应用端的麦克风设备进行录音，通过 Ajax 接口将音频数据传递给百度语音识别接口进行语音识别。百度语音识别接口的参数如表 4.11 所示。

表 4.11   百度语音识别接口的参数

参 数	示 例
url	"/file/baidu_speech_recognition"
method	'POST'
processData	false
contentType	false
dataType	'json'

data	let config = configData
	let blob = recorder.getWAVBlob();
	let formData = new FormData();
	formData.set('file_name',blob,'audio.wav');
	formData.append('param_data', JSON.stringify({"APP_ID":config.user.baidu_id,
	        "API_KEY":config.user.baidu_apikey, "SECRET_KEY":config.user.baidu_secretkey}));

success	function(res){}内容： return_result = {'code': 200, 'msg': None, 'origin_image': None, 'result_image': None, 'result_data': None} 示例： code/msg：200 表示语音识别成功、500 表示语音识别失败。 result_data：返回语音识别后的文本内容

　　单击 AiCam 平台窗帘控制界面中的"录音"按钮可进行录音，前端应用将录制的音频数据发送到算法层进行识别，并在转换为文本后显示在页面中。前端应用示例如下：

```
$('#interaction .item').click(function () {
    if ($(this).find('.label').text() == '录音') {
        $(this).find('img').attr('src', './img/microphone-on.gif')
        $(this).find('.label').text('录音中...')
        recorder.start().then(() => {
            //开始录音
        }, (error) => {
            //出错了
            console.log(`${error.name} : ${error.message}`);
        });
    } else {
        $(this).find('img').attr('src', './img/microphone-off.png')
        $(this).find('.label').text('录音')
        recorder.stop();
        let blob = recorder.getWAVBlob();
        console.log(blob);
        let formData = new FormData();
        formData.set('file_name',blob,'audio.wav');
        formData.append('param_data', JSON.stringify({"APP_ID":config.user.baidu_id,
                    "API_KEY":config.user.baidu_apikey,
                    "SECRET_KEY":config.user.baidu_secretkey}));
        $.ajax({
            url: '/file/baidu_speech_recognition',
            method: 'POST',
            processData: false,              //必需的
            contentType: false,              //必需的
            dataType: 'json',
            data: formData,
            headers: { 'X-CSRFToken': getCookie('csrftoken') },
            success: function(result) {
                console.log(result);
                if(result.code == 200){
                    if(result.result_data.indexOf('打开窗帘') > -1){
                        cocoMessage.success(`识别到打开窗帘语音字样！窗帘开启中...`)
                        rtc.sendMessage(config.macList.mac_602,config.sensor.mac_602.curtainOpen);
                    }
                    if(result.result_data.indexOf('关闭窗帘') > -1){
                        cocoMessage.success(`识别到关闭窗帘语音字样！窗帘关闭中...`)
                        rtc.sendMessage(config.macList.mac_602,config.sensor.mac_602.curtainClose);
                    }
                    let html = `<div class="msg"><div>${result.result_data}</div></div>`
                    $('#message_box').append(html)
                    $('#message_box').scrollTop($('#message_box')[0].scrollHeight);
                }else{
                    swal({
```

```
                                        icon: "error",
                                        title: "识别失败",
                                        text: result.msg,
                                        button: false,
                                        timer: 2000
                                    });
                                }
                            },
                        error: function(error){
                            console.log(error);
                            swal({
                                icon: "error",
                                title: "识别失败",
                                text: ",
                                button: false,
                                timer: 2000
                            });
                        }
                    });
                }
            })
```

5）语音窗帘控制算法接口设计

```python
#######################################################################
#文件：baidu_speech_recognition.py
#说明：百度语音识别接口
#######################################################################
import os
import wave
import numpy as np
from aip import AipSpeech
import ffmpeg
import tempfile

class BaiduSpeechRecognition(object):
    def __init__(self):
        pass
    def __check_wav_file(self,filePath):
        #读取 wav 文件
        wave_file = wave.open(filePath, 'r')
        #获取文件的帧率和通道
        frame_rate = wave_file.getframerate()
        channels = wave_file.getnchannels()
        wave_file.close()
        if frame_rate == 16000 and channels == 1:
            return True
            #feature_path=filePath
        else:
```

```
                return False
    def inference(self, wave_data, param_data):
        #code: 识别成功返回 200
        #msg: 相关提示信息
        #origin_image: 原始图像
        #result_image: 处理之后的图像
        #result_data: 结果数据
        return_result = {'code': 200, 'msg': None, 'origin_image': None,
                    'result_image': None, 'result_data': None}

        #应用请求接口: @__app.route('/file/<action>', methods=["POST"])
        #wave_data: 应用传递过来的数据（根据实际应用可能为图像、音频、视频、文本）:
        #语音数据，格式为 wav，采样率为 16000
        #param_data: 应用传递过来的参数，不能为空
        if param_data != None:
            fd, path = tempfile.mkstemp()
            try:
                with os.fdopen(fd, 'wb') as tmp:
                    tmp.write(wave_data)
                if not self.__check_wav_file(path):
                    fd2, path2 = tempfile.mkstemp()
                    ffmpeg.input(path).output(path2, ar=16000).run()
                    os.remove(path)
                    path = path2
                f = open(path, "rb")
                f.seek(4096)
                pcm_data = f.read()
                f.close()
            finally:
                os.remove(path)

        #调用百度语音识别接口，通过以下用户密钥连接百度服务器
        #APP_ID: 百度应用 ID
        #API_KEY: 百度 API_KEY
        #SECRET_KEY: 百度用户密钥
        client = AipSpeech(param_data['APP_ID'], param_data['API_KEY'], param_data['SECRET_KEY'])
        #语音文件的格式为 pcm，采样率为 16000，dev_pid 为普通话(纯中文识别)，识别本地文件
        response = client.asr(pcm_data,'pcm', 16000, {'dev_pid': 1537,})

        #处理服务器返回结果
        if response['err_msg']=='success.':
            return_result["code"] = 200
            return_result["msg"] = "语音识别成功！"
            return_result["result_data"] = response['result'][0]
        else:
            return_result["code"] = 500
            return_result["msg"] = response['err_msg']
        return return_result
```

```
#单元测试，如果处理类中引用了文件，则在单元测试中要修改文件路径
if __name__=='__main__':
    #创建音频处理对象
    test = BaiduSpeechRecognition()
    param_data = {"APP_ID":"12345678", "API_KEY":"12345678", "SECRET_KEY":"12345678"}
    with open("./test.wav", "rb") as f:
        wdat = f.read()
        result = test.inference(wdat, param_data)
    print(result["result_data"])
```

4.7.2　开发步骤与验证

4.7.2.1　项目部署

1）硬件部署

见 4.1.2.1 节。

2）工程部署

（1）运行 MobaXterm 工具，通过 SSH 登录到边缘计算网关。

（2）在 SSH 终端执行以下命令，创建项目工程目录。

```
$ mkdir -p ~/aiedge-exp
```

（3）通过 SSH 将本项目开发工程代码和 aicam 工程包上传到~/aiedge-exp 目录下，并采用 unzip 命令进行解压缩。

```
$ unzip edge_curtain.zip
$ unzip aicam.zip -d edge_curtain
```

（4）参考 4.1.2.1 节的内容，修改工程配置文件 static/edge_curtain/js/config.js 内的智云账号、硬件地址、边缘服务地址等信息。

（5）通过 SSH 将修改后的文件上传到边缘计算网关。

3）工程运行

（1）在 SSH 终端输入以下命令运行项目工程：

```
$ cd ~/aiedge-exp/edge_curtain
$ chmod 755 start_aicam.sh
$ conda activate py36_tf114_torch15_cpu_cv345    //Ubuntu 20.04 操作系统下需要切换环境
$ ./start_aicam.sh
```

（2）在客户端或者边缘计算网关端打开 Chrome 浏览器，输入项目页面地址 https://192.168.100.200:1446/static/edge_curtain/index.html，即可查看项目内容。

4.7.2.2　语音窗帘控制系统的验证

本项目通过百度语音识别接口实现了语音窗帘控制系统，用于模拟语音识别技术在智能家居中的应用场景。

单击 AiCam 平台窗帘控制界面右下角的"录音"按钮进行语音录制，再次单击"录音"按钮可结束语音录制并对录制的语音进行识别，识别的结果以文本的形式显示在实验交互

区，如"打开窗帘"。成功打开窗帘时的 AiCam 平台界面如图 4.53 所示。

如果识别到"打开窗帘"则发送开启窗帘命令，如果识别到"关闭窗帘"则发送关闭窗帘命令，并伴有相应动画效果及弹窗提示。语音窗帘控制系统在接收到命令时，会与上一次的命令进行比较，如果两次的命令一样，则不做动画效果处理。

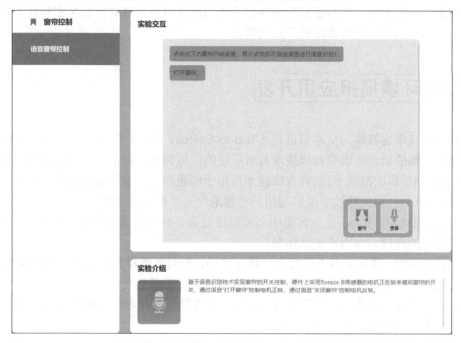

图 4.53　成功打开窗帘时的 AiCam 平台界面

步进电机模拟窗帘开关的效果如图 4.54 所示。

图 4.54　步进电机模拟窗帘开关的效果

4.7.3　本节小结

本节通过百度语音识别接口和 AiCam 平台实现了语音窗帘控制系统，首先介绍了语音识别技术在智能家居领域中的应用；然后介绍了语音窗帘控制系统的系统框架、通信协议，并完成了系统框架设计、语音窗帘控制算法接口设计；接着借助 AiCam 平台描述了硬件部署、工程部署、工程运行等开发流程；最后对语音窗帘控制系统进行了验证。

4.7.4　思考与拓展

（1）百度语音识别接口有哪些特点？

（2）语音窗帘控制系统与视觉智能抄表系统的边缘应用场景有什么区别和联系？

（3）简述语音窗帘控制系统的开发流程？

4.8 语音环境播报应用开发

语音合成技术也被称为文本到语音（Text-to-Speech，TTS）合成，其主要功能是将文本转换成自然流畅的语音。语音合成技术具有广泛的应用领域，以下是一些常见的用途：

（1）语音助手和虚拟助手：语音合成技术可用于创建语音助手和虚拟助手，如 Siri、Google Assistant 和 Alexa，使这些助手能够与用户自然地交互并提供语音响应。

（2）自动电话应答系统：企业客服中心可以通过语音合成技术来构建自动电话应答系统，用来回答常见的问题，为用户提供指导。

（3）有声读物：通过语音合成技术可将电子书、新闻文章和其他文本内容转换为有声读物，以帮助视觉障碍者和那些在驾驶车辆或锻炼时希望听书的人。

（4）语音导航：通过语音合成技术，GPS 可以提供驾驶和步行导航指示，使驾驶者和行人能够在不分心的情况下获取导航信息。

（5）教育应用：通过语音合成技术可以创建教育内容，包括在线课程、教科书的有声版本，以及辅助阅读和学习的工具。

（6）语音辅助技术：包括屏幕阅读器、语音放大器和语音命令系统，可以帮助视觉障碍者和身体障碍者使用计算机和移动设备。

（7）媒体和娱乐：在电影、电视和视频游戏中，虚拟角色和故事情节通常可以使用语音合成技术来实现声音效果。

本节的知识点如下：

⊃ 了解语音合成技术在语音环境播报中的应用。

⊃ 掌握基于百度语音合成接口实现语音环境播报系统的基本原理。

⊃ 结合百度语音合成接口和 AiCam 平台进行语音环境播报系统的开发。

4.8.1　原理分析与开发设计

4.8.1.1　总体框架

1）语音合成技术概述

语音合成技术中的常用深度学习模型如下：

（1）WaveNet：WaveNet 是由 DeepMind 开发的深度学习模型，可用于语音合成。WaveNet 模型基于深度卷积神经网络，能够生成高质量的语音波形，非常逼近人类语音。WaveNet 模型通过逐样本生成声音波形，具有出色的声音质量，但计算成本较高。

（2）Tacotron：Tacotron 是一种基于序列到序列的模型，可将文本转换为声音的声学特征。在语音合成中,通常先使用 Tacotron 模型生成声学特征,再使用声学模型生成声音波形。Tacotron 模型的一个重要版本是 Tacotron 2,它可以和 WaveNet 模型结合起来生成高质量的语音。

(3)Transformer TTS:这是一种基于 Transformer 框架的语音合成模型,该模型使用自注意力机制来处理输入的文本,先将文本转换为声学特征序列,再使用声学模型生成语音。Transformer TTS 在语音合成领域取得了巨大的成功。

(4)Deep Voice:Deep Voice 采用深度卷积神经网络和循环神经网络,用于建模声学特征,被广泛用于端到端的语音合成。

(5)FastSpeech:FastSpeech 是一种用于文本到语音合成的模型。FastSpeech 模型使用了 Transformer 模型框架,能够更快速地生成声学特征序列,可直接生成声学特征,绕过中间的文本到音素或音素到声学特征的转换步骤。

(6)Parallel WaveGAN:Parallel WaveGAN 是一种生成对抗网络(GAN)模型的变体,专门用于生成高质量的语音波形。Parallel WaveGAN 模型可以与不同的声学模型结合使用,以产生自然流畅的语音。

(7)Hifi-GAN:Hifi-GAN 是一种 GAN 模型的变体,旨在生成高保真度的语音波形。Hifi-GAN 模型通过训练生成器和判别器提高了生成的语音的真实感。

上述的深度学习模型代表了现代语音合成领域的前沿技术,能够生成高质量、自然流畅的语音,适用于各种应用,如虚拟助手、有声读物、语音导航、广告等。随着深度学习技术的不断进步,语音合成技术也在不断发展和改进。

本项目采用百度语音合成接口实现语音环境播报系统。百度语音合成接口是基于 HTTP 请求的 REST API 接口,能够将文本转换为可以播放的音频文件,适用于语音交互、语音内容分析、智能硬件、呼叫中心智能客服等多种场景。语音合成应用示例如图 4.55 所示。

图 4.55　语音合成应用示例

2)语音环境播报系统的结构

从边缘计算的角度看,语音环境播报系统可分为硬件层、边缘层、应用层,如图 4.56 所示。

(1)硬件层:无线节点和 Sensor-A 采集类传感器构成了语音环境播报系统的硬件层,通过 Sensor-A 采集类传感器获取当前环境的温/湿度信息,并返回应用端进行显示。

(2)边缘层:包括边缘计算网关内置 IoT 网关服务和 AiCam 框架。IoT 网关服务负责接收和下发无线节点的数据,发送给应用端或者将数据发给云端的智云平台。AiCam 框架内置了算法、模型、视频推流等服务,支持应用层的边缘计算推理任务。

(3)应用层:通过智云接口与 IoT 的硬件层交互(默认与云端的智云平台的接口交互),通过 AiCam 的 RESTful 接口与算法层交互。

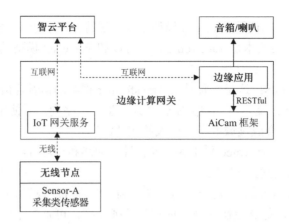

图 4.56　语音环境播报系统的结构

4.8.1.2　系统硬件与通信协议设计

1）系统硬件设计

本项目可以采用 LiteB 无线节点、Sensor-A 采集类传感器来完成硬件的搭建，也可以通过虚拟仿真软件来创建一个虚拟的硬件设备如图 4.57 所示。

图 4.57　虚拟硬件平台

2）通信协议设计

Sensor-A 采集类传感器的通信协议如表 4.12 所示。

表 4.12　Sensor-A 采集类传感器的通信协议

节 点 名 称	TYPE	参　数	属　性	权限	说　　明
Sensor-A 采集类传感器	601	A0	温度	R	温度值，浮点型，精度为 0.1，范围为-40.0～105.0，单位为℃
		A1	湿度	R	湿度值，浮点型，精度为 0.1，范围为 0～100.0，单位为%RH
		A2	光照度	R	光照度值，浮点型，精度为 0.1，范围为 0～65535.0，单位为 lx
		A3	空气质量	R	空气质量值，表征空气污染程度，整型，范围为 0～20000，单位为 ppm
		A4	大气压强	R	大气压强值，浮点型，精度为 0.1，范围为 800.0～1200.0，单位为 hPa

续表

节 点 名 称	TYPE	参　　数	属　　性	权限	说　　明
Sensor-A 采集类传感器	601	A5	跌倒状态	R	通过三轴传感器计算出跌倒状态，0 表示未跌倒，1 表示跌倒
		A6	距离	R	距离值，浮点型，精度为 0.1，范围为 10.0～80.0，单位为 cm
		D0(OD0/CD0)	上报状态	R/W	D0 的 Bit0～Bit7 分别代表 A0～A7 的上报状态，1 表示主动上报，0 表示不上报
		D1(OD1/CD1)	继电器	R/W	D1 的 Bit6～Bit7 分别代表继电器 K1、K2 的开关状态，0 表示断开，1 表示吸合
		V0	上报时间间隔	R/W	A0～A7 和 D1 的主动上报时间间隔，默认为 30，单位为 s

本项目采用 Sensor-A 采集类传感器获得当前环境的湿度和温度，每隔 30 s 更新一次湿度和温度，并显示在应用端。Sensor-A 采集类传感器的命令如表 4.13 所示。

表 4.13　Sensor-A 采集类传感器的命令

发 送 命 令	接 收 结 果	含　　义
—	{A0=XXX,A1=XXX}	温度为 A0，湿度为 A1

4.8.1.3　功能设计与开发

1）系统框架设计

见 4.1.1.3 节。

2）接口描述

本项目基于 AiCam 平台开发，开发流程如下：

（1）项目配置见 4.1.1.3 节。

（2）添加算法。在 aicam 工程添加百度语音合成接口 algorithm/baidu_speech_synthesis/baidu_ speech_synthesis.py。

（3）添加应用。在 aicam 工程添加算法项目前端应用 static/edge_env。

3）硬件通信设计

前端应用中的硬件控制部分通过智云 ZCloud API 连接到硬件系统，前端应用处理示例如下：

```
getConnect()
//智云服务连接
function getConnect(){                    //建立连接服务的函数
    rtc = new WSNRTConnect(config.user.id, config.user.key)
    rtc.setServerAddr(config.user.addr);
    rtc.connect();
    rtc.onConnect = () => {                //连接成功回调函数
        online = true
        setTimeout(() => {
            if(online){
                cocoMessage.success(`数据服务连接成功！查询数据中...`)
                //发起数据查询
```

```
                            rtc.sendMessage(config.macList.mac_601,config.sensor.mac_601.query);
                    }
             }, 200);
      }
      rtc.onConnectLost = () => {                              //数据服务掉线回调函数
             online = false
             cocoMessage.error(`数据服务连接失败!请检查网络或 IDKEY...`)
      };

      rtc.onmessageArrive = (mac, dat) => {                    //消息处理回调函数
             if (dat[0] == '{' && dat[dat.length - 1] == '}') {
                    //截取后台返回的 JSON 对象（去掉{}符号）后，以 "," 分割为数组
                    let its = dat.slice(1,-1).split(',')
                    for (let i = 0; i < its.length; i++) {      //循环遍历数组的每一个值
                           let t = its[i].split("=");           //将每个值以 "=" 分割为数组
                           if (t.length != 2) continue;
                           //mac_601 采集类传感器
                           if (mac == config.macList.mac_601) {
                                  if (t[0] == 'A0') {           //温度
                                         console.log('温度：',t);
                                         $('.item span:eq(0)').text(t[1])
                                         temperature = t[1]
                                  }
                                  if (t[0] == 'A1') { //湿度
                                         console.log('湿度：',t);
                                         $('.item span:eq(1)').text(t[1])
                                         humidity = t[1]
                                         setTimeout(() => {
                                                if(audioAuthority && temperature){
                                                       audioAuthority = false
                                                       let html = `<div class="msg"><div>${new
                                                              Date().toLocaleTimeString()}——
                                                              当前温度${temperature}℃，
                                                              湿度${humidity}%</div></div>`
                                                       $('#message_box').append(html)
                                                       $('#message_box').scrollTop($('#message_box')[0].scrollHeight);
                                                       voiceSynthesis(`当前温度${temperature}度，
                                                              湿度百分之${humidity}`)
                                                       setTimeout(() => {
                                                              audioAuthority = true
                                                       }, 5000);
                                                }
                                         }, 500);
                                  }
                           }
                    }
             }
      }
```

4）算法交互

前端应用通过 Ajax 接口将需要进行语音合成的文本传递给百度语音合成接口，百度语音合成接口的参数如表 4.14 所示。

表 4.14　百度语音合成接口的参数

参　数	示　例
url	"/file/baidu_speech_synthesis"
method	'POST'
processData	false
contentType	false
dataType	'json'

data	let config = configData
	let text = $(this).parent('.item').find('textarea').val()
	let blob = new Blob([text],{
	　　　type:'text/plain'
	});
	//语音合成播报
	let formData = new FormData();
	formData.append('file_name',blob,'text.txt');
	formData.append('param_data', JSON.stringify({"APP_ID":config.user.baidu_id,
	　　　　　　　　"API_KEY":config.user.baidu_apikey,
	"SECRET_KEY":config.user.baidu_secretkey}));

success	function(res){}内容： return_result = {'code': 200, 'msg': None, 'origin_image': None, 'result_image': None, 'result_data': None} 示例： code/msg：200 表示语音合成成功，500 表示语音合成失败。 result_data：返回 base64 编码的音频文件

前端应用示例如下：

```
//语音合成功能，val 表示需要进行语音合成的文本
function voiceSynthesis(val) {
    let blob = new Blob([val], {
        type: 'text/plain'
    });
    //语音合成播报
    let formData = new FormData();
    formData.append('file_name', blob, 'text.txt');
    formData.append('param_data', JSON.stringify({
        "APP_ID": config.user.baidu_id,
        "API_KEY": config.user.baidu_apikey,
        "SECRET_KEY": config.user.baidu_secretkey
    }));
    $.ajax({
        url: '/file/baidu_speech_synthesis',
        method: 'POST',
```

```
        processData: false,            //必需的
        contentType: false,            //必需的
        dataType: 'json',
        data: formData,
        headers: {
            'X-CSRFToken': getCookie('csrftoken')
        },
        success: function (result) {
            console.log(result);
            if (result.code == 200) {
                //播放合成的音频
                let mp3 = new Audio(`data:audio/x-wav;base64,${result.result_data}`)
                mp3.play()
            } else {
                swal({
                    title: "接口调用失败！",
                    icon: "error",
                    text: " ",
                    timer: 1000,
                    button: false
                });
            }
        },
        error: function (error) {
            console.log(error);
            swal({
                title: "接口调用失败！",
                icon: "error",
                text: " ",
                timer: 1000,
                button: false
            });
        }
    })
}
```

5）语音环境播报算法接口设计

```
###############################################################################
#文件：baidu_speech_synthesis.py
#说明：百度语音合成
###############################################################################
import cv2 as cv
import base64
import os,sys,time
import wave
import numpy as np
from aip import AipSpeech
```

```
class BaiduSpeechSynthesis(object):
    def __init__(self):
        pass

    def image_to_base64(self, img):
        image = cv.imencode('.jpg', img, [cv.IMWRITE_JPEG_QUALITY, 60])[1]
        image_encode = base64.b64encode(image).decode()
        return image_encode

    def base64_to_image(self, b64):
        img = base64.b64decode(b64.encode('utf-8'))
        img = np.asarray(bytearray(img), dtype="uint8")
        img = cv.imdecode(img, cv.IMREAD_COLOR)
        return img

    def inference(self, content, param_data):
        #code：识别成功返回 200
        #msg：相关提示信息
        #origin_image：原始图像
        #result_image：处理之后的图像
        #result_data：结果数据
        return_result = {'code': 200, 'msg': None, 'origin_image': None,
                         'result_image': None, 'result_data': None}

        #应用请求接口：@__app.route('/file/<action>', methods=["POST"])
        #content：应用传递过来的数据（根据实际应用可能为图像、音频、视频、文本）
        #param_data：应用传递过来的参数，不能为空
        if param_data != None:
            #调用百度语音合成接口，通过以下用户密钥连接百度服务器
            #APP_ID：百度应用 ID
            #API_KEY：百度 API_KEY
            #SECRET_KEY：百度用户密钥
            client = AipSpeech(param_data['APP_ID'], param_data['API_KEY'],
                               param_data['SECRET_KEY'])

            #配置可选参数
            options={}
            options['spd']=5                    #语速，取值 0~9，默认为 5（中语速）
            options['pit']=5                    #音调，取值 0~9，默认为 5（中语调）
            options['vol']=5                    #音量，取值 0~15，默认为 5（中音量）
            options['per']=0                    #发音人选择
            #调用百度语音合成接口
            response = client.synthesis(content, 'zh', 1, options)

            if not isinstance(response, dict):
                return_result["code"] = 200
                return_result["msg"] = "语音合成成功！"
                return_result["result_data"] = base64.b64encode(response).decode()
```

```
            else:
                return_result["code"] = 500
                return_result["msg"] = "语音合成失败！"
                return_result["result_data"] = response
            return return_result

#单元测试，如果处理类中引用了文件，则在单元测试中要修改文件路径
if __name__ == '__main__':
    test = BaiduSpeechSynthesis()
    param_data={"APP_ID":"12345678", "API_KEY":"12345678", "SECRET_KEY":"12345678"}
    with open("test.txt", "rb") as f:
        txt = f.read()
    result=test.inference(txt, param_data)
    if result["code"] == 200:
        dat = base64.b64decode(result["result_data"].encode('utf-8'))
        with open("out.mp3", "wb") as fw:
            fw.write(dat)
    print(result)
```

4.8.2　开发步骤与验证

4.8.2.1　项目部署

1）硬件部署

见 4.1.2.1 节。

2）工程部署

（1）运行 MobaXterm 工具，通过 SSH 登录到边缘计算网关。

（2）在 SSH 终端执行以下命令，创建项目工程目录。

```
$ mkdir -p ~/aiedge-exp
```

（3）通过 SSH 将本项目开发工程代码和 aicam 工程包上传到~/aiedge-exp 目录下，并采用 unzip 命令进行解压缩。

```
$ unzip edge_env.zip
$ unzip aicam.zip -d edge_env
```

（4）参考 4.1.2.1 节的内容，修改工程配置文件 static/edge_env/js/config.js 内的智云账号、硬件地址、边缘服务地址等信息。

（5）通过 SSH 将修改后的文件上传到边缘计算网关。

3）工程运行

（1）在 SSH 终端输入以下命令运行项目工程。

```
$ cd ~/aiedge-exp/edge_env
$ chmod 755 start_aicam.sh
$ conda activate py36_tf114_torch15_cpu_cv345      //Ubuntu 20.04 操作系统下需要切换环境
$ ./start_aicam.sh
```

（2）在客户端或者边缘计算网关端打开 Chrome 浏览器，输入项目页面地址 http://192.168.100.200:4001/static/edge_env/index.html，即可查看项目内容。

4.8.2.2　语音环境播报系统的验证

本项目通过百度语音合成接口和 AiCam 平台实现了语音环境播报系统，可以实时播报传感器采集的温度和湿度信息。

单击 AiCam 平台环境播报界面右下角的图标，可以显示由 Sensor-A 采集类传感器上报的温/湿度信息，生成由当前时间+温/湿度信息组成的文本并显示在实验交互区。语音环境播报系统在接收到新的温/湿度信息时，都会对其进行语音合成并进行播报，播报的最小间隔时间为 5 s。

语音环境播报系统运行时的 AiCam 平台界面如图 4.58 所示。

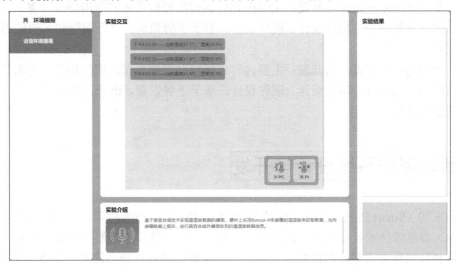

图 4.58　语音环境播报系统运行时的 AiCam 平台界面

4.8.3　本节小结

本节通过百度语音合成接口和 AiCam 平台实现了语音环境播报系统，首先介绍了语音合成技术的相关内容；然后介绍了语音环境播报系统的系统框架、通信协议，并完成了系统框架设计、语音环境播报算法接口设计；接着借助 AiCam 平台描述了硬件部署、工程部署、工程运行等开发流程；最后对语音环境播报系统进行了验证。

4.8.4　思考与拓展

（1）简述语音环境播报系统的结构。

（2）实现语音合成的 Sensor-A 采集类传感器的通信协议包括哪些内容？

（3）简述语音环境播报系统的开发过程。

第 5 章
边缘计算与人工智能综合应用开发

本章介绍边缘计算与人工智能的综合应用开发，包括 2 个开发案例。

（1）智能家居系统设计与开发：主要内容包括智能家居系统的应用场景、需求分析，智能家居系统的框架设计、功能设计、硬件设计，基于手势识别、语音识别和入侵检测的智能家居系统开发。

（2）辅助驾驶系统设计与开发：主要内容包括辅助驾驶系统的应用场景、需求分析，辅助驾驶系统的框架设计、功能设计、硬件设计，基于手势识别、语音识别和驾驶行为检测的辅助驾驶系统开发。

5.1 智能家居系统设计与开发

智能家居（Smart Home）系统利用综合布线技术、网络通信技术、安全防范技术、自动控制技术、音视频技术提高住宅生活质量、安全性、便利性和能源效率的家庭环境，通过联网的设备和传感器来实现远程控制和自动化，让家庭中的各种设备能够更智能地协同工作。智能家居系统具有远程控制、声控和语音助手、智能照明、智能家电、安全和监控、能源管理、娱乐系统、健康和医疗监测等功能，目标是提高家庭的生活质量、舒适性和便利性，同时提高能源效率和安全性，在日常生活中发挥着越来越重要的作用。

本节的知识点如下：

➜ 了解智能家居系统的应用场景、需求分析。

➜ 掌握智能家居系统的框架设计、功能设计、硬件设计。

➜ 掌握基于手势识别、语音识别和入侵检测的智能家居系统开发。

5.1.1 原理分析与开发设计

5.1.1.1 智能家居系统框架分析

1）需求分析

智能家居系统以住宅为平台，集系统、结构、服务、管理、控制于一体，利用先进的网络通信技术、电力自动化技术、计算机技术、无线电技术，将与家居生活有关的各种设备有机地结合起来，通过网络化的综合管理家中设备，来创造一个优质、高效、舒适、安全、便利、节能、健康、环保的居住生活环境空间。智能家居系统具有多种功能，旨在提高家庭生活的便捷性、舒适性、安全性和节能性。智能家居系统的主要需求如下：

（1）远程控制：智能家居系统允许用户通过智能手机、平板电脑或计算机远程监控和控制家庭设备，如照明、温度、安全摄像头等，使用户能够随时随地管理家庭。

（2）自动化控制：定时和计划任务，用户可以设置时间表和计划，自动控制家庭设备的操作，如可以在特定时间打开或关闭灯光、加热系统或电器设备，以提高能源效率；情景模式，用户可以创建自定义情景，如"回家模式"或"离家模式"，从而触发多个设备的联动操作，以满足特定需求，如自动解锁门、调整温度、开启安全系统等。

（3）节能管理：智能能源监测，智能家居系统可以监测能源的使用情况，提供实时数据和报告，帮助用户了解并减少能源浪费；能源优化，根据家庭成员的活动和习惯，智能家居系统可以自动调整照明、加热和冷却系统，以减少能源消耗。

（4）安全和监控：安全警报，智能家居系统可以通过移动应用或电子邮件发送安全警报，如入侵检测、火警或漏水警报；实时监控，用户可以实时监控家庭，通过智能摄像头或门窗传感器来检测异常活动。

（5）娱乐和多媒体：智能音响，可以提供音乐、新闻、天气预报等信息，还可以与语音助手互动；智能电视和媒体中心，可以让用户访问各种流媒体服务和娱乐内容。

（6）健康和健身：智能健康设备，如智能体重秤、心率监测器等，可以追踪用户的健康数据，并将其上传到云端供分析和查看；睡眠监测，智能床垫或睡眠追踪器可以监测睡眠质量并提供建议。

（7）语音控制：智能家居设备通常支持语音控制，用户可以使用语音助手（如 Amazon Alexa、Google Assistant、Apple Siri）来执行各种任务，如调整设备、获取信息等。

（8）通信：智能家居系统可以用于家庭通信，如留言、通话、视频会议等。

智能家居系统可以根据用户的需求和偏好进行个性化的配置，提供更智能、便捷和舒适的家庭生活体验，有助于提高家庭的能源效率和安全性，降低运营成本，同时提供更多的娱乐和健康管理选择。随着智能家居系统的发展，市场消费群体已经形成了对智能家居单品的稳定需求。从最早的 Wi-Fi 联网控制到如今的手势交互、语音识别，智能家居系统的交互性能也在逐步提升，在人工智能的世界里，鼠标键盘转变成触控、语音、手势、视觉等，多模态人机交互技术正在彼此融合。

2）智能家居系统框架

从边缘计算的角度看，智能家居系统可分为硬件层、边缘层、应用层，如图 5.1 所示。

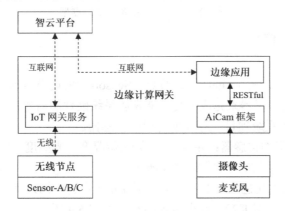

图 5.1　智能家居系统的结构

（1）硬件层：无线节点和 Sensor-A 采集类传感器、Sensor-B 控制类传感器、Sensor-C 安防类传感器构成了智能家居系统的硬件层，通过光栅传感器监测是否开启手势识别等 AI 智能交互操作。

（2）边缘层：包括边缘计算网关内置 IoT 网关服务和 AiCam 框架。IoT 网关服务负责接收和下发无线节点的数据，发送给应用端或者将数据发给云端的智云平台。AiCam 框架内置了算法、模型、视频推流等服务，支持应用层的边缘计算推理任务。

（3）应用层：通过智云接口与 IoT 的硬件层交互（默认与云端的智云平台的接口交互），通过 AiCam 的 RESTful 接口与算法层交互。

5.1.1.2　系统功能设计

1）功能模块设计

本项目的智能家居系统可分为以下功能模块：

（1）智慧物联：实时显示家居环境、设施、安防等数据，支持模式设置。

（2）手势交互：通过摄像头进行手势开关家居设备的操作，在本项目中，手势 1 表示对窗帘进行开关操作、手势 2 表示对灯光进行开关操作、手势 3 表示对风扇进行开关操作、手势 4 表示对空调进行开关操作、手势 5 表示对加湿器进行开关操作。

（3）语音交互：单击智能家居系统首页右下角的麦克风图标可录制语音，录制结束后可通过麦克风对家居设备进行语音控制操作，可通过语音命令来打开/关闭窗帘、灯光、风扇、空调、和加湿器。

（4）入侵监测：当光栅传感器报警时，调用人体检测模型进行人体检测，并每隔 15 s 拍照一次。

（5）应用设置：对项目的智云账号、设备地址、百度账号进行设置。

2）功能框架设计

智能家居系统的功能框架如图 5.2 所示。

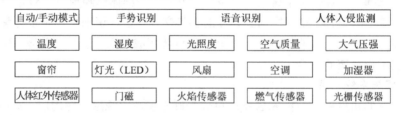

图 5.2　智能家居系统的功能框架

5.1.1.3　硬件与通信设计

1）硬件设计

智能家居系统既可以采用 LiteB 无线节点、Sensor-A 采集类传感器、Sensor-B 控制类传感器、Sensor-C 安防类传感器来完成一套智能家居系统硬件的搭建，也可以通过虚拟仿真软件来创建一个智能家居系统项目，并添加对应的传感器。

（1）Sensor-A 采集类传感器：主要用于检测温/湿度、光照度、空气质量、大气压强、跌倒状态等信息，其虚拟控制平台如图 5.3 所示。

（2）Sensor-B 控制类传感器：主要用于控制窗帘（步进电机）、风扇、LED 灯、空调（继电器 K1）、加湿器（继电器 K2），其虚拟控制平台如图 5.4 所示。

图 5.3　Sensor-A 采集类传感器的虚拟控制平台

图 5.4　Sensor-B 控制类传感器的虚拟控制平台

（3）Sensor-C 安防类传感器：主要用于检测燃气、火焰、光栅、门磁（霍尔）、人体红外等信息，其虚拟控制平台如图 5.5 所示。

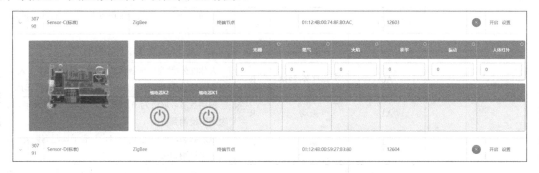

图 5.5　Sensor-C 安防类传感器的虚拟控制平台

2）通信协议设计

智能家居系统的通信协议如表 5.1 所示。

表 5.1　智能家居系统的通信协议

节点名称	TYPE	参　数	属　性	权限	说　明
Sensor-A 采集类传感器	601	A0	温度	R	温度值,浮点型,精度为 0.1,范围为 −40.0～105.0,单位为℃

节点名称	TYPE	参　数	属　性	权限	说　明
Sensor-A 采集类传感器	601	A1	湿度	R	湿度值，浮点型，精度为 0.1，范围为 0～100.0，单位为%RH
		A2	光照度	R	光照度值，浮点型，精度为 0.1，范围为 0～65535.0，单位为 lx
		A3	空气质量	R	空气质量值，表征空气污染程度，整型，范围为 0～20000，单位为 ppm
		A4	大气压强	R	大气压强值，浮点型，精度为 0.1，范围为 800.0～1200.0，单位为 hPa
		A5	跌倒状态	R	通过三轴传感器计算出跌倒状态，0 表示未跌倒，1 表示跌倒
		A6	距离	R	距离值，浮点型，精度为 0.1，范围为 10.0～80.0，单位为 cm
		D0(OD0/CD0)	上报状态	R/W	D0 的 Bit0～Bit7 分别代表 A0～A7 的上报状态，1 表示主动上报，0 表示不上报
		D1(OD1/CD1)	继电器	R/W	D1 的 Bit6～Bit7 分别代表继电器 K1、K2 的开关状态，0 表示断开，1 表示吸合
		V0	上报时间间隔	R/W	A0～A7 和 D1 的主动上报时间间隔，默认为 30，单位为 s
Sensor-B 控制类传感器	602	D1(OD1/CD1)	RGB	R/W	D1 的 Bit0～Bit1 代表 RGB 三色灯的颜色状态，00 表示关、01 表示红色、10 表示绿色、11 表示蓝色
		D1(OD1/CD1)	步进电机	R/W	D1 的 Bit2 表示步进电机的正反转动状态，0 表示正转、1 表示反转
		D1(OD1/CD1)	风扇/蜂鸣器	R/W	D1 的 Bit3 表示风扇/蜂鸣器的开关状态，0 表示关闭，1 表示打开
		D1(OD1/CD1)	LED	R/W	D1 的 Bit4～Bit5 表示 LED1、LED2 的开关状态，0 表示关闭，1 表示打开
		D1(OD1/CD1)	继电器	R/W	D1 的 Bit6～Bit7 表示继电器 K1、K2 的开关状态，0 表示断开，1 表示吸合
		V0	上报间隔	R/W	A0～A7 和 D1 的循环上报时间间隔
Sensor-C 安防类传感器	603	A0	人体红外/触摸	R	人体红外/触摸传感器状态，取值为 0 或 1，1 表示有人体活动/触摸动作，0 表示无人体活动/触摸动作
		A1	振动	R	振动状态，取值为 0 或 1，1 表示检测到振动，0 表示未检测到振动
		A2	霍尔	R	霍尔状态，取值为 0 或 1，1 表示检测到磁场，0 表示未检测到磁场
		A3	火焰	R	火焰状态，取值为 0 或 1，1 表示检测到火焰，0 表示未检测到火焰
		A4	燃气	R	燃气泄漏状态，取值为 0 或 1，1 表示检测到燃气泄漏，0 表示未检测到燃气泄漏
		A5	光栅	R	光栅（红外对射）状态值，取值为 0 或 1，1 表示检测到阻挡，0 表示未检测到阻挡
		D0(OD0/CD0)	上报状态	R/W	D0 的 Bit0～Bit7 分别表示 A0～A7 的上报状态，1 表示主动上报，0 表示不上报
		D1(OD1/CD1)	继电器	R/W	D1 的 Bit6～Bit7 分别表示继电器 K1、K2 的开关状态，0 表示断开，1 表示吸合
		V0	上报间隔	R/W	A0～A7 和 D1 的循环上报时间间隔

3）硬件通信设计

前端应用中的硬件控制部分通过智云 ZCloud API 连接到硬件系统，前端应用处理示例如下：

```
/************************************************************************
* 名称：getConnect()
* 功能：建立实时连接服务，监听数据并进行处理
************************************************************************/
getConnect(){                                    //建立连接服务的函数
    rtc = new WSNRTConnect(this.config.user.id, this.config.user.key)
    rtc.setServerAddr(this.config.user.addr);
    rtc.connect();
    rtc.onConnect = () => {                       //连接成功回调函数
        this.onlineBtn = '断开'
        setTimeout(() => {
            if(this.onlineBtn == '断开'){
                cocoMessage.success(`数据服务连接成功！查询数据中...`)
                //发起数据查询
                rtc.sendMessage(this.config.macList.mac_601, this.config.sensor.mac_601.query);
                rtc.sendMessage(this.config.macList.mac_602, this.config.sensor.mac_602.query);
                rtc.sendMessage(this.config.macList.mac_603, this.config.sensor.mac_603.query);
            }
        }, 200);
    }
    rtc.onConnectLost = () => {                    //数据服务掉线回调函数
        this.onlineBtn = '连接'
        cocoMessage.error(`数据服务连接失败!请检查网络或 IDKEY...`)
    };
    rtc.onmessageArrive = (mac, dat) => {          //消息处理回调函数
        if (dat[0] == '{' && dat[dat.length - 1] == '}') {
            //截取后台返回的 JSON 对象（去掉{}符号）后，以 "," 分割为数组
            let its = dat.slice(1,-1).split(',');
            for (let i = 0; i < its.length; i++) {  //循环遍历数组的每一个值
                let t = its[i].split("=");           //将每个值以 "=" 分割为数组
                if (t.length != 2) continue;
                //mac_601 采集类传感器
                if (mac == this.config.macList.mac_601) {
                    this.onlineState[0] = true
                    if(t[0] == 'A0'){                //温度
                        this.data601[0].value = t[1]
                        //自动模式下根据设置的阈值进行判断
                        if(this.modelVal == '自动模式'){
                            if(t[1] > this.data601[0].range[1] && this.data602[3].value == '已关闭'){
                                rtc.sendMessage(this.config.macList.mac_602, `{OD1=64,D1=?}`);
                                cocoMessage.success("当前温度较高!空调开启中...");
                            }
                            if(t[1] < this.data601[0].range[0] && this.data602[3].value != '已关闭'){
                                rtc.sendMessage(this.config.macList.mac_602, `{CD1=64,D1=?}`);
```

```
                        cocoMessage.success("当前温度较低!空调关闭中...");
                    }
                }
            }
            if(t[0] === 'A1'){                          //湿度
                this.data601[1].value = t[1]
                //自动模式下根据设置的阈值进行判断
                if(this.modelVal === '自动模式'){
                    if(t[1] < this.data601[1].range[0] && this.data602[4].value === '已关闭'){
                        rtc.sendMessage(this.config.macList.mac_602,`{OD1=128,D1=?}`);
                        cocoMessage.success("当前湿度较低!加湿器开启中...");
                    }
                    if(t[1] > this.data601[1].range[1] && this.data602[4].value != '已关闭'){
                        rtc.sendMessage(this.config.macList.mac_602,`{CD1=128,D1=?}`);
                        cocoMessage.success("当前湿度较高!加湿器关闭中...");
                    }
                }
            }
            if(t[0] === 'A2'){                          //光照度
                this.data601[2].value = t[1]
                //自动模式下根据设置的阈值进行判断
                if(this.modelVal === '自动模式'){
                    if(t[1] < this.data601[2].range[0] && this.data602[0].value === '已关闭'){
                        rtc.sendMessage(this.config.macList.mac_602,`{OD1=4,D1=?}`);
                        cocoMessage.success("当前光照度较低!窗帘开启中...");
                    }
                    if(t[1] > this.data601[2].range[1] && this.data602[0].value != '已关闭'){
                        rtc.sendMessage(this.config.macList.mac_602,`{CD1=4,D1=?}`);
                        cocoMessage.success("当前光照度较高!窗帘关闭中...");
                    }
                }
            }
            if(t[0] === 'A3'){                          //TVOC（Total Volatile Organic Compounds）
                this.data601[3].value = t[1]
                //自动模式下根据设置的阈值进行判断
                if(this.modelVal === '自动模式'){
                    if(t[1] > this.data601[3].range[1] && this.data602[1].value === '已关闭'){
                        rtc.sendMessage(this.config.macList.mac_602,`{OD1=8,D1=?}`);
                        cocoMessage.success("当前空气质量较差!风扇开启中...");
                    }
                    if(t[1] < this.data601[3].range[0] && this.data602[1].value != '已关闭'){
                        rtc.sendMessage(this.config.macList.mac_602,`{CD1=8,D1=?}`);
                        cocoMessage.success("当前空气质量正常!风扇关闭中...");
                    }
                }
            }
            if(t[0] === 'A4'){                          //大气压强
                this.data601[4].value = t[1]
```

```
        }
    }
    //mac_602 控制类传感器
    if (mac == this.config.macList.mac_602) {
        this.onlineState[1] = true
        if(t[0] == 'D1'){
            if(t[1] & 4){                    //窗帘
                this.data602[0].value = '已开启'
            }else{
                this.data602[0].value = '已关闭'
            }

            if(t[1] & 8){                    //风扇
                this.data602[1].value = '已开启'
            }else{
                this.data602[1].value = '已关闭'
            }
            if(t[1] & 16 || t[1] & 32){
                if(t[1] & 16){               //LED
                    this.data602[2].value = '一级灯'
                }
                if(t[1] & 32){               //LED 灯
                    this.data602[2].value = '二级灯'
                }
            }else{
                this.data602[2].value = '已关闭'
            }
            if(t[1] & 64){                   //空调
                this.data602[3].value = '已开启'
            }else{
                this.data602[3].value = '已关闭'
            }
            if(t[1] & 128){                  //加湿器
                this.data602[4].value = '已开启'
            }else{
                this.data602[4].value = '已关闭'
            }
        }
    }
    //mac_603 安防类传感器
    if (mac == this.config.macList.mac_603) {
        this.onlineState[2] = true
        if(t[0] == 'A0'){                    //人体红外
            this.data603[0].value = t[1]
        }
        if(t[0] == 'A2'){                    //霍尔（门磁）
            this.data603[1].value = t[1]
        }
```

```
                    if(t[0] == 'A3'){                        //火焰
                        this.data603[2].value = t[1]
                    }
                    if(t[0] == 'A4'){                        //燃气
                        this.data603[3].value = t[1]
                    }
                    if(t[0] == 'A5'){                        //光栅
                        //触发光栅且上次为 0 时切换到人体识别检测
                        if(this.data603[4].value == 0 && t[1] == 1){
                            this.getVisitor()
                        }
                        //光栅为 0 时且上次为触发状态时切换到手势识别检测
                        if(this.data603[4].value == 1 && t[1] == 0){
                            this.gestureRecognition()
                        }
                        this.data603[4].value = t[1]
                    }
                }
            }
        }
    }
}


/***************************************************************************
 * 名称：control()
 * 功能：根据单击的模块发送相应查询、控制命令
 * 参数：type 表示对应的 MAC 节点， val 表示对应该模块协议参数
 ***************************************************************************/
control(type,val) {
    if(this.onlineBtn == '断开'){
        if(type == '601'){
            rtc.sendMessage(this.config.macList.mac_601,`${val}=?}`);          //发起数据查询
        }
        if(type == '602'){
            if(this.modelVal == '自动模式'){
                return swal("请切换为手动模式后进行操作！"," ","error",{button: false,timer: 2000});
            }
            if(val == 2){
                if(this.data602[val].value == '已关闭'){
                    //发送开关命令
                    rtc.sendMessage(this.config.macList.mac_602,`{OD1=16,D1=?}`);
                }
                if(this.data602[val].value == '一级灯'){
                    //发送开关命令
                    rtc.sendMessage(this.config.macList.mac_602,`{OD1=32,D1=?}`);
                }
                if(this.data602[val].value == '二级灯'){
```

```
                    //发送开关命令
                    rtc.sendMessage(this.config.macList.mac_602,`{CD1=48,D1=?}`);
                }
            }else{
                if(this.data602[val].value == '已关闭'){
                    //发送开关命令
                    rtc.sendMessage(this.config.macList.mac_602,`{OD1=${
                            this.data602[val].val},D1=?}`);
                }else{
                    //发送开关命令
                    rtc.sendMessage(this.config.macList.mac_602,`{CD1=${
                            this.data602[val].val},D1=?}`);
                }
            }
        }
        if(type == '603'){
            rtc.sendMessage(this.config.macList.mac_603,`{${val}=?}`);      //发起数据查询
        }
    }else{
        swal("数据服务尚未连接!请检查网络或 IDKEY...","","error",{button: false,timer: 2000});
    }
}
```

5.1.1.4　项目开发

1）系统框架设计

见 4.1.1.3 节。

2）开发流程

本项目基于 AiCam 平台开发，开发流程如下：

（1）项目配置见 4.1.1.3 节。

（2）添加模型。智能家居系统用到了手势识别、人体检测深度学习模型，需要在 aicam 工程添加人手检测模型文件 models/handpose_detection/handdet.bin、handdet.param、手势识别模型文件 models/handpose_detection/handpose.bin、handpose.param、人体检测模型文件 models/person_detection/person_detector.bin、person_detector.param。

（3）添加算法。智能家居系统用到了手势识别、人体检测、百度语音识别等算法，需要在 aicam 工程添加手势识别算法文件 algorithm/handpose_detection/handpose_detection.py、人体检测算法文件 algorithm/person_detection/person_detection.py、语音识别算法文件 algorithm/baidu_speech_recognition/baidu_speech_recognition.py。

（4）添加应用。在 aicam 工程添加算法项目前端应用 static/edge_smarthome。

3）算法交互

（1）手势识别算法。智能家居系统采用 EventSource 接口获取处理后的视频流，通过实时推理接口调用手势识别算法来识别视频流中的手势，返回 base64 编码的结果图像和结果数据。前端应用处理示例如下：

```
/******************************************************************
* 名称：gestureRecognition
* 功能：识别视频流中的手势，对识别到的手势次数进行累计，当累计到 4 次时向相应的家居
```

```
                    设备发送开关命令
    ****************************************************************************/
gestureRecognition(){
    imgData && imgData.close()
    let resultThrottle = true              //将节流结果识别间隔时间设置为 500 ms
    let gestureThrottle = true             //将节流闸门开启间隔时间设置为 8 s
    let count = {}                         //累计手势识别次数
    //请求视频资源
    imgData = new EventSource(this.config.user.edge_addr + this.linkData[1])
    console.log(this.config.user.edge_addr + this.linkData[1]);
    //对视频资源返回的数据进行处理
    imgData.onmessage = res => {
        let {result_image} = JSON.parse(res.data)
        this.homeVideoSrc =   `data:image/jpeg;base64,${result_image}`
        let {result_data} = JSON.parse(res.data)
        //对识别到的手势进行判断（设置间隔不得小于 500 ms 一次）
        if(result_data && resultThrottle){
            resultThrottle = false
            if (result_data.obj_num > 0 && result_data.obj_list[0].score > 0.70 && gestureThrottle) {
                console.log(result_data);
                //设置变量并赋值识别到的手势
                let gesture = result_data.obj_list[0].name
                //为识别到的每个手势设置为对象属性名，初始值为 1。当某个手势的识别
                //次数累计达到 4 次时，向相应的家居设备发送开关命令，并清除计数
                if(count[gesture]){
                    count[gesture] += 1
                    if(count[gesture] == 4 && gesture != 'undefined'){
                        count = {}
                        gestureThrottle = false
                        let index
                        if(gesture == 'one')    index = 1
                        if(gesture == 'two')    index = 2
                        if(gesture == 'three')    index = 3
                        if(gesture == 'four')    index = 4
                        if(gesture == 'five')    index = 5
                        console.log(gesture,index);
                        if(index){
                            if(this.data602[index-1].value == '已关闭'){
                                rtc.sendMessage(this.config.macList.mac_602,`{OD1=${
                                    this.data602[index-1].val},D1=?}`);        //发送开关命令
                                swal(`识别到手势${index},打开${
                                    this.data602[index-1].name} ! `," ",
                                                "success",{button: false,timer: 2000});
                            }else{
                                rtc.sendMessage(this.config.macList.mac_602,`{CD1=${
                                    this.data602[index-1].val},D1=?}`);        //发送开关命令
                                swal(`识别到手势${index},关闭${
                                    this.data602[index-1].name} ! `," ",
```

```
                                                    "success",{button: false,timer: 2000});
                                    }
                                }
                                setTimeout(() => {
                                    gestureThrottle = true
                                }, 3000);
                            }
                        }else{
                            count[gesture] = 1
                        }
                    }
                    setTimeout(() => {
                        resultThrottle = true
                    }, 500);
                }
            }
        }
    }
```

（2）语音识别算法。智能家居系统通过 Ajax 接口将音频数据传递给百度语音识别接口进行语音识别，百度语音识别接口是通过单次推理接口调用的。百度语音识别接口的参数请参考表 4.11。前端应用处理示例如下：

```
/*******************************************************************************
* 名称：speechRecognition()
* 功能：单击"开始录音"按钮开始录制音频，再次单击该按钮可将录制的音频发送到后端进行识别，
       识别结果将显示在页面中，系统根据识别结果对相应的家居设备进行开关操作
*******************************************************************************/
speechRecognition() {
    if (this.recordVal == '开始录音') {
        this.recordVal = '结束录音'
        //开始录音
        recorder.start().then(() => {
        }, (error) => {
            //出错了
            console.log(`${error.name} : ${error.message}`);
        });

    } else {
        this.recordVal = '开始录音'
        //结束录音
        recorder.stop();
        let formData = new FormData();
        formData.set('file_name',recorder.getWAVBlob(),'audio.wav');
        formData.append('param_data', JSON.stringify({
            "APP_ID": this.config.user.baidu_id,
            "API_KEY": this.config.user.baidu_apikey,
            "SECRET_KEY": this.config.user.baidu_secretkey
        }));
```

```
$.ajax({
    url: this.config.user.edge_addr + this.linkData[2],
    method: 'POST',
    processData: false,             //必需的
    contentType: false,             //必需的
    dataType: 'json',
    data: formData,
    headers: { 'X-CSRFToken': this.getCookie('csrftoken') },
    success: result => {
        if(result.code == 200){
            this.recordRsult = result.result_data
            if(result.result_data.indexOf('打开窗帘') > -1){
                swal(`识别到打开窗帘！窗帘开启中...`," ",
                    "success",{button: false,timer: 2000});
                rtc.sendMessage(this.config.macList.mac_602,'{OD1=4,D1=?}');
            }
            if(result.result_data.indexOf('关闭窗帘') > -1){
                swal(`识别到关闭窗帘！窗帘关闭中...`," ",
                    "success",{button: false,timer: 2000});
                rtc.sendMessage(this.config.macList.mac_602,'{CD1=4,D1=?}');
            }
            if(result.result_data.indexOf('打开风扇') > -1){
                swal(`识别到打开风扇！风扇开启中...`," ",
                    "success",{button: false,timer: 2000});
                rtc.sendMessage(this.config.macList.mac_602,'{OD1=8,D1=?}');
            }
            if(result.result_data.indexOf('关闭风扇') > -1){
                swal(`识别到关闭风扇！风扇关闭中...`," ",
                    "success",{button: false,timer: 2000});
                rtc.sendMessage(this.config.macList.mac_602,'{CD1=8,D1=?}');
            }
            if(result.result_data.indexOf('打开灯光') > -1 &&
                            result.result_data.indexOf('灯') > -1){
                swal(`识别到打开灯光！LED 灯开启中...`," ",
                    "success",{button: false,timer: 2000});
                rtc.sendMessage(this.config.macList.mac_602,'{OD1=48,D1=?}');
            }
            if(result.result_data.indexOf('关闭灯光') > -1 &&
                            result.result_data.indexOf('灯') > -1){
                swal(`识别到关闭灯光！LED 灯关闭中...`," ",
                    "success",{button: false,timer: 2000});
                rtc.sendMessage(this.config.macList.mac_602,'{CD1=48,D1=?}');
            }
            if(result.result_data.indexOf('打开空调') > -1){
                swal(`识别到打开空调！空调开启中...`," ",
                    "success",{button: false,timer: 2000});
                rtc.sendMessage(this.config.macList.mac_602,'{OD1=64,D1=?}');
            }
```

```
                if(result.result_data.indexOf('关闭空调') > -1){
                    swal(`识别到关闭空调！空调关闭中...`," ",
                        "success",{button: false,timer: 2000});
                    rtc.sendMessage(this.config.macList.mac_602,'{CD1=64,D1=?}');
                }
                if(result.result_data.indexOf('打开加湿器') > -1){
                    swal(`识别到打开加湿器！加湿器开启中...`," ",
                        "success",{button: false,timer: 2000});
                    rtc.sendMessage(this.config.macList.mac_602,'{OD1=128,D1=?}');
                }
                if(result.result_data.indexOf('关闭加湿器') > -1){
                    swal(`识别到关闭加湿器！加湿器关闭中...`," ",
                        "success",{button: false,timer: 2000});
                    rtc.sendMessage(this.config.macList.mac_602,'{CD1=128,D1=?}');
                }
            }else{
                swal(`控制命令错误！`," ","error",{button: false,timer: 2000});
            }
        },
        error: function(error){
            console.log(error);
            swal(`语音识别失败！`," ","error",{button: false,timer: 2000});
        }
    });
    }
}
```

（3）人体检测算法。当光栅传感器报警时，智能家居系统通过 EventSource 接口获取处理后的视频流，通过实时推理接口调用人体检测算法来识别视频流中的人体，返回 base64编码的结果图像和结果数据。前端应用处理示例如下：

```
/*******************************************************************************
 * 名称：getVisitor
 * 功能：当光栅传感器报警后调用人体检测算法进行检测，并拍照保存，每隔 15 s 拍照一次
 ******************************************************************************/
getVisitor(){
    imgData && imgData.close()
    let resultThrottle = true                   //设置节流结果
    //请求视频资源
    imgData = new EventSource(this.config.user.edge_addr + this.linkData[3])
    console.log(this.config.user.edge_addr + this.linkData[3]);
    //对视频资源返回的数据进行处理
    imgData.onmessage = res => {
        let {result_image} = JSON.parse(res.data)
        this.homeVideoSrc = `data:image/jpeg;base64,${result_image}`
        let {result_data} = JSON.parse(res.data)
        //对识别到的人体进行判断，每隔 15 s 拍照一次
        if(result_data.obj_num > 0 && resultThrottle){
```

```
                console.log(result_data);
                resultThrottle = false
                this.visitorRecord.unshift({          //将检测到的人体图像添加到记录列表中
                    image: this.homeVideoSrc,
                    time: new Date().toLocaleTimeString()
                })
                cocoMessage.error(`检测到人体，请前往监控记录页面查看！`)
                setTimeout(() => {
                    resultThrottle = true
                }, 15000);
            }
        }
    }
```

4）人体检测算法接口设计

```python
################################################################################
#文件：person_detection.py
#说明：人体检测
################################################################################
from PIL import Image,ImageDraw,ImageFont
import numpy as np
import cv2 as cv
import os
import json
import base64
c_dir = os.path.split(os.path.realpath(__file__))[0]


class PersonDetection(object):
    def __init__(self, model_path="models/person_detection"):
        self.model_path = model_path
        self.person_model = PersonDet()
        self.person_model.init(self.model_path)

    def image_to_base64(self, img):
        image = cv.imencode('.jpg', img, [cv.IMWRITE_JPEG_QUALITY, 60])[1]
        image_encode = base64.b64encode(image).decode()
        return image_encode

    def base64_to_image(self, b64):
        img = base64.b64decode(b64.encode('utf-8'))
        img = np.asarray(bytearray(img), dtype="uint8")
        img = cv.imdecode(img, cv.IMREAD_COLOR)
        return img
    def draw_pos(self, img, objs):
        img_rgb = cv.cvtColor(img, cv.COLOR_BGR2RGB)
        pilimg = Image.fromarray(img_rgb)
        #创建 ImageDraw 绘图类
        draw = ImageDraw.Draw(pilimg)
```

```
#设置字体
font_size = 20
font_path = c_dir+"/../../font/wqy-microhei.ttc"
font_hei = ImageFont.truetype(font_path, font_size, encoding="utf-8")

for obj in objs:
    loc = obj["location"]
    draw.rectangle((loc["left"], loc["top"], loc["left"]+loc["width"],
                    loc["top"]+loc["height"]), outline='green',width=2)
    msg =    "%.2f"%obj["score"]
    draw.text((loc["left"], loc["top"]-font_size*1), msg, (0, 255, 0), font=font_hei)
result = cv.cvtColor(np.array(pilimg), cv.COLOR_RGB2BGR)
return result
def inference(self, image, param_data):
    #code：识别成功返回 200
    #msg：相关提示信息
    #origin_image：原始图像
    #result_image：处理之后的图像
    #result_data：结果数据
    return_result = {'code': 200, 'msg': None, 'origin_image':
                    None, 'result_image': None, 'result_data': None}

    #实时视频接口：@__app.route('/stream/<action>')
    #image：摄像头实时传递过来的图像
    #param_data：必须为 None
    result = self.person_model.detect(image)
    result = json.loads(result)
    if result["code"] == 200 and result["result"]["obj_num"] > 0:
        r_image = self.draw_pos(image, result["result"]["obj_list"])
    else:
        r_image = image
    return_result["code"] = result["code"]
    return_result["msg"] = result["msg"]
    return_result["result_image"] = self.image_to_base64(r_image)
    return_result["result_data"] = result["result"]
    return return_result

#单元测试，如果处理类中引用了文件，则在单元测试中要修改文件路径
if __name__=='__main__':

    from persondet import PersonDet
    #创建视频捕获对象
    cap=cv.VideoCapture(0)
    if cap.isOpened()!=1:
        pass
    #循环获取图像、处理图像、显示图像
    while True:
        ret,img=cap.read()
```

```
                    if ret==False:
                        break
                    #创建图像处理对象
                    img_object=PersonDetection(c_dir+'/../../models/person_detection')
                    #调用图像处理函数对图像进行加工处理
                    result=img_object.inference(img,None)
                    frame = img_object.base64_to_image(result["result_image"])

                    #图像显示
                    cv.imshow('frame',frame)
                    key=cv.waitKey(1)
                    if key==ord('q'):
                        break
                cap.release()
                cv.destroyAllWindows()
        else :
            from .persondet import PersonDet
```

5）语音识别算法接口设计

```
##################################################################################
#文件：baidu_speech_recognition.py
#说明：语音识别
##################################################################################
import os
import wave
import numpy as np
from aip import AipSpeech
import ffmpeg
import tempfile

class BaiduSpeechRecognition(object):
    def __init__(self):
        pass

    def __check_wav_file(self,filePath):
        #读取 wav 文件
        wave_file = wave.open(filePath, 'r')
        #获取文件的帧率和通道
        frame_rate = wave_file.getframerate()
        channels = wave_file.getnchannels()
        wave_file.close()
        if frame_rate == 16000 and channels == 1:
            return True
            #feature_path=filePath
        else:
            return False

    def inference(self, wave_data, param_data):
```

```
#code: 识别成功返回 200
#msg: 相关提示信息
#origin_image: 原始图像
#result_image: 处理之后的图像
#result_data: 结果数据
return_result = {'code': 200, 'msg': None, 'origin_image': None,
                'result_image': None, 'result_data': None}

#应用请求接口: @__app.route('/file/<action>', methods=["POST"])
#wave_data: 应用传递过来的数据（根据实际应用可能为图像、音频、视频、文本）:
#语音数据，格式为 wav，帧率为 16000
#param_data: 应用传递过来的参数，不能为空
if param_data != None:
    fd, path = tempfile.mkstemp()
    try:
        with os.fdopen(fd, 'wb') as tmp:
            tmp.write(wave_data)
        if not self.__check_wav_file(path):
            fd2, path2 = tempfile.mkstemp()
            ffmpeg.input(path).output(path2, ar=16000).run()
            os.remove(path)
            path = path2
        f = open(path, "rb")
        f.seek(4096)
        pcm_data = f.read()
        f.close()
    finally:
        os.remove(path)

#调用百度语音识别接口，通过以下用户密钥连接百度服务器
#APP_ID: 百度应用 ID
#API_KEY: 百度 API_KEY
#SECRET_KEY: 百度用户密钥
client = AipSpeech(param_data['APP_ID'], param_data['API_KEY'], param_data['SECRET_KEY'])
#语音文件的格式为 pcm，帧率为 16000，dev_pid 为普通话（纯中文识别）
response = client.asr(pcm_data,'pcm', 16000, {'dev_pid': 1537,})

#处理服务器返回结果
if response['err_msg']=='success.':
    return_result["code"] = 200
    return_result["msg"] = "语音识别成功！"
    return_result["result_data"] = response['result'][0]
else:
    return_result["code"] = 500
    return_result["msg"] = response['err_msg']
return return_result
```

#单元测试，如果处理类中引用了文件，则在单元测试中要修改文件路径

```
if __name__=='__main__':
    #创建音频处理对象
    test = BaiduSpeechRecognition()
    param_data = {"APP_ID":"12345678", "API_KEY":"12345678", "SECRET_KEY":"12345678"}
    with open("./test.wav", "rb") as f:
        wdat = f.read()
        result = test.inference(wdat, param_data)
    print(result["result_data"])
```

6）手势识别算法接口设计

```
################################################################################
#文件： handpose_detection.py
#说明： 手势识别
################################################################################
from PIL import Image,ImageDraw,ImageFont
import numpy as np
import cv2 as cv
import os
import json
import base64
c_dir = os.path.split(os.path.realpath(__file__))[0]

class HandposeDetection(object):
    def __init__(self, model_path="models/handpose_detection"):
        self.model_path = model_path
        self.handpose_model = HandDetector()
        self.handpose_model.init(self.model_path)

    def image_to_base64(self, img):
        image = cv.imencode('.jpg', img, [cv.IMWRITE_JPEG_QUALITY, 60])[1]
        image_encode = base64.b64encode(image).decode()
        return image_encode

    def base64_to_image(self, b64):
        img = base64.b64decode(b64.encode('utf-8'))
        img = np.asarray(bytearray(img), dtype="uint8")
        img = cv.imdecode(img, cv.IMREAD_COLOR)
        return img

    def draw_pos(self, img, objs):
        img_rgb = cv.cvtColor(img, cv.COLOR_BGR2RGB)
        pilimg = Image.fromarray(img_rgb)
        #创建 ImageDraw 绘图类
        draw = ImageDraw.Draw(pilimg)
        #设置字体
        font_size = 20
        font_path = c_dir+"/../../font/wqy-microhei.ttc"
        font_hei = ImageFont.truetype(font_path, font_size, encoding="utf-8")

        for obj in objs:
            loc = obj["location"]
```

```
                draw.rectangle((loc["left"], loc["top"], loc["left"]+loc["width"],
                            loc["top"]+loc["height"]), outline='green',width=2)
            msg = obj["name"]+": %.2f"%obj["score"]
            draw.text((loc["left"], loc["top"]-font_size*1), msg, (0, 255, 0), font=font_hei)

            color1 = (10, 215, 255)
            color2 = (255, 115, 55)
            color3 = (5, 255, 55)
            color4 = (25, 15, 255)
            color5 = (225, 15, 55)
            marks = obj["mark"]
            for j in range(len(marks)):
                kp = obj["mark"][j]

                draw.ellipse(((kp["x"]-4, kp["y"]-4), (kp["x"]+4,kp["y"]+4)),
                            fill=None,outline=(255,0,0),width=2)
                color = (color1,color2,color3,color4,color5)
                ii = j //4
                if   j==0 or j / 4 != ii:
                    draw.line(((marks[j]["x"],marks[j]["y"]),(marks[j+1]["x"],
                                marks[j+1]["y"])), fill=color[ii],width=2)

            draw.line(((marks[0]["x"],marks[0]["y"]),(marks[5]["x"],
                        marks[5]["y"])), fill=color[1],width=2)
            draw.line(((marks[0]["x"],marks[0]["y"]),(marks[9]["x"],
                        marks[9]["y"])), fill=color[2],width=2)
            draw.line(((marks[0]["x"],marks[0]["y"]),(marks[13]["x"],
                        marks[13]["y"])), fill=color[3],width=2)
            draw.line(((marks[0]["x"],marks[0]["y"]),(marks[17]["x"],
                        marks[17]["y"])), fill=color[4],width=2)

    result = cv.cvtColor(np.array(pilimg), cv.COLOR_RGB2BGR)
    return result

def inference(self, image, param_data):
    #code: 识别成功返回 200
    #msg: 相关提示信息
    #origin_image: 原始图像
    #result_image: 处理之后的图像
    #result_data: 结果数据
    return_result = {'code': 200, 'msg': None, 'origin_image': None,
                    'result_image': None, 'result_data': None}

    #实时视频接口: @__app.route('/stream/<action>')
    #image: 摄像头实时传递过来的图像
    #param_data: 必须为 None
    result = self.handpose_model.detect(image)
    result = json.loads(result)
    if result["code"] == 200 and result["result"]["obj_num"] > 0:
        r_image = self.draw_pos(image, result["result"]["obj_list"])
    else:
        r_image = image
```

```
                    return_result["code"] = result["code"]
                    return_result["msg"] = result["msg"]
                    return_result["result_image"] = self.image_to_base64(r_image)
                    return_result["result_data"] = result["result"]
                    return return_result

#单元测试，如果处理类中引用了文件，则在单元测试中要修改文件路径
if __name__=='__main__':

        from handpose import HandDetector
        #创建视频捕获对象
        cap=cv.VideoCapture(0)
        if cap.isOpened()!=1:
            pass
        #循环获取图像、处理图像、显示图像
        while True:
            ret,img=cap.read()
            if ret==False:
                break
            #创建图像处理对象
            img_object=HandposeDetection(c_dir+'/../../models/handpose_detection')
            #调用图像处理函数对图像进行加工处理
            result=img_object.inference(img,None)
            frame = img_object.base64_to_image(result["result_image"])

            #图像显示
            cv.imshow('frame',frame)
            key=cv.waitKey(1)
            if key==ord('q'):
                break
        cap.release()
        cv.destroyAllWindows()
else :
        from .handpose import HandDetector
```

5.1.2　开发步骤与验证

5.1.2.1　项目部署

1）硬件部署

见 4.1.2.1 节。

2）工程部署

（1）运行 MobaXterm 工具，通过 SSH 登录到边缘计算网关。

（2）在 SSH 终端执行以下命令，创建项目工程目录。

```
$ mkdir -p ~/aiedge-exp
```

（3）通过 SSH 将本项目开发工程代码和 aicam 工程包上传到~/aiedge-exp 目录下，并采用 unzip 命令进行解压缩。

```
$ unzip edge_smarthome.zip
```

```
$ unzip aicam.zip -d edge_smarthome
```

（4）修改工程配置文件 static/edge_smarthome/js/config.js 内的智云账号、百度账号、硬件地址、边缘服务地址等信息，示例如下：

```
user: {
    id: '12345678',                              //智云账号
    key: '12345678',                             //智云密钥
    addr: 'wss://api.zhiyun360.com:28090',       //智云服务地址（调用录音需要 HTTPS 链接）
    edge_addr: 'https://192.168.100.200:1446',   //边缘服务地址（调用录音需要 HTTPS 链接）
    baidu_id: '12345678',                        //百度应用 ID
    baidu_apikey: '12345678',                    //百度应用 APIKEY
    baidu_secretkey: '12345678',                 //百度应用 SECREKEY
},

//定义本地存储参数（MAC 地址）
    macList: {
    mac_601: '01:12:4B:00:E3:7D:D6:64',          //Sensor-A 采集类传感器
    mac_602: '01:12:4B:00:27:22:AC:4E',          //Sensor-B 控制类传感器
    mac_603: '01:12:4B:00:E5:24:1F:F1',          //Sensor-C 安防类传感器
},
```

（5）通过 SSH 将修改好的文件上传到边缘计算网关。

3）工程运行

（1）在 SSH 终端输入以下命令运行项目工程。

```
$ cd ~/aiedge-exp/edge_smarthome
$ chmod 755 start_aicam.sh
$ conda activate py36_tf114_torch15_cpu_cv345      //Ubuntu 20.04 操作系统下需要切换环境
$ ./start_aicam.sh
//开始运行脚本
* Serving Flask app "start_aicam" (lazy loading)
* Environment: production
    WARNING: Do not use the development server in a production environment.
    Use a production WSGI server instead.
* Debug mode: off
* Running on http://0.0.0.0:4001/ (Press CTRL+C to quit)
```

（2）在客户端或者边缘计算网关端打开 Chrome 浏览器，输入项目页面地址 https://192.168.100.200:1446/static/edge_smarthome/index.html，即可查看项目内容。

5.1.2.2 智能家居系统开发验证

1）智慧物联

（1）应用设置。第一次登录智能家居系统后，单击主页右上方的"设置"按钮可设置相应的参数（默认情况下会读取 static/edge_smarthome/js/config.js 内的初始配置），如智云账号、节点地址、百度 AI 账号等。设置参数后，在智云账号界面单击"连接"按钮即可连接到数据服务，连接成功后会弹出消息提示。智能家居系统的应用设置页面如图 5.6 所示。

图 5.6　智能家居系统的应用设置界面

（2）应用交互。在智能家居系统的首页可以看到智能家居硬件的数据，包括 Sensor-A 采集类传感器的数据（如温度、湿度、光照度、空气质量、大气压强），Sensor-B 控制类传感器的数据（窗帘、风扇、LED 灯、空调、加湿器），以及 Sensor-C 安防类传感器的数据［如人体、霍尔（门磁）、火焰、燃气、光栅］，如图 5.7 所示。

图 5.7　智能家居系统的首页（手动模式）

Sensor-A 采集类传感器在默认情况下每 30 s 更新一次数据，Sensor-C 安防类传感器在发生警报事件时每隔 3 s 更新一次数据，首页的数据会相应地进行更新。Sensor-B 控制类传感器可通过单击首页中的相应图标来进行开关操作。

（3）模式控制。单击首页右下角的模式按钮可切换手动模式和自动模式。当设置为自动模式时，AI 识别功能将不可用，系统可根据传感器设置的阈值自动控制相关的硬件设备，如图 5.8 所示

图 5.8　智能家居系统的首页（自动模式）

在自动模式下，智能家居系统可以根据采集的环境信息自动调节家居设备。例如，当实际温度高于设置的温度阈值时，就会打开空调（用于降温）；当温度低于设置的温度阈值时，就会关闭空调（停止降温）。对于家居环境的光照度、空气质量，智能家居系统也可以根据实际的光照度、湿度、空气质量，来自动调节相应的窗帘、加湿器和风扇等家居设备。

2）手势交互

（1）在摄像头的视线范围中摆好手势进行手势识别，当成功识别到手势后，可对相应的家居设备进行操作。例如，当识别到手势 5 时，则对加湿器进行操作，如图 5.9 所示。

（2）在成功识别手势后，等待 3 s 后才会进行下一次的手势识别，如果之前的某个家居设备是打开状态，再次识别到相应的手势时，则会关闭该家居设备。例如，再次识别到手势 5 时，就关闭加湿器，如图 5.10 所示。

3）语音交互

（1）单击智能家居系统首页右下角的麦克风图表即可开始录制语音，并通过语音识别来控制家居设备。例如，可通过语音"打开窗帘"来控制步进电机反转，从而开启窗帘，如图 5.11 所示。

图 5.9　根据手势对加湿器进行操作（打开加湿器）

图 5.10　根据手势对加湿器进行操作（关闭加湿器）

4）入侵监测

当使用不透光的卡片穿过光栅传感器时，光栅传感器会报警（上报状态 1，光栅传感器会每 3 s 上报一次状态 1），此时智能家居系统会通过人体检测算法进行人体检测。当识别到人体时，智能家居系统会弹出警报消息，并将图像存储到报警页面。当光栅传感器一直处于报警状态时，智能家居系统会每隔 15 s 检测一次人体，并存储相应的图像。智能家居系统的报警界面如图 5.12 所示，智能家居系统在检测到人体入侵时抓拍的画面如图 5.13 所示。

图 5.11　打开窗帘

图 5.12　智能家居系统的报警界面

图 5.13　智能家居系统在检测到人体入侵时抓拍的画面

如果采用的是利用虚拟仿真创建的光栅传感器，光栅传感器的状态设置为 1，表示当前处于光栅报警状态，如图 5.14 所示。

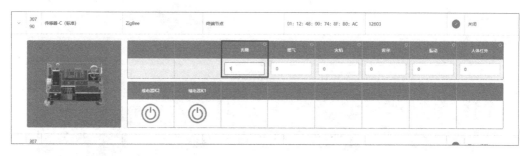

图 5.14　将虚拟仿真创建的光栅传感器的状态设置为 1

5.1.3　本节小结

本节首先分析了智能家居系统的需求和发展趋势；然后介绍了智能家居系统的系统框架和系统功能，在此基础上完成了硬件设计和通信设计；接着借助 AiCam 平台给出了智能家居系统的开发流程、算法交互、人体检测算法、语音识别接口设计；最后对智能家居系统进行了验证。

5.1.4　思考与拓展

（1）简述智能家居系统的发展趋势。

（2）机器视觉技术在智能家居系统中是如何应用的？

（3）简述智能家居系统的开发过程。

5.2 辅助驾驶系统设计与开发

辅助驾驶系统旨在为驾驶员提供额外的安全和便利，该系统通过传感器、计算机视觉、控制系统和数据处理等技术来辅助驾驶员驾驶车辆。辅助驾驶系统可在不同的操控级别下运行，从简单的辅助驾驶到更高级的自动驾驶。

本节的知识点如下：

- 了解辅助驾驶系统的应用场景、需求分析。
- 掌握辅助驾驶系统的框架设计、功能设计、硬件设计。
- 掌握基于手势识别、语音识别和驾驶行为检测的辅助驾驶系统开发。

5.2.1　原理分析与开发设计

5.2.1.1　辅助驾驶系统框架分析

1）需求分析

辅助驾驶系统是一种集成了传感器、计算机视觉、深度学习和控制系统等技术的汽车安全技术，旨在提高驾驶的安全性、舒适性和效率。辅助驾驶系统涉及的主要技术如下：

（1）传感器技术。辅助驾驶系统需要通过多种传感器来感知车辆周围的环境，主要的传感器包括：

- 雷达：用于检测与其他车辆、行人和障碍物的相对位置和速度。
- 摄像头：通过计算机视觉技术来识别道路标志、车道线和交通信号等。
- 激光雷达：提供更精确的距离测量。
- 超声波传感器：用于对近距离障碍物进行检测，如停车辅助系统。
- GPS：用于车辆定位和导航。

（2）数据处理和计算机视觉。辅助驾驶系统使用计算机视觉技术和深度学习算法来处理传感器数据，用于识别道路标志、车辆、行人和其他交通参与者，建立车辆周围的环境模型。这些算法可以运行在车辆上的高性能计算平台，如 GPU 或 FPGA。

（3）控制系统。辅助驾驶系统的控制部分负责根据感知数据采取行动，如转向、制动和加速，这些控制系统通常包括自动驾驶控制算法，以及与车辆操控相关的系统（如转向、制动、油门）。

（4）高精度地图。辅助驾驶系统需要使用高精度地图来辅助定位和路径规划，高精度地图包含了道路的几何信息、交通信号和其他重要的导航数据。

（5）通信和云连接。有些辅助驾驶系统还连接云服务器，以获取实时交通和路况信息，同时可以与其他车辆进行通信，以改善交通流量和安全性。

辅助驾驶系统具有多种用途，旨在提高驾驶的安全性、舒适性和效率，主要包括：

（1）自适应巡航控制系统。自适应巡航控制系统使用雷达、激光雷达或摄像头来监测前方车辆的速度和距离，自动调整车辆的速度以保持安全的车距，可提供更舒适的驾驶体验，减少驾驶员的疲劳。

（2）车道保持辅助系统。车道保持辅助系统使用摄像头来检测车辆在车道内的位置，并在必要时自动调整方向，以防止车辆意外偏离车道，有助于减少事故，特别是在长时间驾驶或疲劳驾驶时。

（3）自动停车系统。自动停车系统利用传感器和摄像头来帮助驾驶员进行平行或垂直停车，可避免停车过程中的刮擦和碰撞，使停车更加方便。

（4）交通拥堵辅助系统。交通拥堵辅助系统可以在交通拥堵时自动控制车辆的加速和制动，减少驾驶员的压力，提高交通流畅性。

（5）盲点监测系统。盲点监测系统使用传感器来检测车辆周围的盲点区域，当有其他车辆进入盲点时，系统会发出警告，帮助驾驶员避免变道时的事故。

（6）自动紧急制动系统。自动紧急制动系统在检测到潜在碰撞威胁时可以自动刹车，以减少事故的严重程度或避免事故。

（7）高速公路辅助驾驶系统。高速公路辅助驾驶系统允许驾驶员在高速公路上使用更高级别的辅助功能，如自动驾驶、车道变更辅助等。

（8）辅助停车系统。除了自动停车，一些车型还配备了辅助停车系统，可帮助驾驶员找到合适的停车位，并辅助驾驶员完成停车。

（9）驾驶员监控系统。驾驶员监控系统可监测驾驶员的注意力和疲劳程度，并在必要时提醒驾驶员休息或警告驾驶员注意安全。

（10）交通标志识别系统。交通标志识别系统使用摄像头识别道路上的交通标志，如限速标志、停车标志和禁止标志，并向驾驶员显示相关信息。

2）系统框架

从边缘计算的角度看，辅助驾驶系统可分为硬件层、边缘层、应用层，如图 5.15 所示。

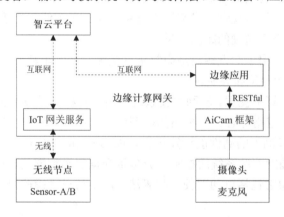

图 5.15　辅助驾驶系统的结构

（1）硬件层：无线节点和 Sensor-A 采集类传感器、Sensor-B 控制类传感器构成了辅助驾驶系统的硬件层。

（2）边缘层：包括边缘计算网关内置 IoT 网关服务和 AiCam 框架。IoT 网关服务负责接收和下发无线节点的数据，发送给应用端或者将数据发给云端的智云平台。AiCam 框架内置了算法、模型、视频推流等服务，支持应用层的边缘计算推理任务。

（3）应用层：通过智云接口与 IoT 的硬件层交互（默认与云端的智云平台的接口交互），通过 AiCam 的 RESTful 接口与算法层交互。

5.2.1.2　功能设计

1）功能模块设计

本项目的智能辅助系统可分为以下功能模块：

（1）智慧物联：实时显示车内环境、设备的数据。

（2）手势交互：调用摄像头实时进行手势开关车内设备的操作，在本项目中，手势 1 表示对车窗进行开关操作、手势 2 表示对风扇进行开关操作、手势 3 表示对空调进行开关操作。

（3）语音交互：单击辅助驾驶系统界面的"语音识别"按钮可录制语音，录制结束后进行语音识别，从而打开/关闭车窗、风扇、空调。

（4）驾驶行为检测：利用摄像头对驾驶员的头部、面部及眼部动作等进行检测，针对驾驶员疲劳及注意力分散等危险状态进行实时预警。

（5）应用设置：对项目的智云账号、设备地址、百度账号进行设置。

2）功能框架设计

辅助驾驶系统的功能框架如图 5.16 所示。

图 5.16　辅助驾驶系统的功能框架

5.2.1.3　硬件与通信设计

1）硬件设计

辅助驾驶系统采用 LiteB 无线节点、Sensor-A 采集类传感器、Sensor-B 控制类传感器来完成一套辅助驾驶系统硬件的搭建，也可以通过虚拟仿真软件来创建一个辅助驾驶系统项目，并添加对应的传感器。

（1）Sensor-A 采集类传感器：主要用于检测温湿度、大气压强，其虚拟控制平台如图 5.3 所示。

（2）Sensor-B 控制类传感器：主要用于控制窗帘（步进电机）、风扇、LED 灯、空调（继电器 K1），其虚拟控制平台如图 5.4 所示。

2）通信协议设计

辅助驾驶系统的通信协议如表 5.2 所示。

表 5.2　辅助驾驶系统的通信协议

节点名称	TYPE	参　数	属　性	权限	说　　明
Sensor-A 采集类传感器	601	A0	温度	R	温度值，浮点型，精度为 0.1，范围为－40.0～105.0，单位为℃
		A1	湿度	R	湿度值，浮点型，精度为 0.1，范围为 0～100.0，单位为%RH

节点名称	TYPE	参数	属性	权限	说　明
Sensor-A 采集类传感器	601	A2	光照度	R	光照度值,浮点型,精度为 0.1,范围为 0～65535.0,单位为 lx
		A3	空气质量	R	空气质量值,表征空气污染程度,整型,范围为 0～20000,单位为 ppm
		A4	大气压强	R	大气压强值,浮点型,精度为 0.1,范围为 800.0～1200.0,单位为 hPa
		A5	跌倒状态	R	通过三轴传感器计算出跌倒状态,0 表示未跌倒,1 表示跌倒
		A6	距离	R	距离值,浮点型,精度为 0.1,范围为 10.0～80.0,单位为 cm
		D0(OD0/CD0)	上报状态	R/W	D0 的 Bit0～Bit7 分别代表 A0～A7 的上报状态,1 表示主动上报,0 表示不上报
		D1(OD1/CD1)	继电器	R/W	D1 的 Bit6～Bit7 分别代表继电器 K1、K2 的开关状态,0 表示断开,1 表示吸合
		V0	上报时间间隔	R/W	A0～A7 和 D1 的主动上报时间间隔,默认为 30,单位为 s
Sensor-B 控制类传感器	602	D1(OD1/CD1)	RGB	R/W	D1 的 Bit0～Bit1 代表 RGB 三色灯的颜色状态,00 表示关、01 表示红色、10 表示绿色、11 表示蓝色
		D1(OD1/CD1)	步进电机	R/W	D1 的 Bit2 表示步进电机的正反转动状态,0 表示正转、1 表示反转
		D1(OD1/CD1)	风扇/蜂鸣器	R/W	D1 的 Bit3 表示风扇/蜂鸣器的开关状态,0 表示关闭,1 表示打开
		D1(OD1/CD1)	LED	R/W	D1 的 Bit4～Bit5 表示 LED1、LED2 的开关状态,0 表示关闭,1 表示打开
		D1(OD1/CD1)	继电器	R/W	D1 的 Bit6～Bit7 表示继电器 K1、K2 的开关状态,0 表示断开,1 表示吸合
		V0	上报间隔	R/W	A0～A7 和 D1 的循环上报时间间隔

3）硬件通信设计

前端应用中的硬件控制部分通过智云 ZCloud API 连接到硬件系统,前端应用处理示例如下:

```
/********************************************************************
 * 名称:getConnect()
 * 功能:建立实时连接服务,监听数据并进行处理
 ********************************************************************/
getConnect() {                                        //建立连接服务的函数
    rtc = new WSNRTConnect(this.config.user.id, this.config.user.key)
    rtc.setServerAddr(this.config.user.addr);
    rtc.connect();
    rtc.onConnect = () => {                            //连接成功回调函数
        this.onlineBtn = '断开'
        setTimeout(() => {
            if (this.onlineBtn == '断开') {
                cocoMessage.success(`数据服务连接成功!查询数据中...`)
```

```
                //发起数据查询
                rtc.sendMessage(this.config.macList.mac_601, this.config.sensor.mac_601.query);
                rtc.sendMessage(this.config.macList.mac_602, this.config.sensor.mac_602.query);
            }
        }, 200);
    }
    rtc.onConnectLost = () => {                            //数据服务掉线回调函数
        this.onlineBtn = '连接'
        cocoMessage.error(`数据服务连接失败!请检查网络或 IDKEY...`)
    };

    rtc.onmessageArrive = (mac, dat) => {                  //消息处理回调函数
        if (dat[0] == '{' && dat[dat.length - 1] == '}') {
            let its = dat.slice(1, -1).split(',')
            //截取后台返回的 JSON 对象（去掉{}符号）后，以","分割为数组
            for (let i = 0; i < its.length; i++) {         //循环遍历数组的每一个值
                let t = its[i].split("=");                 //将每个值以"="分割为数组
                if (t.length != 2) continue;
                //mac_601 采集类传感器
                if (mac == this.config.macList.mac_601) {
                    if (t[0] == 'A0') {                    //温度
                        this.data601[0].value = t[1]
                    }
                    if (t[0] == 'A1') {                    //湿度
                        this.data601[1].value = t[1]
                    }
                    if (t[0] == 'A3') {                    //TVOC
                        this.data601[2].value = t[1]
                    }
                }

                //mac_602 控制类传感器
                if (mac == this.config.macList.mac_602) {
                    if (t[0] == 'D1') {
                        if (t[1] & 4) {                    //车窗
                            this.data602[0].value = '已开启'
                        } else {
                            this.data602[0].value = '已关闭'
                        }
                        if (t[1] & 8) {                    //风扇
                            this.data602[1].value = '已开启'
                        } else {
                            this.data602[1].value = '已关闭'
                        }
                        if (t[1] & 64) {                   //空调
                            this.data602[2].value = '已开启'
                        } else {
                            this.data602[2].value = '已关闭'
```

```
                    }
                }
            }

            }
        }
    }
}
****************************************************************************
* 名称：control()
* 功能：根据单击的模块发送相应的查询或控制命令
* 参数：index 是对应数据列表的索引
****************************************************************************
control(index) {
    if (this.ADAS[0].switch) return cocoMessage.error("智能模式下禁止操作!");
    if (this.onlineBtn == '断开') {
        if (this.data602[index].value == '已关闭') {
            //发送开关命令
            rtc.sendMessage(this.config.macList.mac_602, `{OD1=${this.data602[index].val},D1=?}`);
            console.log(this.config.macList.mac_602, `{OD1=${this.data602[index].val},D1=?}`);
        } else {
            //发送开关命令
            rtc.sendMessage(this.config.macList.mac_602, `{CD1=${this.data602[index].val},D1=?}`);
            console.log(this.config.macList.mac_602, `{CD1=${this.data602[index].val},D1=?}`);
        }
    } else {
        swal("数据服务尚未连接!请检查网络或 IDKEY...", " ", "error", { button: false, timer: 2000 });
    }
},
```

5.2.1.4　项目开发

1）系统框架设计

见 4.1.1.3 节。

2）开发流程

本项目基于 AiCam 平台开发，开发流程如下：

（1）项目配置见 4.1.1.3 节。

（2）添加模型。辅助驾驶系统用到了手势识别深度学习模型，需要在 aicam 工程添加人手检测模型文件 models/handpose_detection/handdet.bin 和 models/handpose_detection/handdet.param、手势识别模型文件 models/handpose_detection/handpose.bin 和 models/handpose_detection/handpose.param。

（3）添加算法。辅助驾驶系统用到了手势识别、百度语音识别接口、百度驾驶行为分析算法，需要在 aicam 工程添加手势识别算法文件 algorithm/handpose_detection/handpose_detection.py、百度语音识别接口文件 algorithm/baidu_speech_recognition/baidu_speech_recognition.py、百度驾驶行为分析算法文件 algorithm/baidu_driving_behavior_analysis/baidu_driving_behavior_analysis.py。

（4）添加应用。在 aicam 工程添加算法项目前端应用 static/edge_autopilot。

3）算法交互

（1）手势识别算法。辅助驾驶系统采用 EventSource 接口获取处理后的视频流，通过实时推理接口调用手势识别算法来识别视频流中的手势，返回 base64 编码的结果图像和结果数据。前端应用处理示例如下：

```
/******************************************************************************
 * 名称：toggleVideo
 * 功能：切换视频功能（在普通视频流和手势识别之间切换）
 * 注释：切换到手势识别后，对识别到的手势次数进行累计，当累计到 5 次时向相应的设备
 *       发送开关命令
 ******************************************************************************/
toggleVideo() {
    if (this.ADAS[0].switch) return cocoMessage.error("智能模式下禁止操作!");

    imgData && imgData.close()
    let resultThrottle = true          //将节流结果识别间隔时间设置为 500 ms
    let gestureThrottle = true         //将节流闸门开启间隔时间设置为 3 s
    let count = {}                     //累计手势识别次数

    let url = null
    console.log(this.ADAS[0].switch);
    if (this.ADAS[1].switch) {
        this.ADAS[1].switch = false
        url = this.config.user.edge_addr + this.linkData[0]
    } else {
        this.ADAS[1].switch = true
        url = this.config.user.edge_addr + this.linkData[1]
    }
    //请求视频资源
    imgData = new EventSource(url)
    console.log(url);
    //对视频资源返回的数据进行处理
    imgData.onmessage = res => {
        let { result_image } = JSON.parse(res.data)
        this.videoSrc = `data:image/jpeg;base64,${result_image}`
        let { result_data } = JSON.parse(res.data)
        //对识别到的手势进行判断（设置添加间隔不得小于 500 ms 一次）
        if (result_data && resultThrottle && this.ADAS[1].switch) {
            resultThrottle = false
            if (result_data.obj_num > 0 && result_data.obj_list[0].score > 0.70 && gestureThrottle) {
                console.log(result_data);
                //设置变量并赋值识别到的手势
                let gesture = result_data.obj_list[0].name
                //为识别到的每个手势设置为对象属性名，初始值为 1。当某个手势的识别
                //次数累计达到 5 次时，向相应的设备发送开关命令，并清除计数
                if (count[gesture]) {
```

```
                        count[gesture] += 1
                        if (count[gesture] === 4 && gesture != 'undefined') {
                            count = {}
                            gestureThrottle = false
                            let index
                            if (gesture === 'one') index = 1
                            if (gesture === 'two') index = 2
                            if (gesture === 'three') index = 3
                            //if (gesture === 'four') index = 4
                            //if (gesture === 'five') index = 5
                            console.log(gesture, index);
                            if (index) {
                                if (this.data602[index - 1].value === '已关闭') {
                                    //发送开关命令
                                    rtc.sendMessage(this.config.macList.mac_602,
                                            `{OD1=${this.data602[index - 1].val},D1=?}`);
                                    swal(`识别到手势${index},打开${this.data602[index - 1].name}！`,
                                        " ", "success", { button: false, timer: 2000 });
                                } else {
                                    //发送开关命令
                                    rtc.sendMessage(this.config.macList.mac_602,
                                            `{CD1=${this.data602[index - 1].val},D1=?}`);
                                    swal(`识别到手势${index},关闭${this.data602[index - 1].name}！`,
                                        " ", "success", { button: false, timer: 2000 });
                                }
                            }
                            setTimeout(() => {
                                gestureThrottle = true
                            }, 3000);
                        } else {
                            count[gesture] = 1
                        }
                    }
                    setTimeout(() => {
                        resultThrottle = true
                    }, 500);
                }
            }
    },
```

手势识别算法的参数如表 5.3 所示。

表 5.3　手势识别算法的参数

参　　数	示　　例
url	"/file/baidu_speech_recognition"
method	'POST'

续表

参　　数	示　　例
processData	false
contentType	false
dataType	'json'

data	let config = configData
	let blob = recorder.getWAVBlob();
	let formData = new FormData();
	formData.set('file_name',blob,'audio.wav');
	formData.append('param_data', JSON.stringify({"APP_ID":config.user.baidu_id,
	"API_KEY":config.user.baidu_apikey, "SECRET_KEY":config.user.baidu_secretkey}));

success	function(res){}内容： return_result = {'code': 200, 'msg': None, 'origin_image': None, 'result_image': None, 'result_data': None} 示例： code/msg：200 表示手势识别成功、500 表示手势识别失败 result_data：返回手势识别的文本内容

（2）百度语音识别接口。辅助驾驶系统通过 Ajax 接口将音频数据传递给百度语音识别
接口进行识别，百度语音识别接口是通过单次推理接口调用的。前端应用处理示例如下：

```
/***************************************************************************************
* 名称：speechRecognition()
* 功能：单击"语音识别"按钮开始录音，再次单击该按钮可将录制的音频发送到后端进行识别，
*       在系统的界面显示识别结果，并根据识别的结果对相应的硬件进行操作
****************************************************************************************/
speechRecognition() {
    if (!this.ADAS[2].switch) {
        if (this.ADAS[0].switch) return cocoMessage.error("智能模式下禁止操作!");
        this.ADAS[2].switch = true
        //开始录音
        recorder.start().then(() => {
            cocoMessage.success("录音中，请发出命令!再次单击后结束录音...");
        }, (error) => {
            //出错了
            console.log(`${error.name} : ${error.message}`);
        });

    } else {
        if (this.ADAS[0].switch) return
        //结束录音
        recorder.stop();
        this.ADAS[2].switch = false
        cocoMessage.success("录音完毕，命令识别中!");

        let formData = new FormData();
        formData.set('file_name', recorder.getWAVBlob(), 'audio.wav');
        formData.append('param_data', JSON.stringify({
```

```javascript
                    "APP_ID": this.config.user.baidu_id,
                    "API_KEY": this.config.user.baidu_apikey,
                    "SECRET_KEY": this.config.user.baidu_secretkey
                }));
                $.ajax({
                    url: this.config.user.edge_addr + this.linkData[2],
                    method: 'POST',
                    processData: false,                  //必需的
                    contentType: false,                  //必需的
                    dataType: 'json',
                    data: formData,
                    headers: { 'X-CSRFToken': this.getCookie('csrftoken') },
                    success: result => {
                        if (result.code == 200) {
                            console.log(result.result_data)
                            if (result.result_data.indexOf('开') > -1 && result.result_data.indexOf('窗') > -1) {
                                swal(`车窗开启中...`, " ", "success", { button: false, timer: 2000 });
                                rtc.sendMessage(this.config.macList.mac_602, '{OD1=4,D1=?}');
                            }
                            if (result.result_data.indexOf('关') > -1 && result.result_data.indexOf('窗') > -1) {
                                swal(`车窗关闭中...`, " ", "success", { button: false, timer: 2000 });
                                rtc.sendMessage(this.config.macList.mac_602, '{CD1=4,D1=?}');
                            }
                            if (result.result_data.indexOf('打') > -1 && result.result_data.indexOf('扇') > -1) {
                                swal(`风扇开启中...`, " ", "success", { button: false, timer: 2000 });
                                rtc.sendMessage(this.config.macList.mac_602, '{OD1=8,D1=?}');
                            }
                            if (result.result_data.indexOf('关') > -1 && result.result_data.indexOf('扇') > -1) {
                                swal(`风扇关闭中...`, " ", "success", { button: false, timer: 2000 });
                                rtc.sendMessage(this.config.macList.mac_602, '{CD1=8,D1=?}');
                            }
                            if (result.result_data.indexOf('开') > -1 && result.result_data.indexOf('空调') > -1) {
                                swal(`空调开启中...`, " ", "success", { button: false, timer: 2000 });
                                rtc.sendMessage(this.config.macList.mac_602, '{OD1=64,D1=?}');
                            }
                            if (result.result_data.indexOf('关') > -1 && result.result_data.indexOf('空调') > -1) {
                                swal(`空调关闭中...`, " ", "success", { button: false, timer: 2000 });
                                rtc.sendMessage(this.config.macList.mac_602, '{CD1=64,D1=?}');
                            }
                        } else {
                            swal(`控制命令错误！`, " ", "error", { button: false, timer: 2000 });
                        }
                    },
                    error: function (error) {
                        console.log(error);
                        swal(`语音识别失败！`, " ", "error", { button: false, timer: 2000 });
                    }
                });
            }
        },

        /* 切换驾驶模式 */
```

```
toggleModel() {
    clearInterval(this.timer)
    if (!this.ADAS[0].switch) {
        //智能模式下关闭手势、语音识别功能
        this.ADAS[1].switch && this.toggleVideo()
        this.ADAS[2].switch && this.speechRecognition()

        this.ADAS[0].name = '智能模式'
        this.ADAS[0].switch = true
        swal(`已切换为智能模式`, "智能模式下将对用户驾驶行为进行定时监测 1 次/15 s",
            "success", { button: false, timer: 2000 });
        //开启驾驶行为监测功能
        this.driverBehavior()
    } else {
        this.ADAS[0].name = '手动模式'
        this.ADAS[0].switch = false
        swal(`已切换为手动模式`, "手动模式下可通过手势、语音、单击图标控制设备开关！",
            "success", { button: false, timer: 2000 });
    }
},
```

（3）百度驾驶行为分析算法。辅助驾驶系统通过 Ajax 接口将图像数据传递给百度驾驶行为分析算法进行识别，百度驾驶行为分析算法是通过单次推理接口调用的。百度驾驶行为分析算法的参数如表 5.4 所示。

表 5.4　百度驾驶行为分析算法的参数

参　　数	示　　例
url	"/file/baidu_driving_behavior_analysis"
method	'POST'
processData	false
contentType	false
dataType	'json'

data	let blob = this.dataURItoBlob(this.homeVideoSrc)
	let formData = new FormData();
	formData.append('file_name', blob, 'image.png');
	formData.append('param_data', JSON.stringify({
	　　"APP_ID": this.config.user.baidu_id,
	　　"API_KEY": this.config.user.baidu_apikey,
	　　"SECRET_KEY": this.config.user.baidu_secretkey
	}));

success	function(res){}内容： return_result = {'code': 200, 'msg': None, 'origin_image': None, 'result_image': None, 'result_data': None} 示例： code/msg：200/识别成功否则就是识别失败。 result_data：算法返回识别后的行为结果。

百度驾驶行为分析算法每 15 s 获取一次摄像头实时拍摄的图像，并对驾驶行为进行一次分析。前端应用处理示例如下：

```
/***************************************************************************
 * 名称：driverBehavior
 * 功能：在智能模式下分析驾驶行为
 * 注释：对用户驾驶行为进行监测，每15s获取一次摄像头实时拍摄的图像，并对驾驶行为进行
 *      一次分析
 ***************************************************************************/
driverBehavior() {
    //每15s获取一次摄像头实时拍摄的图像并进行驾驶行为分析
    this.timer = setInterval(() => {
        //单击发起项目结果请求、并对返回的结果进行相应的处理
        let blob = this.dataURItoBlob(this.videoSrc)
        let formData = new FormData();
        formData.append('file_name', blob, 'image.png');
        formData.append('param_data', JSON.stringify({
            "APP_ID": this.config.user.baidu_id,
            "API_KEY": this.config.user.baidu_apikey,
            "SECRET_KEY": this.config.user.baidu_secretkey
        }));
        $.ajax({
            url: this.config.user.edge_addr + this.linkData[3],
            method: 'POST',
            processData: false,              //必需的
            contentType: false,              //必需的
            dataType: 'json',
            data: formData,
            success: res => {
                //console.log(res);
                if (res.code == 200) {
                    //添加监测图像列表
                    this.imgList.push({
                        image: 'data:image/jpeg;base64,' + res.result_image,
                        time: new Date().toLocaleTimeString()
                    })

                    let behavior = ''
                    if(res.result_data.person_num > 0){
                        let {attributes} = res.result_data.person_info[0]
                        console.log(attributes);
                        for (let item in attributes) {
                            if(attributes[item].score > 0.7){
                                if(item == 'both_hands_leaving_wheel') behavior +=
                                                        '双手离开方向盘、';
                                if(item == 'cellphone') behavior += '使用手机、';
                                if(item == 'eyes_closed') behavior += '闭眼、';
                                if(item == 'head_lowered') behavior += '低头';
                                if(item == 'no_face_mask') behavior += '未正确佩戴口罩、';
                                if(item == 'not_buckling_up') behavior += '未系安全带、';
```

```
                              if(item === 'not_facing_front') behavior += '视角未朝前方、';
                              if(item === 'smoke') behavior += '吸烟、';
                              if(item === 'yawning') behavior += '打哈欠、';
                          }
                      }
                      if(behavior){
                          swal('违规驾驶！', `监测到用户：${behavior}请规范驾驶！`,
                              "error", { button: false, timer: 3000 });
                      }else{
                          behavior = '规范驾驶!'
                      }
                      behavior = behavior.slice(0, -1) + '!'
                      this.resultList.push({
                          behavior,
                          time: new Date().toLocaleTimeString()
                      })
                  }
                  //保持滚动条在最下方
                  setTimeout(() => {
                      this.$refs.imgList.scrollTop = this.$refs.imgList.scrollHeight
                      this.$refs.textList.scrollTop = this.$refs.textList.scrollHeight
                  }, 0);
              } else {
                  swal(res.msg, " ", "error", { button: false, timer: 2000 });
              }
          },
          error: function (error) {
              console.log(error);
              swal('请求失败！', " ", "error", { button: false, timer: 2000 });
          }
      });
  }, 15000);
},
```

4）驾驶行为分析算法接口设计

```
#############################################################################
#文件：Driving_behavior_analysis.py
#说明：驾驶行为分析算法
#############################################################################
from PIL import Image, ImageDraw, ImageFont
import numpy as np
import cv2 as cv
import os,sys,time
import json
import base64
from aip import AipBodyAnalysis

class BaiduDrivingBehaviorAnalysis(object):
```

```python
    def __init__(self, font_path="font/wqy-microhei.ttc"):
        self.font_path = font_path

    def imencode(self,image_np):
        #将 JPG 格式的图像编码为数据流
        data = cv.imencode('.jpg', image_np)[1]
        return data

    def image_to_base64(self, img):
        image = cv.imencode('.jpg', img, [cv.IMWRITE_JPEG_QUALITY, 60])[1]
        image_encode = base64.b64encode(image).decode()
        return image_encode

    def base64_to_image(self, b64):
        img = base64.b64decode(b64.encode('utf-8'))
        img = np.asarray(bytearray(img), dtype="uint8")
        img = cv.imdecode(img, cv.IMREAD_COLOR)
        return img

    def inference(self, image, param_data):
        #code：识别成功返回 200
        #msg：相关提示信息
        #origin_image：原始图像
        #result_image：处理之后的图像
        #result_data：结果数据
        return_result = {'code': 200, 'msg': None, 'origin_image': None, 'result_image': None, 'result_data': None}

        #应用请求接口：@__app.route('/file/<action>', methods=["POST"])
        #image：应用传递过来的数据（根据实际应用可能为图像、音频、视频、文本）
        #param_data：应用传递过来的参数，不能为空
        if param_data != None:
            #读取应用传递过来的图像
            image = np.asarray(bytearray(image), dtype="uint8")
            image = cv.imdecode(image, cv.IMREAD_COLOR)
            #对图像数据进行压缩，以便网络传输。
            img = self.imencode(image)

            #调用百度驾驶行为分析接口，通过以下用户密钥连接百度服务器
            #APP_ID：百度应用 ID
            #API_KEY：百度 API_KEY
            #SECRET_KEY：百度用户密钥
            client = AipBodyAnalysis(param_data['APP_ID'], param_data['API_KEY'],
                                     param_data['SECRET_KEY'])

            #不带参数应用百度驾驶行为分析算法
            response=client.driverBehavior(img)
            #应用部分
            if "error_msg" in response:
```

```
                    if response['error_msg']!='SUCCESS':
                        return_result["code"] = 500
                        return_result["msg"] = "驾驶行为分析接口调用失败！"
                        return_result["result_data"] = response
                        return return_result
                if len(response['person_info']) == 0:
                    return_result["code"] = 404
                    return_result["msg"] = "没有检测到驾驶员！"
                    return_result["result_data"] = response
                    return return_result
                if len(response['person_info'])>0:
                    #图像输入
                    img_rgb = cv.cvtColor(image, cv.COLOR_BGR2RGB)    #图像色彩格式转换
                    pilimg = Image.fromarray(img_rgb)        #使用 PIL 读取图像像素数组
                    draw = ImageDraw.Draw(pilimg)
                    #设置字体
                    font_size = 25
                    font_hei = ImageFont.truetype(self.font_path, font_size, encoding="utf-8")
                    #获取驾驶员位置
                    loc=response['person_info'][0]['location']
                    #获取数据
                    count = 0
                    for key,res in response['person_info'][0]['attributes'].items():
                        probability=res['score']
                        #若置信值过小，则丢弃
                        if probability<0.5:
                            continue
                        #绘制矩形外框
                        draw.rectangle((int(loc["left"]), int(loc["top"]), (int(loc["left"]) +
                                    int(loc["width"])), (int(loc["top"]) + int(loc["height"]))),
                        outline='green', width=1)
                        #给图像添加文本
                        #判断有没有打哈欠和闭眼，因为只张嘴可能不一定是打哈欠,
                        #也可能是说话，故无法判断是否疲劳驾驶
                        if key == "yawning":
                            if "eyes_closed" in response['person_info'][0]['attributes'].keys():
                                draw.text((loc["left"], loc["top"]+count), '行为:'+"打哈欠,
                                    闭眼可能在疲劳驾驶",fill= 'red', font=font_hei)
                            else:
                                draw.text((loc["left"], loc["top"]+count), '行为:'+"说话聊天未违规",
                                    fill= 'red', font=font_hei)
                            count = count + 20
                        #判断是否闭眼且视角朝前
                        elif key == "eyes_closed":
                            if "head_lowered" in response['person_info'][0]['attributes'].keys():
                                draw.text((loc["left"], loc["top"]+count), '行为:'+"闭眼,
                                    低头可能在疲劳驾驶",fill= 'red', font=font_hei)
                            elif "not_facing_front"in response['person_info'][0]['attributes'].keys():
```

```
                                   draw.text((loc["left"], loc["top"]+count), '行为:'+"闭眼，视角未朝前
                                            可能在疲劳驾驶",fill= 'red', font=font_hei)
                        count = count + 20
                   #判断双手是否离开方向盘
                   elif key == "both_hands_leaving_wheel":
                        draw.text((loc["left"], loc["top"]+count), '行为:'+"双手离开方向盘违规",
                                  fill= 'red', font=font_hei)
                        count = count + 20
                   #判断是否系安全带
                   elif key == "not_buckling_up":
                        draw.text((loc["left"], loc["top"]+count), '行为:'+"未系安全带",
                                  fill= 'red', font=font_hei)
                        count = count + 20
                   #判断是否在打电话
                   elif key == "cellphone":
                        draw.text((loc["left"], loc["top"]+count), '行为:'+"使用手机,
                                  玩手机",fill= 'red', font=font_hei)
                        count = count + 20
                   #判断是否在抽烟
                   elif key == "smoke":
                        draw.text((loc["left"], loc["top"]+count), '行为:'+"吸烟",
                                  fill= 'red', font=font_hei)
                        count = count + 20


              #输出图像
              result = cv.cvtColor(np.array(pilimg), cv.COLOR_RGB2BGR)
              return_result["code"] = 200
              return_result["msg"] = "多主体监测成功！"
              return_result["origin_image"] = self.image_to_base64(image)
              return_result["result_image"] = self.image_to_base64(result)
              return_result["result_data"] = response
          else:
              return_result["code"] = 500
              return_result["msg"] = "百度接口调用失败！"
              return_result["result_data"] = response
      #实时视频接口：@__app.route('/stream/<action>')
      #image：摄像头实时传递过来的图像
      #param_data：必须为 None
      else:
          return_result["result_image"] = self.image_to_base64(image)

      return return_result

#单元测试，如果处理类中引用了文件，则在单元测试中要修改文件路径
if __name__=='__main__':
    #创建图像处理对象
    img_object = BaiduDrivingBehaviorAnalysis()
```

```
#读取测试图像
img = cv.imread("./test.jpg")
#将图像编码成数据流
img = img_object.imencode(img)

#设置参数
param_data = {"APP_ID":"123456", "API_KEY":"123456", "SECRET_KEY":"123456"}
img_object.font_path = "../../font/wqy-microhei.ttc"

#调用接口处理图像并返回结果
result = img_object.inference(img, param_data)
if result["code"] == 200:
    frame = img_object.base64_to_image(result["result_image"])
    print(result["result_data"])

    #图像显示
    cv.imshow('frame',frame)
    while True:
        key=cv.waitKey(1)
        if key==ord('q'):
            break
    cv.destroyAllWindows()
else:
    print("识别失败！")
```

5）百度语音识别算法接口设计

```
################################################################################
#文件：baidu_speech_recognition.py
#说明：百度语音识别接口
################################################################################
import os
import wave
import numpy as np
from aip import AipSpeech
import ffmpeg
import tempfile

class BaiduSpeechRecognition(object):
    def __init__(self):
        pass

    def __check_wav_file(self,filePath):
        #读取 wav 文件
        wave_file = wave.open(filePath, 'r')
        #获取文件的帧率和通道
        frame_rate = wave_file.getframerate()
        channels = wave_file.getnchannels()
        wave_file.close()
```

```
            if frame_rate == 16000 and channels == 1:
                return True
                #feature_path=filePath
            else:
                return False

    def inference(self, wave_data, param_data):
        #code: 识别成功返回 200
        #msg: 相关提示信息
        #origin_image: 原始图像
        #result_image: 处理之后的图像
        #result_data: 结果数据
        return_result = {'code': 200, 'msg': None, 'origin_image': None, 'result_image': None, 'result_data': None}

        #应用请求接口: @__app.route('/file/<action>', methods=["POST"])
        #wave_data: 应用传递过来的数据(根据实际应用可能为图像、音频、视频、文本):
        #语音数据, 格式为 wav, 帧率为 16000
        #param_data: 应用传递过来的参数, 不能为空
        if param_data != None:
            fd, path = tempfile.mkstemp()
            try:
                with os.fdopen(fd, 'wb') as tmp:
                    tmp.write(wave_data)
                if not self.__check_wav_file(path):
                    fd2, path2 = tempfile.mkstemp()
                    ffmpeg.input(path).output(path2, ar=16000).run()
                    os.remove(path)
                    path = path2
                f = open(path, "rb")
                f.seek(4096)
                pcm_data = f.read()
                f.close()
            finally:
                os.remove(path)

        #调用百度语音识别接口, 通过以下用户密钥连接百度服务器
        #APP_ID: 百度应用 ID
        #API_KEY: 百度 API_KEY
        #SECRET_KEY: 百度用户密钥
        client = AipSpeech(param_data['APP_ID'], param_data['API_KEY'], param_data['SECRET_KEY'])
        #语音文件的格式为 pcm, 帧率为 16000, dev_pid 表示普通话(纯中文识别)
        response = client.asr(pcm_data,'pcm', 16000, {'dev_pid': 1537,})

        #处理服务器返回结果
        if response['err_msg']=='success.':
            return_result["code"] = 200
            return_result["msg"] = "语音识别成功! "
            return_result["result_data"] = response['result'][0]
```

```
        else:
                return_result["code"] = 500
                return_result["msg"] = response['err_msg']
            return return_result

#单元测试，如果处理类中引用了文件，则在单元测试中要修改文件路径
if __name__=='__main__':
    #创建音频处理对象
    test = BaiduSpeechRecognition()
    param_data = {"APP_ID":"12345678", "API_KEY":"12345678", "SECRET_KEY":"12345678"}
    with open("./test.wav", "rb") as f:
        wdat = f.read()
        result = test.inference(wdat, param_data)
    print(result["result_data"])
```

6）手势识别算法接口设计

```
################################################################################
#文件：handpose_detection.py
#说明：手势识别算法
################################################################################
from PIL import Image,ImageDraw,ImageFont
import numpy as np
import cv2 as cv
import os
import json
import base64
c_dir = os.path.split(os.path.realpath(__file__))[0]

class HandposeDetection(object):
    def __init__(self, model_path="models/handpose_detection"):
        self.model_path = model_path
        self.handpose_model = HandDetector()
        self.handpose_model.init(self.model_path)

    def image_to_base64(self, img):
        image = cv.imencode('.jpg', img, [cv.IMWRITE_JPEG_QUALITY, 60])[1]
        image_encode = base64.b64encode(image).decode()
        return image_encode

    def base64_to_image(self, b64):
        img = base64.b64decode(b64.encode('utf-8'))
        img = np.asarray(bytearray(img), dtype="uint8")
        img = cv.imdecode(img, cv.IMREAD_COLOR)
        return img

    def draw_pos(self, img, objs):
        img_rgb = cv.cvtColor(img, cv.COLOR_BGR2RGB)
        pilimg = Image.fromarray(img_rgb)
        #创建 ImageDraw 绘图类
        draw = ImageDraw.Draw(pilimg)
        #设置字体
```

```
                font_size = 20
                font_path = c_dir+"/../../font/wqy-microhei.ttc"
                font_hei = ImageFont.truetype(font_path, font_size, encoding="utf-8")

                for obj in objs:
                    loc = obj["location"]
                    draw.rectangle((loc["left"], loc["top"], loc["left"]+loc["width"],
                                    loc["top"]+loc["height"]), outline='green',width=2)
                    msg = obj["name"]+": %.2f"%obj["score"]
                    draw.text((loc["left"], loc["top"]-font_size*1), msg, (0, 255, 0), font=font_hei)

                    color1 = (10, 215, 255)
                    color2 = (255, 115, 55)
                    color3 = (5, 255, 55)
                    color4 = (25, 15, 255)
                    color5 = (225, 15, 55)
                    marks = obj["mark"]
                    for j in range(len(marks)):
                        kp = obj["mark"][j]

                        draw.ellipse(((kp["x"]-4, kp["y"]-4), (kp["x"]+4,kp["y"]+4)),
                                    fill=None,outline=(255,0,0),width=2)
                        color = (color1,color2,color3,color4,color5)
                        ii = j //4
                        if  j==0 or j / 4 != ii:
                            draw.line(((marks[j]["x"],marks[j]["y"]),(marks[j+1]["x"],marks[j+1]["y"])),
                                    fill=color[ii],width=2)

                    draw.line(((marks[0]["x"],marks[0]["y"]),(marks[5]["x"],marks[5]["y"])), fill=color[1],width=2)
                    draw.line(((marks[0]["x"],marks[0]["y"]),(marks[9]["x"],marks[9]["y"])), fill=color[2],width=2)
                    draw.line(((marks[0]["x"],marks[0]["y"]),(marks[13]["x"],marks[13]["y"])), fill=color[3],width=2)
                    draw.line(((marks[0]["x"],marks[0]["y"]),(marks[17]["x"],marks[17]["y"])), fill=color[4],width=2)

            result = cv.cvtColor(np.array(pilimg), cv.COLOR_RGB2BGR)
            return result

    def inference(self, image, param_data):
        #code：识别成功返回 200
        #msg：相关提示信息
        #origin_image：原始图像
        #result_image：处理之后的图像
        #result_data：结果数据
        return_result = {'code': 200, 'msg': None, 'origin_image': None,
                        'result_image': None, 'result_data': None}

        #实时视频接口：@__app.route('/stream/<action>')
        #image：摄像头实时传递过来的图像
        #param_data：必须为 None
        result = self.handpose_model.detect(image)
        result = json.loads(result)
        if result["code"] == 200 and result["result"]["obj_num"] > 0:
            r_image = self.draw_pos(image, result["result"]["obj_list"])
```

```
        else:
                r_image = image
        return_result["code"] = result["code"]
        return_result["msg"] = result["msg"]
        return_result["result_image"] = self.image_to_base64(r_image)
        return_result["result_data"] = result["result"]
        return return_result


#单元测试，如果处理类中引用了文件，则在单元测试中要修改文件路径
if __name__=='__main__':

        from handpose import HandDetector
        #创建视频捕获对象
        cap=cv.VideoCapture(0)
        if cap.isOpened()!=1:
                pass
        #循环获取图像、处理图像、显示图像
        while True:
                ret,img=cap.read()
                if ret==False:
                        break
                #创建图像处理对象
                img_object=HandposeDetection(c_dir+'/../../models/handpose_detection')
                #调用图像处理函数对图像进行加工处理
                result=img_object.inference(img,None)
                frame = img_object.base64_to_image(result["result_image"])

                #图像显示
                cv.imshow('frame',frame)
                key=cv.waitKey(1)
                if key==ord('q'):
                        break
        cap.release()
        cv.destroyAllWindows()
else :
        from .handpose import HandDetector
```

5.2.2　开发步骤与验证

5.2.2.1　项目部署

1）硬件部署

见 4.1.2.1 节。

2）工程部署

（1）运行 MobaXterm 工具，通过 SSH 登录到边缘计算网关。

（2）在 SSH 终端创建项目工程目录。

（3）通过 SSH 将本项目开发工程代码和 aicam 工程包上传到~/aiedge-exp 目录下，并采用 unzip 命令解压。

```
$ unzip edge_autopilot.zip
$ unzip aicam.zip -d edge_autopilot
```

（4）参考 5.1.2.1 节的内容，修改工程配置文件 static/edge_fan/js/config.js 内的智云账号、硬件地址、边缘服务地址等信息。

（5）通过 SSH 将修改好的文件上传到边缘计算网关。

3）工程运行

（1）在 SSH 终端输入以下命令运行项目工程。

```
$ cd ~/aiedge-exp/edge_autopilot
$ chmod 755 start_aicam.sh
$ conda activate py36_tf114_torch15_cpu_cv345        //Ubuntu 20.04 操作系统下需要切换环境
$ ./start_aicam.sh
```

（2）在客户端或者边缘计算网关端打开 Chrome 浏览器，输入项目页面地址 https://192.168.100.200:1446/static/edge_autopilot/index.html，即可查看项目内容。

5.2.2.2 辅助驾驶系统的验证

1）智慧物联

（1）应用设置：第一次登录辅助驾驶系统后，单击首页右上角的"设置"按钮可以设置相关的参数（在默认情况下，系统会读取 static/edge_autopilot/js/config.js 内的初始配置），如智云账号、节点地址、百度 AI 账号等。设置参数后，在智云账号界面单击"连接"按钮即可连接到数据服务，连接成功后会弹出消息提示。辅助驾驶系统的应用设置页面如图 5.17 所示。

图 5.17　辅助驾驶系统的应用设置界面

（2）应用交互。在辅助驾驶系统的首页可以看到车内硬件的数据，包括 Sensor-A 采集类传感器的数据［如温度、湿度、空气质量（TVOC）］，Sensor-B 控制类传感器的数据［车窗、风扇（通风）、空调］，如图 5.18 所示。通过观察虚拟仿真平台或实际硬件的变化，可判断应用交互的结果。

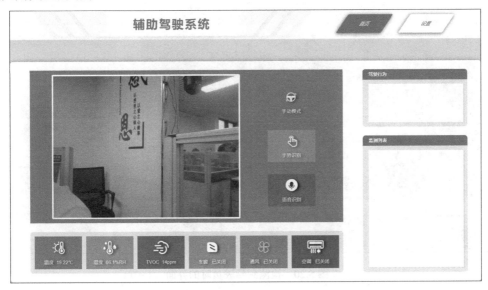

图 5.18　辅助驾驶系统控制平台（手动）

Sensor-A 采集类传感器在默认情况下每 15 s 更新一次数据，首页的数据会相应地进行更新。Sensor-B 控制类传感器可通过单击首页中的相应图标来进行开关操作。

（3）模式控制。单击辅助驾驶系统首页中的模式按钮可切换手动模式和智能模式。当设置为智能模式时，AI 识别功能将不可用，系统在默认情况下会每隔 15 s 获取摄像头实时拍摄的驾驶行为图像，并调用百度驾驶行为分析算法进行分析。

① 未检测到驾驶员时的界面如图 5.19 所示。

图 5.19　未检测到驾驶员时的界面

② 检测到驾驶员时的界面如图 5.20 所示。

图 5.20　检测到驾驶员时的界面

③ 驾驶行为检测图像如图 5.21 所示。

图 5.21　驾驶行为检测图像（不正常行为）

2）手势交互

（1）在手动模式下，在摄像头的视线内摆好手势实时进行手势识别，成功识别到手势后系统可自动对相应的设备进行开关操作，如图 5.22 所示。系统连续 5 次识别同一个手势则进行相应的操作，手势 1 表示对车窗进行开关操作，手势 2 表示对风扇进行开关操作，手势 3 表示对空调进行开关操作。

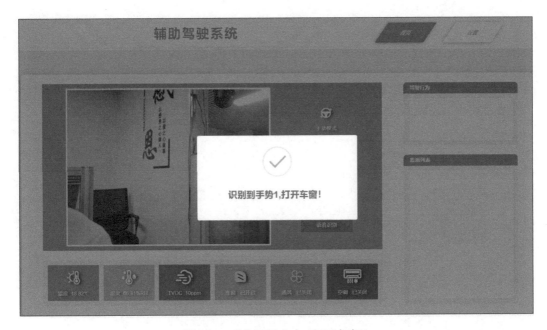

图 5.22　手势识别成功（打开车窗）

（2）手势识别成功后，再次识别到同样的手势时，如果之前设备处于打开状态，则本次操作将关闭该设备，如图 5.23 所示。

图 5.23　手势识别成功（关闭车窗）

3）语音交互

（1）在手动模式下，单击首页中的"语音识别"按钮即可开始录制语音，再次单击该按钮可结束录制并进行语音识别，根据语音识别结果对车内设备进行开关操作。例如，录制"打开车窗"语音后，辅助驾驶系统将打开车窗，如图 5.24 所示。

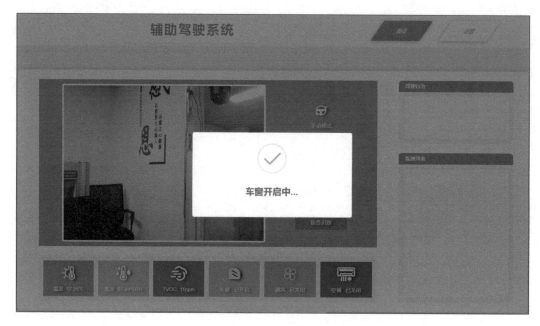

图 5.24　语音识别控制成功的界面（打开车窗）

5.2.3　本节小结

本节首先分析了智能辅助驾驶的需求和发展趋势；然后介绍了辅助驾驶系统的系统框架和系统功能，在此基础上完成了硬件设计和通信设计；接着借助 AiCam 平台给出了辅助驾驶系统的开发流程、算法交互、语音识别控制设备、驾驶行为分析算法接口设计、百度语音识别接口设计、手势识别算法接口设计；最后对辅助驾驶系统进行了验证。

5.2.4　思考与拓展

（1）智能辅助驾驶需要什么前提条件？

（2）如何实现驾驶行为分析？

（3）简述辅助驾驶系统的开发过程。

参考文献

[1] 英特尔亚太研发有限公司. 边缘计算技术与应用[M]. 北京：电子工业出版社，2021.

[2] 杨术. 5G新时代与边缘计算[M]. 北京：电子工业出版社，2022.

[3] 卜天聪. 面向计算机视觉的高能效边缘计算架构关键技术研究[D]. 长春：吉林大学，2022.

[4] 雷鑫. 基于边缘计算与深度学习的实时人脸识别关键技术[D]. 南昌：南昌大学，2021.

[5] 冉雪. 基于YOLO的目标检测算法设计与实现[D]. 重庆：重庆大学，2020.

[6] 张明伟. 基于边缘计算的目标检测与识别算法[D]. 福州：福建师范大学，2020.

[7] 顾笛儿，卢华，谢人超，等. 边缘计算开源平台综述[J]. 网络与信息安全学报，2021，7（2）：22-34.

[8] 徐坤坤. 面向5G MEC的边缘计算平台实现和部署方案研究[D]. 深圳：深圳大学，2020.

[9] 王健. 轻量级边缘计算平台方案设计与应用研究[D]. 北京：北京邮电大学，2019.

[10] 赵梓铭，刘芳，蔡志平，等. 边缘计算：平台、应用与挑战[J]. 计算机研究与发展，2018，55（2）：327-337.

[11] 刘晶宇，杨鹏. 基于YOLOv5改进的遥感图像目标检测[J]. 计算机时代，2023（7）：50-55.

[12] 张勇. 基于YOLOv3的交通目标检测算法研究[D]. 淮南：安徽理工大学，2021.

[13] 康庄. 基于改进YOLOv3的交通枢纽行人检测与跟踪技术研究[D]. 赣州：江西理工大学，2021.

[14] 李珣，刘瑶，李鹏飞，等. 基于Darknet框架下YOLOv2算法的车辆多目标检测方法[J]. 交通运输工程学报，2018，18（6）：142-158.

[15] 刘瑶. 改进Darknet框架的多目标检测与识别方法研究[D]. 西安：西安工程大学，2019.

[16] 郭涛，郭家，李宗南，等. 基于Darknet深度学习框架的桃花检测方法[J]. 中国农业信息，2021，33（6）：25-33.

[17] 陈旭. 基于深度学习的无人机图像目标检测算法研究[D]. 杭州：杭州电子科技大学，2022.

[18] 黄煜真，元泽怀，陈嘉瑞，等. PyTorch框架下基于CNN的人脸识别方法研究[J]. 信息与电脑（理论版），2022，34（10）：193-195.

[19] 李蒋. 基于深度学习PyTorch框架下YOLOv3的交通信号灯检测[J]. 汽车电器，2022（6）：4-7.

[20] 黄玉萍，梁炜萱，肖祖环. 基于TensorFlow和PyTorch的深度学习框架对比分析[J]. 现代信息科技，2020，4（4）：80-82，87.

[21] 焦利伟，张敏，麻连伟，等．基于 PyTorch 框架搭建 U-Net 网络模型的遥感影像建筑物提取研究[J]．河南城建学院学报，2020，29（4）：52-57．

[22] 王甜．PyTorch 至 ONNX 的神经网络格式转换的研究[D]．西安：西安电子科技大学，2022．

[23] 李秉涛．基于轻量级 CNN 的实时目标检测研究[D]．贵阳：贵州大学，2022．

[24] 张英杰．深度卷积神经网络嵌入式推理框架的设计与实现[D]．广州：华南理工大学，2020．

[25] 边缘计算产业联盟，机器视觉产业联盟，智能视觉产业联盟．边缘计算视觉基础设施白皮[R]．北京：边缘计算产业联盟，2022．

[26] 百度智能云．"云智一体"技术与应用解析系列白皮书（第三期）：智能物联网篇[R]．北京：百度，2021．

[27] 中兴通讯股份有限公司．中兴通讯 Common Edge 边缘计算白皮书[R]．深圳：中兴通讯股份有限公司，2021．

[28] 边缘计算产业联盟，工业互联网产业联盟．边缘计算参考框架 2.0[R]．北京：边缘计算产业联盟，2017．

[29] Zhang J, Yan Y; Lades, M. Face recognition: eigenface, elastic matching, and neural nets[J]. Proceedings of the IEEE,1997, 85 (9): 1423-1435.

[30] 葛宏孔，罗恒利，董佳媛．基于深度学习的非实验室场景人脸属性识别[J]．计算机科学，2019,46（z2）：246-250．

[31] Ramadhan M V, Muchtar K, Nurdin Y, et al.. Comparative analysis of deep learning models for detecting face mask[J]. Procedia Computer Science, 2023, 216: 48-56.

[32] Li F, Li X, Liu Q, et al.. Occlusion handling and multi-scale pedestrian detection based on deep learning: a review[J]. IEEE Access, 2022,10: 19937-19957.

[33] Kumar A, Kaur A, Kumar M, et al.. Face detection techniques: a review. artificial intelligence review[J]. Multimedia Tools and Applications, 2019, 52: 927-948.

[34] Xu C, Li Z, Tian X, et al.. Vehicle detection based on modified YOLOv3 and deformable convolutional network[J]. IEEE Access, 2019,7: 65763-65772.

[35] Wu Y, Ji S, Wang Y, et al.. Real-time traffic sign recognition based on YOLO and deep residual network[C]. In Proceedings of the 2020 IEEE International Conference on Big Data, Artificial Intelligence and Internet of Things Engineering, 2020.

[36] Chan W Y, Chiu C C, Gales M J, et al.. Listen, attend and spell[C]. In Proceedings of the 2016 IEEE International Conference on Acoustics, Speech and Signal Processing (ICASSP), 2016.

[37] Hu J, Shen L, Sun G. Squeeze-and-excitation networks[C]. Proceedings of theIEEE Conference on Computer Vision and Pattern Recognition, 2018.

[38] Ren S, He K, Girshick R, et al.. Faster R-CNN: towards real-time object detection with region proposal networks[J]. IEEE Transactions on Pattern Analysis and Machine Intelligence, 2017, 39(6): 1137-49.

[39] Xu C, Li Z, Tian X, et al.. Vehicle detection based on modified YOLOv3 and deformable convolutional network[J]. IEEE Access, 2019, 7: 65763-65772.

[40] 唐昊. 基于 MobileNet v2 的轻量级人脸识别神经网络系统的设计与实现[D]. 重庆：重庆大学，2022.

[41] Shi B, Bai X, Yao C. An End-to-End trainable neural network for image-based sequence recognition and its application to scene text recognition[J]. IEEE Transactions on Pattern Analysis and Machine Intelligence, 2017, 39(11):2298-2304.

[42] Yang J, Liu D, Zhang J, et al.. Vehicle license plate recognition method based on convolutional neural network[J]. IEEE Access, 2021, 9: 24405-24416.